Louis Edgar
Ande

s

Papier-Spezialitäten

Louis Edgar
Ande

s

Papier-Spezialitäten

ISBN/EAN: 9783742815811

Hergestellt in Europa, USA, Kanada, Australien, Japan

Cover: Foto ©Andreas Hilbeck / pixelio.de

Manufactured and distributed by brebook publishing software
(www.brebook.com)

Louis Edgar
Ande

s

Papier-Spezialitäten

Papier-Specialitäten.

Praktische Anleitung

zur Herstellung von, den

verschiedensten Zwecken dienenden Papierfabrikaten,

wie

Pergamentpapiere,

Abziehpapiere, Conservirungspapiere, Flaberpapiere, Feuersichere und Sicherheitspapiere, Schleifpapiere, Paus- und Copierpapiere, Kreide- und Umdruckpapiere, Lederpapiere, leuchtende Papiere, Schildpatt- und Elfenbeinpapiere, Metallpapiere, der bunten Papiere u. s. w., u. s. w. und Gegenständen aus Papier.

Von

Louis Edgar Andés.

Mit 48 Abbildungen.

Wien. Pest. Leipzig.
A. Hartleben's Verlag.
1896.

Vorwort.

Unter allen Materialien, welche in der Jetztzeit sich einer ausgedehnten Anwendung erfreuen, ist das Papier wohl jenes, welches die vollste Aufmerksamkeit auf sich lenkt und zu den verschiedensten Gebrauchsgegenständen benützt wird. Wir fabriciren aus den dünnen Papierblättern nicht allein Objecte, welche den Charakter des Materials bei= behalten, vielleicht nur mit einem Ueberzug oder einer Farbe versehen werden, sondern auch solche Gegenstände, bei welchen das ursprüngliche Material verschwindet, zu einem homogenen, festen Körper verarbeitet wird, der hin= sichtlich seiner Dauerhaftigkeit namentlich, aber hinsichtlich seiner Elasticität mit Holz und Eisen concurriren kann. Die Anleitungen, Papier zu den mannigfachsten Gebrauchs= gegenständen zu verarbeiten, finden sich in zahllosen Zeit= schriften und selbstständigen Büchern; ich habe es unter=

nommen, dieselben zu sammeln und zu sichten und zu einem einheitlichen Ganzen zu vereinigen und hege die Hoffnung, daß meine Arbeit allen Papier verarbeitenden Gewerben nur Nutzen bringe.

Louis Edgar Andés.

Inhalts-Verzeichniß.

— —

Illustrations-Verzeichniß.

Pergamentpapier, vegetabilisches Pergament, Blasenpapier.

Als Pergamentpapier bezeichnet man jenes Papier, welches durch Behandeln mit Schwefelsäure eine Umwandlung erfahren hat, dergestalt, daß es in Wasser gelegt, ja in demselben gekocht, nicht mehr aufweicht und sich zerfasern läßt, sondern seine Zusammengehörigkeit behält, für Flüssigkeiten und Luft undurchdringlich ist und wenn angefeuchtet und wieder getrocknet, seine durch die Schwefelsäure erhaltenen Eigenschaften beibehält. Den Proceß selbst, welchem das Papier unterworfen wird, bezeichnet man als Pergamentisiren oder Pergamentiren und beruht auf der Eigenschaft der Schwefelsäure, reine Cellulose an ihrer Oberfläche in eine gelatinöse Masse zu verwandeln, die gleichsam einen Ueberzug der noch verbleibenden, nicht angegriffenen Theile bildet. Diese gelatinöse Masse ist ein dem Stärkemehl ähnlicher Körper, Amyloid, der bei weiterer Einwirkung der Schwefelsäure einen gummiartigen Körper, das Holzdextrin, entstehen läßt. Dabei scheint das Amyloid jenes Verwandlungsproduct zu sein, welches die Fasern so fest und innig mit einander verbindet, daß sie sich zu einer zusammenhängenden Masse umformen, die ihre Löslichkeit in Wasser vollständig eingebüßt und gleichzeitig auch die Beschaffenheit der Faser in ihrer Längen= und Dickeausdehnung wesentlich verändert hat, so daß sie eine viel größere Festigkeit besitzt. Wird ein Streifen ungeleimten Papieres in Schwefelsäure

eingetaucht, so entsteht unter Aufquellen der Fasern der
oben genannte gelatinöse Ueberzug, der, wenn das Papier
genügend dünn gewesen, durch die ganze Papiermasse geht.
Nach Hoffmann ist das Amyloid noch nicht genügend er=
kannt und wird von einigen Chemikern für einen Zellstoff,
von anderen für eine Mittelstufe zwischen Stärke und Zell=
stoff gehalten. Um aus wissenschaftlichem Interesse Amy=
loid selbstständig darzustellen, behandelt man 1 Theil reiner
Baumwolle mit 30 Theilen verdünnter Schwefelsäure
(4 Theile Säure und 1 Theil Wasser). Die Baumwolle
löst sich mit Leichtigkeit und bildet nach einer halben Minute
schon eine steife gallertartige Masse, welche allmählich flüssiger
wird und nach 15 Minuten syrupartige Form angenommen
hat. Mischt man sie jetzt mit Wasser, so scheidet sich Amy=
loid als ein weißer, flockiger, gallertartiger Stoff ab, worin
die Form der Fasern nicht mehr zu erkennen ist. Bleibt
die saure Masse sich länger selbst überlassen, so geht sie all=
mählich in Dextrin und Zucker über. Es scheidet sich nur
sehr wenig flockiger Stoff ab, wenn man erst nach 7 bis
8 Stunden Wasser zusetzt. Amyloid verhält sich gegen
Säuren und Alkalien gerade wie Pflanzenfasern; es unter=
scheidet sich von diesen nur durch seine Formlosigkeit und
von der Stärke dadurch, daß die ihm von Jod ertheilte blaue
Färbung durch Waschen mit reinem Wasser wieder entfernt
werden kann. Mit genügender Wassermenge vereint, hat
Amyloid ein klebriges Aussehen, auf Glas ausgebreitet,
trocknet es zu einer dünnen, durchsichtigen zähen Haut. Wenn
es auf Papier getrocknet wird, haftet es diesem nicht fest
an und kann nach dem Trocknen leicht abgenommen werden.
Wenn es sich aber aus seiner Lösung direct auf Papier
ablagert, wie bei der Bildung von vegetabilischem Perga=
ment, so bleibt es unveränderlich mit den Fasern verbunden.
Unter dem Mikroskop sieht man die Fasern im vegetabilischen
Pergament deutlich von einer dünnen durchsichtigen Haut
bedeckt und es ist ganz zweifellos, daß die Fasern durch die
Einwirkung der Säure einen Mantel von Amyloid erhalten
haben, wie man dies schon daran erkennen kann, daß ihre

Oberfläche von Jod gebläut wird, dagegen das Innere, selbst der feinen (Flachs=)Fasern, seine Form unverändert behält. Auf ungeleimtem Papier bildet sich beim Eintauchen in ver= dünnte Schwefelsäure von gewöhnlicher Temperatur sofort ein gallertartiger Ueberzug und in gleicher Weise wird die Oberfläche der einzelnen Fasern verändert, wenn man der Säure Zeit läßt, ins Innere zu bringen. Taucht man das in Säure gebadete Papier in Wasser, welches Ammoniak oder Aetznatron enthält, so ist der Einfluß der Säure zu Ende und die saure Masse scheidet sich in Amyloid, welches die Fasern zu einer dichten Masse verbindet, und in Schwefel= säure, welche ausgewaschen wird. Die Gallerthaut, welche die Oberfläche des Papieres bedeckt, begünstigt das enge Aneinanderschließen der Fasern beim Trocknen, indem sie den aus dem Innern vertriebenen Wasserdampf durchläßt, dagegen aber den Eintritt der Luft, durch welche das Wasser sonst ersetzt wird, verhindert. Von diesem Verhalten rührt auch das vertrocknete, durchsichtige Aussehen mancher Pergamente her.

Mit Salzsäure und mit Flußsäure gewaschenes Filtrir= papier kann als fast reine Cellulose angesehen werden. Im= prägnirt man diese zuvor getrocknete Cellulose mit Schwefel= säure von 50 Procent, so erhält man eine durchsichtige, gallertartige Masse, welche ihr Aussehen unbegrenzt lange bewahrt. Bis 100 Grad oder selbst darunter erfolgt sehr schnelle Umbildung in Dextrin. Vollkommen mit Wasser ausgewaschen, löst sich das als colloide Cellulose zu bezeichnende Product in reinem Wasser. Behufs leichter Entfernung der letzten Spur Säure wäscht man zweckmäßig mit gewöhnlichem Alkohol und trocknet bei gelinder Wärme. Beim Aufnehmen mit Wasser erhält man eine etwas milchige Flüssigkeit, welche leicht filtrirt, auch nach Tagen keinen Niederschlag giebt und durch Kochen leicht verändert wird. Mit Hilfe eines neuen Compensators von Laurent wurde festgestellt, daß die Lösung der colloiden Cellulose die Polari= sationsebene für eine 10 Cm. Länge oben um drei Viertel Grad nach rechts lenkt. Die Lösung der colloiden Cellulose wird (im Gegensatze zu den Achrodextrinen) durch eine sehr geringe Menge fremder Stoffe, Schwefelsäure, Salpetersäure, Chlornatrium, Natriumsulfat u. s. w. gefällt. Auch Alkohol in genügender Menge zugesetzt, bewirkt Fällung. Auf mit Vaseline bestrichenem Marmor getrocknet, erscheint die colloide Cellulose in Gestalt glänzender, halbdurchsichtiger Häutchen, welche sich in kaltem Wasser vollständig lösen. Einige Augen= blicke in Schwefelsäure von 60 Grad Bé. (oder 55 Grad bei längerer Dauer) getaucht, wird die colloide Cellulose in Schwefelsäure unlöslich; gleichzeitig entsteht ein wenig Dextrin. Unter denselben Bedingungen wie die gewöhn= liche Cellulose läßt sich auch die colloide Cellulose nitriren. Die Eigenschaften der colloiden Cellulose gestatten die Erklärung mancher Wahrnehmungen bei der Pergament= fabrikation. Gewisse sehr dünne pflanzliche Pergamente geben an siedendes Wasser colloide Cellulose ab, was bei den stärkeren Papieren nicht geschieht, ohne Zweifel, weil man im letzteren Falle eine concentrirte Säure zur Erzeugung benützte. In beiden Fällen entstand colloide Cellulose, die aber in letzterem Falle unlöslich geworden ist. Das pflanzliche Per= gament bildet gewissermaßen ein Gewebe von gewöhnlicher Cellulose, dessen Poren durch colloide Cellulose gefüllt sind. Dies läßt sich leicht zeigen, indem man auf beiden Seiten von gewöhnlichem Filtrirpapier colloide Cellulose aufträgt, langsam trocknen und in einem Walzwerk zwischen zwei Blättern aus polirtem Zink passiren läßt. Das so erhaltene Product gleicht vollkommen dem in gleicher Weise satinirten pflanzlichen Pergament. Unter den bis jetzt untersuchten natürlichen Producten gleicht keines der colloiden Cellulose.

Die Veränderungen, welche das Pergamentpapier gegen= über dem zu seiner Herstellung verwendeten Papier auf= weist, sind ziemlich bedeutende; es übertrifft die Festigkeit desselben um das drei= bis vierfache, während zugleich das specifische Gewicht um 32—42 Procent zu= und die Dicke um 34—37 Procent abnimmt, ein sicherer Beweis dafür, daß bei diesem Processe die einzelnen Papiertheilchen viel näher zusammenrücken und sich fester aneinander schmiegen.

Dadurch vergrößert sich die Homogenität und Durchsichtig=
keit, wie denn auch die Aehnlichkeit mit der thierischen
Membran und dem Pergament, so daß das Product den
Namen Pergamentpapier (vegetabilisches Pergament, auch
Papyrine, papier parcheminé, papier parchement, vege-
table parchement) erhalten hat.

Die Umwandlung des gewöhnlichen Papieres in Per=
gamentpapier setzt nothwendiger Weise voraus, daß dasselbe
erstens von allen Substanzen frei ist, welche den Proceß
hemmen oder die Herstellung eines gleichmäßigen Papieres
in Frage stellen. Aus diesem Grunde darf das Papier
weder geleimt sein, noch irgend welche mineralische Stoffe
enthalten. Am besten geeignet ist langfaseriges Papier aus
Hadern, obwohl auch Holzzellstoff und Strohstoff nicht aus=
geschlossen sind. Als Pergamentirflüssigkeit dient in der Regel
Schwefelsäure, da jedoch auch Lösungen von Kupferoxyd=
Ammoniak oder Chlorzink die Umwandlung bewirken, so
finden auch diese Substanzen Verwendung.

Alle Pergamentirflüssigkeiten verlangen bestimmte Con=
centrationsgrade und Temperaturen, wenn der Proceß ge=
lingen soll und es sei deshalb hier gleich — abgesehen von
späteren und weiteren Ausführungen — bemerkt, daß man
gewöhnlich englische Schwefelsäure in einer Verdünnung von
9—9 1/2 Theilen concentrirtester Säure mit 1 Theil Wasser
oder einfach die in Bleipfannen gewonnene Säure von
60 Grad Bé. ohne Verdünnung und bei einer Temperatur
verwendet, die 10 Grad C. nicht überschreiten darf. Die
durch Auflösen von Zink in Salzsäure erhaltene säurefreie
Chlorzinklösung ist so weit einzudampfen, daß sie syrup=
artig dick erscheint und bei einer Wärme zur Anwendung
zu bringen, die je nach der Concentration zwischen 50 und
100 Grad C. schwanken kann.

Die Dauer der Einwirkung der Säure oder anderer
Pergamentirflüssigkeiten ist von großer Wichtigkeit; sie
richtet sich, abgesehen von der Beschaffenheit der Flüssigkeit,
nach der Dicke und Zusammensetzung (Art des Stoffes) des
Papieres, so daß z. B. reines dickes Faserpapier nur kurze

Zeit (3—5 Secunden), dickeres längeres Verweilen bis
12 Secunden erfordert. Sofort nach der Pergamentisirung
muß eine Einwirkung der Säure aufgehoben werden; dies
erreicht man dadurch, daß man das Papier gründlich aus=
wäscht, wobei auch solche Substanzen mit Wasser angewendet
werden können, welche die Säure abstumpfen (alkalische
Laugen .u. s. w.), worauf man nochmals mit Wasser aus=
wäscht und dann trocknet. Ueber das Trocknen, von dem
zur Erzielung eines glatten, nicht runzeligen Productes viel
abhängt, wird später noch Nöthiges erwähnt werden.

Um dichtes, starkes Pergament zu erzeugen, muß man
darauf bedacht sein, die Fasern nur an der Oberfläche zu
verändern, besonders, daß man kein poröses Papier dazu
benützt, da es wohl ein dichtes, aber kein starkes Pergament=
papier liefern würde. Ein dünner, fester Baumwollfaden
wird z. B. durch Behandeln mit Schwefelsäure viel mehr
gestärkt, als ein doppelt so dicker, aber nur leicht gedrehter
Faden. Dünner dichter Baumwollstoff, dessen Fasern vor
seiner Behandlung mit Schwefelsäure durch Pressen zu=
sammengedrückt werden, giebt ein Fabrikat von solcher
Stärke, daß es in manchen Fällen als Ersatz für Leder
dienen kann; wenn es durch Einreiben mit Fett geschmeidig
gemacht würde, könnte es vielseitige Anwendung finden.

Zur fabriksmäßigen Herstellung von Pergamentpapier
wird heute wohl kaum mehr Papier in Bogen benützt und
auch die Eintauchung in das Säurebad geschieht wohl ohne
Ausnahme mittelst Maschine. Das ungeleimte auf Rollen
befindliche Papier von genügender Länge geht durch einen
Blei= oder Glasbehälter, um eine Blei= oder Glasrolle
durch die Säure, passirt nach dem Austritte aus dieser ein
Walzenpaar, welches einen schwachen Druck ausübt, um den
größten Ueberschuß an Säure abzustreifen und wird dann
durch mehrere Behälter mit Wasser geführt, von denen der
letzte ununterbrochenen Zufluß von reinem Wasser hat. Zur
Beseitigung der letzten Spur freier Säure passirt man es
dann noch durch einen Behälter, dessen Wasser von Zeit
zu Zeit einen frischen Zusatz eines Alkalis erhält und nimmt

schließlich nochmals durch reines Wasser. Je vollständiger
die Waschung vor dem Eintritt in das alkalische Bad ge=
wesen ist, umso weniger Ammoniak wird verbraucht; es liegt
daher im Interesse der Fabrikanten, die Waschung so voll=
ständig vorzunehmen, daß das Ammoniak eine mehr nützliche
als nothwendige Vorsichtsmaßregel wird. Nach dem letzten
Auswaschen geht das Papier durch ein Paar Filzwalzen,
um möglichst vom Wasser befreit zu werden, dann, durch
Trockenfilze gestreckt erhalten, um den Dampftrockencylinder
und ehe es noch ganz trocken geworden ist, durch ein Glätt=
werk, dessen Walzen durch Dampf geheizt sind; während
des Trocknens ist auf starke Spannung in der Breite Rücksicht
zu nehmen da das Pergamentpapier dabei in weit höherem
Maße einschrumpft als gewöhnliches Papier und eine un=
ebene Fläche annehmen würde, wenn man nicht durch die
Spannung vorbeugte. Um besonders dickes Pergament her=
zustellen, führt man zwei Papierbahnen getrennt in das
Säurebad ein, läßt sie aber vor dem ersten Walzenpaare
beim Verlassen der Säure, ehe sie in das Wasser kommen,
zusammentreten und gemeinsam die Preßwalze passiren. Die
beiden Blätter haften dann so fest an einander, daß sie in
keiner Weise getrennt werden können.

Die besonderen Eigenschaften des Pergamentpapieres
lassen dasselbe für mancherlei Anwendungen geeignet er=
scheinen, so namentlich als Material für Documente und
Urkunden, Versicherungsscheine, Werthpapiere, wichtige Re=
gister und überhaupt alle Schriftstücke, deren Erhaltung von
Wichtigkeit ist. In England werden derartige Schriften
häufig zum Schutz gegen Feuersgefahr in besonderen Sicher=
heitskistchen aufbewahrt, die oft noch mit einer Schicht starr
gemachten Wassers (des Krystallwassers gewisser Salze),
z. B. Alaun oder einem anderen Salz umgeben sind. Wird
ein solches Salz einer hohen Temperatur ausgesetzt, so
verdampft das Krystallwasser, es bildet sich Wasserdampf
von hoher Temperatur und bildet schon deshalb einen Schutz,
weil Pergamentpapier der Einwirkung des kochenden Wassers
sehr gut widersteht und somit viel mehr Sicherheit für das

Unversehrtbleiben der Documente bietet, als wenn solche
aus gewöhnlichem Papier gefertigt wären. Auch die Sicher=
heit des Pergamentpapieres gegen Angriffe von Insecten ist
eine weit größere, als solche gewöhnliches Papiere besitzt und
die Sicherheit kann noch vermehrt werden, wenn man dem
Papier vor der Behandlung mit Schwefelsäure, also vor
dem Pergamentiren, gewisse Verbindungen, z. B. Queck=
silbersalze, einverleibt, wie solche bei Sicherheitspapieren
Verwendung finden. Auch für Banknoten ist Pergament=
papier zu empfehlen, weil aus bedrucktem Papier, welches
in Pergamentpapier umgewandelt wurde, die Buchstaben
nicht mehr, selbst nicht durch Radiren ohne vollkommene
Zerstörung der Papiermasse vertilgt werden können. Ferner
bietet das Pergamentpapier den Vortheil, daß man darauf
Geschriebenes nur schwierig verlöschen und durch anderen
Text ersetzen kann, was eine gewisse Sicherheit gegen Fäl=
schungen gewährt. Die Festigkeit und Dauerhaftigkeit des
Pergamentpapieres läßt dasselbe zu Plänen, namentlich
zu Bauzeichnungen, die meist nicht besonders vorsichtig be=
handelt werden und nicht selten der Nässe ausgesetzt sind,
als besonders geeignet erscheinen. Die dünnen Blätter, welche
durchscheinend sind, bilden ein ganz vorzügliches Pauspapier.
Ferner kann das Pergament zum Einbinden von Büchern
ausgedehnte Anwendung finden; Bücher, welche damit ein=
gebunden sind, zeichnen sich ebenso durch Schönheit als durch
Dauerhaftigkeit des Einbandes aus. Bücher, Karten u. s. w.
können zweckmäßig auf Pergamentpapier gedruckt werden,
damit sie dauerhafter sind. Der Druck geschieht wie ge=
wöhnlich, jedoch am besten auf das fertige Pergamentpapier
und nicht auf das Papier vor der Behandlung mit Schwefel=
säure, da dasselbe sich bei dieser Behandlung zusammenzieht.
Das Pergamentpapier zeichnet sich durch die Leichtigkeit aus,
mit welcher es sowohl die Druckerschwärze als gewöhnliche
Tinte annimmt und durch sein Anziehungsvermögen für
Farbstoffe im Allgemeinen, die es z. B. leichter fixirt, als
Kattun. Ueber seine Verwendung als Verschluß von Gläsern
und sonstigen Gefäßen, in denen sich dem Verderben unter=

liegende Artikel, wie eingemachtes Obst, Extracte u. s. w. befinden, zum Einwickeln von fettigen Substanzen u. s. w., zum
Unterlegen unter Korkstoppel beim Verschließen von Flaschen,
zum Verbinden verkorkter Flaschen u. s. w. bedarf es
keiner weiteren Ausführungen. Ebenso dient es zum Verpacken der Tabake und solchen Substanzen, welche vor dem
Verflüchtigen der ihnen innewohnenden Feuchtigkeit oder
vor der Aufnahme von Feuchtigkeit u. s. w. zu schützen sind.
Ebenso dient es zur Verbindung von Theilen an Destillir-
und anderen Apparaten, in Form kleiner durch Eiweiß an
den Rändern zusammengeleimter Säcke, zum Kochen und
Dämpfen von Speisen u. s. w.

Kletzinsky führte unter den Eigenschaften des Pergamentpapieres die folgenden an:

»Vegetabilisches Pergament wird durch Kalilauge nicht
verändert, auch widersteht es der Behandlung mit kalter
Säure besser als thierische Membrane. Der Verschluß von
Gefäßen durch Pergamentpapier ist, wie Versuche lehrten,
mindestens ebenso gut als der mit der besten Thierblase.
Heiße concentrirte Salzsäure löst das Phyto-Pergament
unter Hinterlassung weniger Papierfasern zu Glykose.

Tränkt man vegetabilisches Pergament mit Wasser, das
man bis zum Sieden erhitzt und läßt man nun englische
Schwefelsäure zufließen, so entsteht eine ziemlich heftige
Reaction; verdünnt man den nun entstandenen sauren,
dunkelbraunen Brei sogleich mit Wasser, so erhält man eine
nur wenig gefärbte Zuckerlösung, aus welcher mittelst Kalkmilch die Schwefelsäure abgeschieden werden kann. Der sich
dabei abscheidende Gyps reißt zugleich die unzersetzten Papiertheilchen mit sich und klärt die Flüssigkeit. Die geklärte
Flüssigkeit kann auf Spiritus verarbeitet werden. Sollte einmal die Fabrikation des vegetabilischen Pergaments jenen
Grad der Ausdehnung erreicht haben, der ihr gebührt, so
würden die bei der Verarbeitung dieses Artikels unvermeid-
lichen Abfälle leicht eine zweckmäßigere Verwendung als die
zum Branntweinbrennen finden können.

Das vegetabilische Pergament zeigt bei genauer Be=
reitung und hinlänglichem Auswaschen keine Gewichtszunahme;
es hält keine wägbaren Mengen von Schwefelsäure zurück,
somit ist die auffallende und technisch so brauchbare Ver=
änderung des Papieres in der Schwefelsäure eine rein
moleculare. So wenig eine chemische Veränderung mit dem
Papier vorgeht, so auffallend ist die räumliche Zusammen=
schrumpfung und Volumenverminderung bei diesem Processe.
Bei einer geringeren Verdickung wird der Flächenraum um
10—30 Procent vermindert, je nach der Verschiedenheit der
Einwirkungsdauer von 10—15 Secunden. Da die Verdickung
diese Raumverminderung im Areal nicht compensirt, so erklärt
sich hieraus schon nach physikalischen Principien das Fester=
werden der Masse.

Ueber die Verwendung des Pergamentpapieres zur Ver=
schließung von Gläsern, welche weingeistige Flüssigkeiten ent=
halten, wird Folgendes ausgeführt: Ein weites Zuckerglas
wurde zur Hälfte mit starkem Weingeist gefüllt und hierauf
mit feuchtem Pergamentpapier verbunden. Nach dem Trocknen
schloß es sich gerade so fest und steif an, wie eine Schweins=
blase. Nachdem dieses Gefäß drei Wochen lang an einem
warmen Ort gestanden hatte, war nur sehr wenig Weingeist
verdampft und derselbe hatte durchaus nicht an Stärke ver=
loren, sondern im Gegentheile um ein halbes Procent an
Stärke zugenommen (?). Da durch das Papier, ähnlich wie
durch Blase, die Wasserdämpfe leichter als Weingeistdampf
entweichen, ist dies nicht schwer verständlich.

Wichtig ist das Verhalten des Pergamentspapieres
gegen weiße oder rauchende Salpetersäure von 1·4—1·5 spe=
cifischem Gewicht. Läßt man ein schwefelsaures Pergament
in dieser Säure mindestens 10 Minuten liegen und wäscht
es hierauf in Wasser vollständig aus, so hat es 10 bis
20 Procent an Dicke und bedeutend an Tragfähigkeit zu=
genommen, während die abermalige Verminderung des Areals
weit unbedeutender ist. Nach dem Auswaschen und Trocknen
unter mäßigem Druck zeigt es ein völlig pergamentähnliches
Aeußere von noch weit größerem Widerstandsvermögen gegen

mechanische Abnützung und atmosphärische Einflüsse. Taucht man dieses Nitropergament nach dem Trocknen wieder in verdünnte Schwefelsäure, so ist es nach dem Auswaschen glashell und durchsichtig geworden. Gegen Säure ist das Nitropergament widerstandsfähiger geworden, in siedender Kalilauge löst es sich dagegen unter goldgelber Färbung. Es hat die Eigenschaft aller Nitroverbindungen, rasch zu verglimmen.

Es wurden Versuche angestellt, um die Festigkeit des Pergamentpapieres im Vergleiche des Papieres und gewöhnlichen Pergamentes zu bestimmen.

Zu diesem Zwecke nahm man einen Streifen von Pergamentpapier und von Pergament von 22·2 Mm. Breite und möglichst gleicher Dicke und brachte jeden dieser Streifen auf einen horizontalen Cylinder in der Weise an, daß die beiden Enden des Streifens an der oberen Seite des Cylinders übereinandergelegt und durch Preßschrauben befestigt wurden und der Streifen nach Art eines Ringes herabhing. In den ringförmigen Streifen legte man sodann einen kleinen hölzernen Cylinder, welcher über beide Ränder des Streifens vorstand und an seinen Enden durch Schnüre eine Schale trug, auf welche man Gewichte legte, die nach und nach und so lange vermehrt wurden, bis der Streifen zerriß. Durch eine Reihe auf diese Art ausgeführter Versuche ergab sich, daß das Pergamentpapier eine fünfmal so große Festigkeit besitzt, als das Papier, aus welchem es gemacht wurde, und daß bei gleichem Gewicht das Pergamentpapier etwa drei Viertel der Festigkeit des gewöhnlichen Pergaments hat. Außerdem fand man, daß Streifen von Pergamentpapier sehr ungleich in der Dicke sind und selbst Streifen, die von demselben Stück abgeschnitten worden sind, sehr große Verschiedenheit zeigen.

Wenn auch das Pergamentpapier dem Pergament in Bezug auf die Festigkeit nicht gleich kommt, so übertrifft es dasselbe bedeutend in der Widerstandsfähigkeit gegen Einwirkung chemischer Agentien und namentlich des Wassers. Pergamentpapier absorbirt ebenso wie das gewöhnliche Per-

gament das Wasser und wird vollkommen weich und bieg=
sam; es kann auch mit dem Wasser Tage lang in Berührung
bleiben und selbst damit gekocht werden, ohne daß es im
mindesten angegriffen wird und läßt man es dann wieder
trocknen, so besitzt es sein ursprüngliches Ansehen und seine
frühere Festigkeit. Das gewöhnliche thierische Pergament
wird dagegen durch Kochen mit Wasser schnell angegriffen
und allmählich in Leim verwandelt. Selbst bei gewöhnlicher
Temperatur ist es leicht geneigt, bei Gegenwart von Feuchtig=
keit in Fäulniß überzugehen, während das stickstofffreie vege=
tabilische Pergament der Feuchtigkeit ausgesetzt werden kann,
ohne die geringste Veränderung zu erleiden.

Nach Versuchen, welche A. Sudicke mit Pergament=
papier aus der Fabrik zu Helfenberg bei Dresden ange=
stellt hat, nimmt das Papier bei seiner Umwandlung in
Pergamentpapier an Dicke um 34—44% ab; an specifischem
Gewicht um 32—42% zu. Die Festigkeit des rohen Papiers
wurde bei drei Versuchen zu 1·4 bis 1·5 Kgr. pro Qm.,
die des daraus bereiteten Pergamentpapiers zu 5·1 bis
6·4 Kgr. pro Qm. gefunden.

Das Verleimen des Pergamentpapiers ist für
manche Zwecke nicht zu umgehen und müssen namentlich
die als Ersatz für Därme dienenden Umhüllungen zusammen=
geleimt werden, was anfänglich viele Schwierigkeiten bot, bis
es Jacobsen gelang, ein Klebemittel, welches den Anforde=
rungen entsprach, zusammenzustellen. Ueber dieses Verleimen
führt Jacobsen selbst aus: In der Berliner Erbswurst=
fabrik machte sich Mangel an Därmen geltend, weil die für
den täglichen Bedarf gebrauchten 100.000 Stück nicht
mehr zu erlangen waren. Unter einer ganzen Reihe der Erbs=
wurstfabrik von den verschiedensten Seiten eingereichten Proben
geklebter Därme aus Pergamentpapier erfüllte nur die aus
dem Jacobsen'schen Laboratorium hervorgegangene Leimung
ihren Zweck, d. h. dieselbe hielt stundenlanges Kochen in
Wasser aus. Später fand Jacobsen noch ein billigeres,
aber ebenfalls den Anforderungen entsprechendes Klebmittel
und wurden mit demselben etwa zwei Millionen Hülsen

verfertigt und der Erbswurstfabrik abgeliefert. Es wurden hierzu im Ganzen 5000 Pfund flüssiges Klebmaterial verarbeitet; die Zahl der von dem Cartonnagefabrikanten beim Zusammen= kleben und Binden beschäftigten Arbeiter stieg zeitweise bis auf 150 Mann. Die verschiedenen Klebemittel werden für verschiedene Zwecke ihren Werth behalten, da, wenn auch alle den Zweck erfüllen, zu dem sie früher bestimmt waren, die Wahl des Klebstoffes doch nicht gleichgiltig ist, wenn es gilt, größere Flächen von Pergamentpapier mit Pappe oder mit Leinwand zusammen zu kleben.

Pergamentpapier in mehreren Bogen übereinander ge= klebt, giebt ein dem Pergament täuschend ähnliches, äußerst festes Material, das für Buchbinder von Werth sein wird. Pergamentpapier auf Leinwand geklebt, eine wasserdichte Packleinwand, welche als Verpackungsmaterial ausgedehnte Anwendung zu finden verspricht.

Da Siegellack an der glatten Fläche des Pergament= papiers nicht haftet, empfiehlt Eckstein mittelst Matrize den Siegeln entsprechende runde Scheiben in das zu Ver= packungszwecken bestimmte Papier zu stoßen und die ver= bleibenden Stellen in noch feuchtem Zustande des Papiers durch gewöhnlichen Papierstoff zu füllen. Es entstanden so die dauerhaften Briefumschläge, die namentlich für Werth= sendungen Verwendung finden.

Seiner Dichtigkeit wegen empfiehlt sich das Perga= mentpapier für photographische Zwecke, indem es schärfere Abzüge liefert und eine merkliche Ersparniß an Gold= und Silbersalzen veranlassen soll.

Weißes undurchsichtiges Pergamentpapier ähnelt sehr dem mit weißem Bleioxyd überzogenen Pergament, auf dem man Geschriebenes wieder auslöschen kann und es wird zu diesem Zweck verwendet.

Pergamentirt man gutes Druckpapier, auf welchem man vorher mittelst Kupferdruck gewisse, dem Elfenbein eigene Adern und Linien aufgedruckt hat, so erhält man Blätter, die bei Einlegearbeiten Verwendung finden. Vor= geschlagen wurde auch die Anwendung von Pergament=

papier zu Spielkarten und in schmale Streifen geschnitten zur Herstellung leichter geflochtener Hüte.

Statt des früher in Anwendung gebrachten Chlor= calciums oder Chlormagnesiums kann man zum Geschmeidig= machen von Pergamentpapier nach Neumann auch essig= saures Kalium, essigsaures Natrium, essigsaures Aluminium, Phosphorsalz, Chlornatrium oder ein Gemisch von Kali= und Glycerinseife anwenden.

Um echtes Pergamentpapier vom nachgemachten zu unterscheiden, taucht E. Muth fingerbreite Streifen des zu untersuchenden Papieres kurze Zeit in heißes Wasser. Das echte Pergamentpapier leistet dem Aufweichen Wider= stand, es behält nahezu die gleiche Festigkeit, welche es in trockenem Zustande hat; nach dem Zerreißen ist die Riß= fläche glatt wie abgeschnitten und zeigt beim Betrachten mit der Lupe sich etwas zackig. Das nachgeahmte Pergament= papier weicht auf und leistet beim Erweichen wenig Wider= stand. Auf der Rißseite lassen sich mit bloßem Auge, deut= licher mit der Lupe, die einzelnen Fasern erkennen, wie dieselben im Papier gelagert sind.

Man kann auch nach demselben die Papiere in ge= sättigtes Kalkwasser tauchen (geleimte sind vorher in heißem Wasser zu waschen); Pergamentpapier aus Baum= wollfasern behält hierbei, wenn weiß, seine ursprüngliche Farbe; Pergamyn oder aus Sulfitzellstoff hergestelltes Papier färbt sich bräunlichgelb und behält diese Farbe auch nach dem Auswaschen. Holzschliffpapier giebt sich beim Be= tupfen mit salzsaurer Phloroglucinlösung durch rothe Färbung zu erkennen.

Bleihaltiges Pergamentpapier wurde früher schon mehrmals durch plötzlich hervorgerufenes Schwarz= werden von Limburger Käse beobachtet. F. J. Herz konnte jetzt auch eine chemische Ursache dieser Erscheinung feststellen, nämlich den Bleigehalt des zum Einwickeln benützten Perga= mentpapieres. Fünf untersuchte Sorten von Pergament= papier wurden sämmtlich bleihaltig befunden. Sie enthielten im Kilogramm 32, 50, 66, 282 und 2700 Mgr. Blei.

Letztere Sorte färbte den Käse schon in 1—2 Tagen tief schwarz. Die an vierter Stelle angeführte Sorte färbte sich, nachdem der Käse darin eingewickelt war, nach einigen Tagen selbst schwärzlich und übertrug nach 8—10 Tagen diese Färbungen in geringerem Grade auch auf den Käse. Bei den anderen Sorten wurde eine Schwärzung nicht beobachtet. Das Blei entstammt gleichfalls der Schwefel= säure. Die Fabrikanten von Pergamentpapier werden darauf achten müssen, daß das zum Einwickeln von Nahrungs= mitteln bestimmte Fabrikat möglichst bleifrei hergestellt werde.

Fabrikation von Pergamentpapier.

Nach Jacobsen.

Die zur Fabrikation von Pergamentpapier dienende Schwefelsäure muß eine Concentration von 59—60° Beaumé haben, um in richtiger Weise zu wirken. Ein geringerer Grad bringt keine Umwandlung hervor, ein höherer wirkt zu rasch, das Pergament wird zu spröde. Man erhält den richtigen Concentrationsgrad, wenn man 1 Raumtheil Wasser und 2 Raumtheile 66° englischer Schwefelsäure mischt. Es ist zweckmäßig, nach erfolgter Mischung und nach Abkühlung der Flüssigkeit auf wenigstens + 1° die Gradhaltigkeit mit dem Araeometer zu bestimmen. Baum= wollfasern und Leinenfasern wandeln sich nicht gleich schnell um. In einem Papier, das aus reinen Leinen= und Baum= wollfasern besteht, bemerkt man deutlich die unzersetzten Leinenfasern, während die Baumwollfasern durchscheinend aussehen und zu einer zusammenhängenden gleichmäßigen Masse verschmelzen. Reines Baumwollpapier wird daher hautähnlicher, aber nach dem Trocknen auch spröder und brüchiger. Durch die Mischung des Papierstoffes hat man es in der Gewalt, dem künstlichen Pergament mehr die einen oder die anderen Eigenschaften zu geben und mehr

Härte oder mehr Geschmeidigkeit hervortreten zu lassen. Die Beimischung von Mineralstoffen ist als störend zu vermeiden. Papiere aus ungebleichten Stoffen pergamentiren sich schlecht, weil die Pflanzenfaser durch incrustirende Stoffe vor der Einwirkung der Schwefelsäure geschützt ist. Aus demselben Grunde wandelt sich auch Holzstoff nur sehr unvollkommen um. Besser verhält sich Cellulosepapier. Soll das Papier vollständig pergamentirt werden, so darf es in gewissen Fällen nur so stark sein, daß, wenn es auf der Säure schwimmt, dieselbe noch durchschlägt. Andernfalls würde das Papier aus zwei pergamentisirten Schichten bestehen, die durch eine Schichte unzersetzter Papierfaser getrennt sind; hiervon wird ein sehr zweckmäßiger Gebrauch gemacht. Stark satinirtes Papier verhält sich ebenso wie zu starkes Papier. Man zieht das Papier vollkommen glatt durch die Säure, so langsam, daß es 5, 10 bis 15 Secunden in der Säure bleibt. Aus der Säure heraus läßt man das Papier durch ein Gefäß mit frischem Wasser passiren, wo es die Hauptmenge der Säure abgiebt; in einem zweiten Bade wird es noch vollständiger von der Säure befreit, indem man alkalische (Aetzammoniak, kohlensaures Ammoniak oder Natron u. s. w.) Lösungen verwendet. In einem dritten Bad wird es nun vollständig von den Neutralisationsmitteln durch Wasser befreit und schließlich getrocknet. Das Rollenpapier an der continuirlich arbeitenden Papiermaschine läuft von einer Rolle direct in das Säurebad, worin es durch einen schweren Glasstab niedergehalten wird, und erhält nun eine Auspressung durch Kautschukwalzen. Nach dieser durchläuft es eine Reihe von Waschbutten mit reinem Wasser und geht dann durch ein Paar Preßwalzen und wird bei genau regulirter Temperatur mittelst geheizter Kupferröhren getrocknet, worauf man es noch glättet.

Bei dem ganzen Processe hat man Folgendes zu beachten:

1. Daß die Säure die gleiche Concentration behält; durch das Stehen an der Luft mit großer Oberfläche in

einem Raume, wo vom Waschwasser viel Wasserdampf in der Luft ist, wird die Säure bald so viel Wasserdampf aufgenommen haben, daß sie nicht mehr pergamentirt. Auch aus dem Papier kommt Wasser in die Säure.

2. Man sehe, daß die Temperatur der Säure 14⁰ nicht überschreitet. Sie pergamentisirt auch noch mit 16 bis 20⁰ C., aber zu weich, auch hat man nicht Zeit genug zum Durchziehen des Papieres. Die Temperaturerhöhung erklärt sich aus der Wasseraufnahme und auch aus der Temperatur des Locales, wo gearbeitet wird; die Sonne, die durchs Fenster scheint, kann Veranlassung werden, daß Alles mißlingt. Die gestörte Concentration kann hergestellt werden durch Nachschütten von Säure, bis das Araeometer wieder 59⁰ Bé. nachweist. Die Temperatur kann durch Kühlwasser erniedrigt werden. Eckstein machte zuerst die Beobachtung, daß zwei pergamentisirte Papierblätter in noch feuchtem Zustande zusammengelegt, miteinander verbunden bleiben und weder durch Wasser, noch eine andere Flüssigkeit zu scheiden sind. Es ist dies insoferne von Wichtigkeit, als, wie schon früher bemerkt, die Pergamentisirung nur bei dünnem Papier durch die ganze Masse erfolgt, stärkere Pergamentpapiere demnach nicht herzustellen sind.

Nach Dullo.

Dullo bemerkt, daß die Herstellung des Pergamentpapiers nur dann gelingt, wenn man Schwefelsäure von einer bestimmten Concentration nimmt. Ist die Schwefelsäure zu stark, so zerstört sie das Papier zu schnell, schon in einem Zeitraum von 2 bis 3 Secunden, ist sie hingegen zu schwach, so findet die Umwandlung in Pergament nicht statt, sondern das Papier wird durch das im Ueberschuß vorhandene Wasser in seinem Zusammenhange so gelockert, daß es zerreißt, wenn es der weiteren nöthigen Behandlung ausgesetzt wird. Geht man mit der Verdünnung der Schwefelsäure mit Wasser nur ein klein wenig über die nothwendige Grenze hinaus, so bildet sich zwar Pergament, aber dasselbe kraust sich schon in der Schwefelsäure und noch mehr, wenn es dann zum Auswaschen in reines Wasser kommt, so zusammen, daß es hierdurch ganz unbrauchbar wird. Die zweckmäßigste Verdünnung ist die folgende:

Man verwendet auf 1 Kgr. der concentrirten Schwefel= säure 125 Gr. Wasser und zieht, nachdem diese Mischung vollständig erkaltet ist, das ungeleimte Papier in der Weise hindurch, daß es gleichmäßig auf beiden Seiten von der Säure benetzt wird. Ein feuchtes Papier darf man nicht anwenden, weil dasselbe sofort zerstört wird, vielmehr ist es am besten, das Papier so trocken als nur immer möglich anzuwenden. Die Zeitdauer der Einwirkung der Säure auf das Papier ist bedingt. Je dicker oder je fester letzteres ist, desto länger muß die Säure einwirken. Wenn man mit einer bestimmten Papiersorte operirt, so kann man durch kurz andauernde Einwirkung der Säure ein dickes, aber nicht so klares, durch längere Einwirkung aber sehr klares Pergament erhalten. Man behauptete früher, daß das Baumwolle enthaltende Papier die Umwandlung in Perga= ment nicht gut oder gar nicht erfahre, jetzt hat sich jedoch herausgestellt, daß gerade das aus reinen Baumwollelumpen hergestellte Papier die beste Sorte von Pergamentpapier liefert. Hat die Schwefelsäure genügend lange auf das Papier eingewirkt, so bringt man dieses in reines kaltes Wasser, dann in verdünnte Ammoniaklösung und endlich nochmals in reines Wasser, damit auch die letzten Antheile an Säure entfernt werden. In dem ersten Waschwasser wird das Papier hart, wahrscheinlich dadurch, daß die leimartige Masse, die bei kurzer Einwirkung der Schwefel= säure auf das Papier entsteht und welche gebildet wird, ehe die Faser in der Säure sich löst, plötzlich dem weiteren Einfluß derselben durch Wasser entrückt wird. Die Haupt= sache ist nun, um gutes Pergamentpapier zu erhalten, sich ein Papier von möglichst gleichmäßiger Dicke zu verschaffen, und mit demselben bei Anwendung von Schwefelsäure der angegebenen Concentration zu ermitteln, wie viele Secunden die Einwirkung dauern muß, um einerseits die Umwandlung

der ganzen Papiermasse in Pergament zu vollziehen, ander=
seits nichts von dem Papier dadurch zu verlieren, daß die
Säure schon lösend auf dasselbe einwirkt. Der letztere Fall
ist ein empfindlicher Verlust, weil dadurch die Masse ver=
loren geht und das Pergamentpapier nach Gewicht ver=
kauft wird. Bei einiger Aufmerksamkeit ist diese Probe sehr
leicht zu machen.

Beim freiwilligen Trocknen des Pergaments kraust
es sich sehr, so daß es unansehnlich wird; um diese Er=
scheinung zu vermeiden, wird folgendes Verfahren ange=
wendet: Eine Maschine zieht das endlose Papier zuerst
durch einen Bottich mit Schwefelsäure, dann durch Wasser,
hernach durch Ammoniakflüssigkeit und hierauf noch einmal
durch Wasser, worauf es über Tuchwalzen läuft und von
einem Theile des Wassers befreit wird, endlich über polirte
starke und sehr warm gehaltene Walzen, durch welche es
Pressung und besonders Glättung erfährt; hinter diesen
Walzen wird es endlich abgeschnitten.

Je nach den verschiedenen Papiersorten, die man ver=
arbeitet, wird auch eine verschieden lange Einwirkung der
Säure nöthig und um dies möglich zu machen, kann der
Säurebottich vom ersten Wasserbottich beliebig weit entfernt
werden; das mit Säure imprägnirte Papier muß also nach
Bedürfniß einen längeren oder kürzeren Weg zurücklegen,
ehe die Einwirkung der Säure durch das Wasser aufgehoben
wird. Ebenso wie mit Schwefelsäure läßt sich auch mit Chlor=
zinklösung Pergamentpapier herstellen; da jedoch Chlorzink
nicht so heftig auf die Papierfaser einwirkt, wie Schwefel=
säure, bedarf man einer höchst concentrirten Lösung und
muß dieselbe warm anwenden.

Nach Taylor.

Taylor stellt das Pergamentpapier nicht mit Hilfe von
Schwefelsäure, sondern mittelst Chlorzink dar. Man neutrali=
sirt eine Lösung von Chlorzink durch Zusatz von Zinkoxyd
oder kohlensaurem Zinkoxyd und concentrirt sie durch Ab=

dampfen, bis sie in der Kälte die Consistenz von Syrup
besitzt. In diesem Zustande hat sie ein specifisches Gewicht
von circa 2·100. Man taucht das trockene Papier in diese
Lösung oder läßt es auf derselben schwimmen, bis es sich
vollständig mit der Flüssigkeit imprägnirt hat; dann nimmt
man es heraus, entfernt die anhängende Lösung durch einen
Schaber oder zwischen Walzen und taucht das Papier sofort
in Wasser, um alle löslichen Substanzen zu entfernen.
Wenn man eine Portion Zinkoxyd in dem Papier zurück=
hält, bringt man dasselbe, nachdem es theilweise gewaschen
ist, in eine schwache Lösung von Soda und wäscht es dann
erst vollständig mit Wasser. Das Papier wird dann gepreßt,
getrocknet und in gewöhnlicher Weise geglättet oder auch
geleimt und gefärbt. Nach dieser Behandlung ist es mehr
oder weniger verändert, hat sich zusammengezogen, ist aber
dichter, weniger porös und fester geworden. Wenn man
beabsichtigt, daß diese Veränderung des Papiers möglichst
vollständig eintrete, so muß man die Lösung des Chlorzinks
schwach erwärmen oder das Papier, nachdem es aus der
kalten Lösung wieder herausgenommen und der Ueberschuß
derselben daraus entfernt ist, einer gelinden Wärme aus=
setzen. Die anzuwendende Temperatur variirt je nach dem
beabsichtigten Effect von 27—32 Grad C. bis etwas unter
100 Grad C. Bei Bestimmung ist auch zu berücksichtigen,
daß die Art des Papiers, seine Dicke und Dichtigkeit, die
Concentration der Chlorzinklösung und die Dauer der Ein=
wirkung ·derselben auf das Resultat Einfluß haben. Im
Allgemeinen ist, wenn man gewöhnliches Löschpapier an=
wendet und dasselbe an einer Metallfläche erwärmt, eine
Temperatur von 49—60 Grad C. hinreichend. Ein Kenn=
zeichen der beendeten Umwandlung besteht darin, daß das
Papier etwas angeschwollen ist und ein trockenes Ansehen
hat, sowie daß es aus dem halb durchscheinenden, steifen
Zustande in einen mehr undurchsichtigen und schlaffen Zu=
stand übergeht. Die Wärme kann man entweder auf die
Weise einwirken lassen, daß man der Chlorzinklösung die
geeignete Temperatur giebt, oder man legt das mit derselben

imprägnirte Papier auf eine erwärmte Fläche oder über=
fährt es mit einer solchen wie beim Plätten. Wenn man
Papier ohne Ende anwendet, läßt man dasselbe zwischen er=
wärmten Walzen durchgehen oder eine erwärmte Kammer
passiren; man führt in diesem Falle die ganze Operation
vom Eintauchen des Papiers in die Chlorzinklösung bis
zum letzten Waschen desselben continuirlich aus. In gewissen
Fällen löst Taylor Baumwolle, Stärke, Dextrin oder
Gummi mit Hilfe von Wärme in der concentrirten Chlor=
zinklösung auf. Wenn Papierblätter, welche mit Chlorzink=
lösung gesättigt wurden, aufeinandergelegt, zusammengepreßt
und darauf mit einem erwärmten Eisen überfahren werden,
kleben sie fest zusammen und geben starke Blätter.

Nach Kleczinsky.

Englische Schwefelsäure wird mit einem halben Volumen
Wasser verdünnt und das ungeleimte Papier in die bis unter
15 Grad R. abgekühlte Mischung (Pergamentsäure) getaucht
und 10—15 Secunden darin belassen, dann herausgehoben,
möglichst gut abtropfen gelassen und sogleich in eine große
Wassermasse geworfen, wo es nach Art eines Gewebes
gewaschen und abgeschwemmt wird. Das Waschwasser wird
erneuert, bis es das Lackmuspapier nicht mehr verändert.
Da die Haut der Finger durch Benetzen mit der Pergament=
säure sehr leidet, so werden der Gebrauch von Fingerlingen
aus vulcanisirtem Kautschuk, sowie auch Klemmen aus Blei=
folie oder Fingerhüte aus Bleiblech empfohlen.

Beim Trocknen des entsäuerten Papiers zieht dieses
sich wellig und ungleichförmig zusammen, wie trockene Thier=
blasen. Soll es nun als Surrogat der letzteren bei Ver=
packungen u. s. w. dienen, so schadet dies nichts, da beim
jedesmaligen Eintauchen in Wasser die Falten sich wieder
verziehen und das Papier sich glatt spannen läßt. Zur Er=
zielung einer kaufrechten glatten Waare ist die Trocknung
unter Druck oder Spannung zu vollziehen. Dickeres unge=
leimtes Papier wird von der Pergamentsäure nicht voll=

ständig durchdrungen, so daß eine rohe Papierfaserschicht zwischen zwei Pergamenthäuten liegt.

Will man mehrere Papierblätter auf einmal in die Pergamentsäure eintauchen, so muß vor der gänzlichen Durch= feuchtung der einzelnen Papiere jede noch so geringe Be= rührung zweier Blätter vermieden werden, da diese sonst an der Berührungsstelle dauernd verkleben und bei Trennungs= versuchen zerreißen würden.

Nach Saine

stellt man Pergamentpapier auf folgende Weise her. Man nimmt ungeleimtes Baumwollpapier, taucht es in eine Mischung von zwei Theilen concentrirter Schwefelsäure und einem Theil Wasser, zieht es sogleich wieder heraus und wäscht es in gewöhnlichem Wasser. Wenn man das angegebene Mengen= verhältniß von Schwefelsäure und Wasser nicht genau beob= achtet, so erhält das sogenannte Pergamentpapier nicht die gehörigen Eigenschaften. Nur bei diesem Mengenverhältniß bringt die Schwefelsäure ihre volle Wirkung zur Geltung, so daß man ein Pergamentpapier erhält, welches die Tinte nicht ausfließen läßt, auf dem man also schreiben kann. Bei richtiger Anfertigung erhält das Papier eine solche Festigkeit, daß ein ringförmiger Streifen von 2 Cm. Breite ein Gewicht von 30—40 Kilo trägt, ohne zu zerreißen, während ein ringförmiger Streifen von gewöhnlichem Perga= mentpapier von denselben Dimensionen und demselben Gewicht kaum 25 Kilo trägt. Das Pergamentpapier absorbirt eine gewisse Menge Wasser, aber das Wasser durchdringt es nicht und filtrirt nicht durch, benimmt ihm auch nicht seinen Zusammenhang. Von Wärme und Feuchtigkeit wird es nicht verändert. Bei der Umwandlung des Papieres in Pergamentpapier tritt keine Gewichtsvermehrung ein, letzteres behält also keine Schwefelsäure zurück.

Nach Wright

stellt man eine Art von Pergamentpapier her, indem man die Eigenschaft des Kupferoxydammoniaks (Lösung von metalli=

schem Kupfer in starker Ammoniakflüssigkeit bei Gegenwart von Luft) Cellulose zu lösen, benützt.

In die concentrirte Lösung von Kupferoxydammoniak wird Papier oder Pappe eingetaucht, bis die äußeren Fasern gelatinirt sind und dann auf dampfgeheizten Trommeln getrocknet. Man kann das Verfahren auch auf Stricke, Segeltuch u. s. w. anwenden. Bei vorsichtigem Trocknen verbindet sich das Kupfer mit der Faser zu einer grünen Verbindung, welche die Stoffe auch vor Insecten und dem Schwamm schützt.

Nach Reinsch

verwendet man zur Herstellung von Pergamentpapier das schlechteste Druckpapier, alte Zeitungen u. s. w., indem man sie in einer mit ihrem halben Volumen Wasser verdünnten englischen Schwefelsäure behandelt, wodurch sie in eine zähe pergamentähnliche Substanz verwandelt werden. Das Auswaschen des Papieres muß vollständig erfolgen und das feuchte Papier auf Walzen aufgewickelt und so getrocknet werden. Um dickes Pergamentpapier zu erzeugen, müssen zwei Blätter oder Bahnen aufeinandergelegt und mittelst eines geraden darüber gezogenen Glasstabes aneinander gedrückt werden; nach dem Auswaschen und Trocknen sind die Bogen fest miteinander vereinigt.

Nach Campbell

erfordert die Anfertigung von Pergamentpapier geringere Sorgfalt in der Stärke der Säure und der Zeitdauer der Eintauchung, als beim gewöhnlichen Verfahren, wenn man das Papier in eine starke Alaunlösung eintaucht, dann vollkommen trocknet, hierauf durch concentrirte Schwefelsäure zieht, wobei der Alaun als Decke gegen die zu starke Einwirkung der Schwefelsäure dienen soll und endlich langsam trocknet.

Maschine zur Herstellung von Pergamentpapier.

Bei der bisher üblichen Methode der Pergamentpapier=
fabrikation finden die einzelnen Manipulationen meist derart

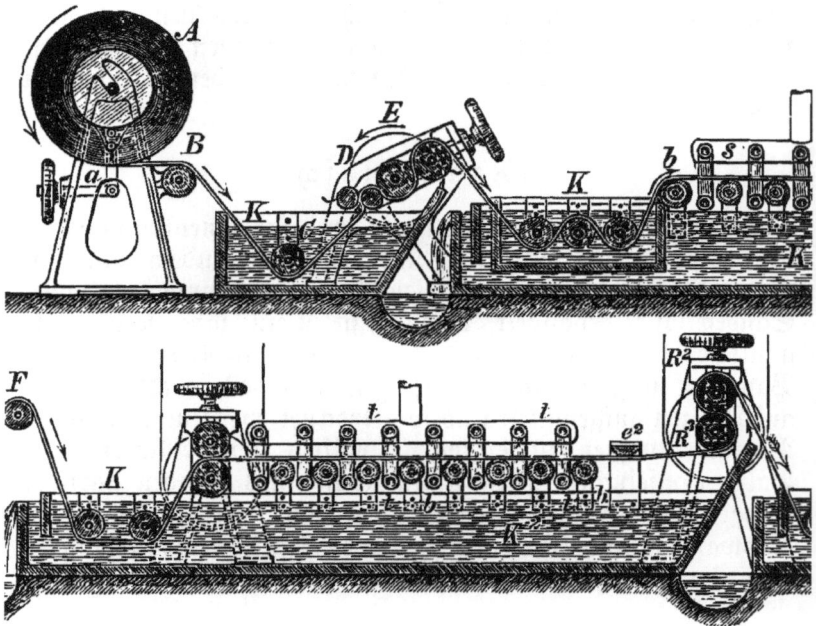

Maschine zur H

getrennt von einander statt, daß das Pergamentiren, das
drei= bis zehnmalige Waschen, das Trocknen und eventuell
auch das Calandern jeder Rolle separat und in getrennt
stehenden Apparaten vorgenommen wird, wodurch zunächst

nur Pergament von geringerer Länge gefertigt werden kann und außerdem viel Nebenarbeit durch den Transport der Rollen von einem Apparat zum anderen, viel Ausschuß durch Abreißen der Papierbahnen, großer Verlust an Schwefel=

2.

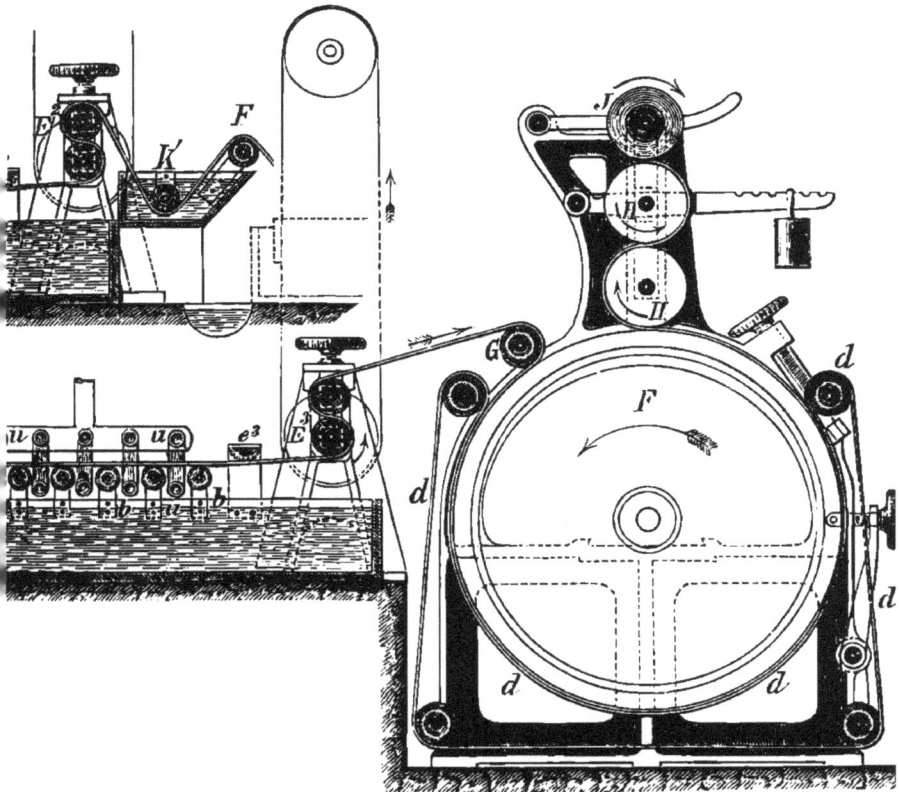

n Pergamentpapier.

säure und bedeutender Wasserverbrauch, wobei räumlich große Fabriksanlagen bei geringer Leistung u. s. w., bedingt wird. Zudem entsteht meist ein ungleiches Fabrikat dadurch, daß die Papierbahn wegen der langen Strecke von der Papier=

rolle bis zur Pergamentrolle zuckt und ungleich lange im
Säurebade verbleibt, so daß mehr oder weniger helle Streifen,
beziehungsweise stärker oder schwächer pergamentirte Stellen
entstehen.

Die hier zu beschreibende Maschine bezweckt, diesen
Uebelständen abzuhelfen und die größten Rollen Papier
im ununterbrochenen Gange gleichmäßig zu pergamentiren,
zu waschen und zu trocknen, und zwar unter geringstem
Verbrauch an Schwefelsäure (durch Wiedergewinnung des
weitaus größeren Theiles derselben), geringstem Verbrauch
von Wasser, Verminderung des Ausschusses und Erhöhung
der Leistungsfähigkeit um 25—50 Procent.

Das zu pergamentirende Papier befindet sich auf der
Rolle A und geht zunächst über Rolle B in den mit in
üblicher Weise präparirter Schwefelsäure gefüllten Kasten K
unter der Glasrolle C her, wobei das Pergamentiren erfolgt. Sodann geht das Papier zwischen den Glasrollen DD'
hindurch in eine Walzenpresse E', welche den Zweck hat,
die überschüssige Säure abzupressen, und so gelagert ist,
daß dieselbe in den Kasten K zurückfließen muß, also derart
in zum Gebrauche erforderlicher Concentration wiederge-
wonnen wird. Der kurze Zug zwischen den Preßwalzen E'
und der Papierrolle A gestattet die Abwicklung der letzteren
mittelst einer Bremse a derart zu reguliren, daß das
Papier mit gleichmäßiger Anspannung hindurchgezogen wird,
einerlei, ob dünnes oder starkes Papier zu pergamentiren
ist, so daß eine sehr gleichmäßige Säureeinwirkung auf das
Papier und demnach gleichmäßiges Fabrikat resultirt.

Das Papier geht sodann durch einen verhältnißmäßig
kleinen, abgesonderten Trog k, in welchem die noch haften
gebliebene Säure von dem hierin befindlichen Wasser größten-
theils und so lange absorbirt wird, bis dieses 20 Grad
Säuregehalt zeigt. Ist diese Concentration erzielt, so wird
der Betrieb der Maschine eingestellt, die Flüssigkeit zur
Wiedergewinnung der Säure abgelassen und frisches Wasser
in den Trog k gegeben, worauf das Pergamentiren seinen
Fortgang nimmt.

Das Papier wird nun über die Holzwalzen b b b zwischen den Spritzrohren s s s und unter dem Spannstücke e' hindurch in die zweite Walzenpresse E'' gezogen, wodurch das Pergament eine weitere Reinigung und erneuertes Ab= pressen von Säure, beziehungsweise der sich gebildet haben= den Dextrinmasse erfährt. Das Pergament geht sodann durch ein alkalisches Bad K¹, welches eingeschaltet ist, um ganz sicher zu gehen, daß das Papier vollkommen von der Säure befreit wird und mit Hilfe der übrigen Waschkästen ganz rein auf den Trockencylinder gelangt. Von hier wird das Pergament über die Walze F im zweiten Waschkasten k² und durch das zweite Spritzrohrsystem t t t t geführt. Um auch hiebei eine gesicherte, regelmäßige Anspannung und Fortbewegung des Papiers zu erhalten, sind die blos als Antriebsrollen, nicht als Pressen wirkenden Rollen R, R¹, R², R³ eingeschaltet; außerdem ist wieder ein Spannstück e² ange= bracht. Von da geht das Pergamentpapier in einen dritten Waschkasten K³ und durch ein drittes Spritzrohrsystem u u u u nach der dritten Walzenpresse E³, welche sowohl alles Wasser auszupressen hat, als auch das Papier auf die erforderliche Stärke preßt. Es ist dieses Egalisiren wichtig, um eine gleich= mäßige Aufwickelung auf den Trockencylinder und damit gleichmäßiges Trocknen zu erzielen, sowie letzteres mittelst weniger Dampf und in geringerer Zeit zu bewerkstelligen. Auch vor dieser Walzenpresse ist ein Spannstück e³ ange= bracht und diese sämmtlichen Spannstücke sind auf der unteren Seite mit Reifen oder Einschnitten versehen, welche das Papier glätten und Faltenbildung verhindern.

Die Preßwalzen E¹, E² und E³, zu welchen Schür= mann's patentirte, sogenannte Antideflectionswalzen, die mit geeignetem Gummiüberzug versehen sind, benützt werden, sind gegen einander verstellbar, wodurch ihre Zugswirkung und das mehr oder weniger starke Auspressen je nach Er= forderniß regulirt werden können. Die sie und die Antriebs= rollen R bis R'' bewegenden Riemenscheiben (in der Zeich= nung nicht dargestellt) sind mit Expansion versehen, um jedem Walzenpaar die entsprechenden Umlaufgeschwindigkeiten

während des Ganges rasch und bequem ertheilen zu
können.

Von der Presse E³ aus wird das Pergamentpapier
auf den Trockencylinder T geleitet, welcher an und für sich
in bekannter Weise construirt ist. Das Papier wird an
diesen mittelst einer schweren Walze G und auf den größten
Theil des Umfanges mittelst eines endlosen, regulirbaren
Trockenfilzes d angepreßt, wodurch wieder egaleres Trocknen
und glattes Fabrikat erzeugt wird. Das Pergament wird
bei T als fertiges Product aufgewickelt. Die Walze H¹ ist
mit Dampf geheizt, damit sie nicht schwitzt und Roststreifen
verursacht. Von hier aus kann das Pergamentpapier noch
durch Rollcalander und Schneideapparat geführt werden.

Undurchsichtiges und geschmeidiges Pergament= papier.

Es wird dem Pergamentpapier eine Verbindung wie
Barythydrat, Chlorbaryum, Kalkhydrat u. s. w. zugesetzt,
welche mit der bei der Pergamentirung verwendeten Schwefel=
säure einen undurchsichtigen, mit der Pergamentfaser fest
vereinigten Niederschlag giebt. Dieser Zusatz kann erfolgen,
entweder im Papierstoffbehälter oder bei dem fertigen, für
Pergamentfabrikation bestimmten Rohpapier durch Befeuchten
mit der aufgelösten Basis, hinter dem dritten oder vierten
Trockencylinder oder endlich beim fertigen, noch nicht aus=
gewaschenen Pergamentpapier durch Befeuchten und nach=
folgendes vollständiges Auswaschen.

Zum Geschmeidigmachen von Pergamentpapier und von
Papier überhaupt wird dem Papierzeug oder dem für das=
selbe bestimmten Leim eine hygroskopische Substanz, wie
Chlorcalcium, Chlormagnesium u. s. w. zugesetzt.

Dickes Pergament.

Zur Herstellung von dickem Pergament zu Lagerschalen, Treibriemen u. s. w. zieht Morrow Rollenpapier durch ein Bad von Salpetersäure oder ein salpetersaures Salz, bis dessen Oberfläche kleisterartig geworden ist. Das noch feuchte Papier wird dann sofort auf einen erwärmten Cylinder aufgewickelt, wo die einzelnen Lagen aneinander haften, und um dies zu befördern, wird auch auf den Wickel während seiner Bildung ein geheizter Preßcylinder aufgelegt. Ist auf diese Weise ein entsprechend dicker Hohlcylinder von Papier erreicht, so wird derselbe aufgeschnitten und in reinem oder alkalischem Wasser, je nach dem Grade der zu erlangenden Biegsamkeit, ausgewaschen. Die nach langsamer Trocknung und Pressung erhaltenen Platten sind zu ihrer Verarbeitung fertig und sollen aus denselben Gegenstände, die man jetzt aus Gummi oder dergleichen fertigt, hergestellt werden.

Pergamentpapier und Pergamentschiefer nach Kugler.

Kugler stellt künstliches Pergamentpapier durch Ueberziehen von dauerhaften Papierstoffen (oder dünnem Baumwollstoff, wie er zur Fabrikation der sogenannten englischen Buchbinderleinwand verwendet wird) mit Eiweiß oder Blutserum her, welches dann durch Wärme coagulirt wird. Dieses Fabrikat ist zunächst zum Ueberziehen von Etuis, Papier- und Buchbinderarbeiten bestimmt und soll sich dadurch auszeichnen, daß es wasserdicht, mit Wasser leicht zu reinigen und dauerhafter ist, als alle bisherigen derartigen Stoffe. Die in sogenanntes Pergamentpapier umzuwandelnden Stoffe werden beliebig gefärbt und dann mit Stärkemilch behandelt. Dadurch wird der Stoff weich erhalten und so

gedeckt, daß der Untergrund von dem späteren Ueberzug
vollständig isolirt wird. Hierauf werden die Stoffe mit Ei=
weiß oder Blutserum behandelt und endlich in eine Dampf=
heizung bis zu 150 Grad C. gebracht, damit das Eiweiß
coagulirt.

Der Dampfofen, in welchem dieser Proceß vorgenom=
men wird, ist ein länglicher, viereckiger, mit einem dach=
ähnlichen Aufsatze, vorne mit einer genau schließenden
Thüre versehen. Um diesen Ofen geht ringsherum ein dach=
ähnlicher, mit dem Innern verbundener Mantel. Wird der
heiße Dampf in den Ofen eingelassen, so gestatten Ventile
den Ablauf des condensirten Wassers und Schutzflächen be=
wahren den innen befindlichen Stoff vor nassen Nieder=
schlägen, so daß nur der heiße trockene Dampf seine Wirkung
bei der Coagulirung äußern kann. Der heiße Dampf geht
durch die Canäle in den Mantel, um auch diesen zu heizen
und so den wässerigen Niederschlag zu vermindern und zu=
gleich einen höheren Hitzegrad im innersten Raume des Ofens
zu erreichen.

Sogenannten Pergamentschiefer als Schreibmaterial
stellt Kugler in folgender Weise her. Feiner Schmirgel=
staub bildet den Schleifgrund, auf welchen der Griffel ab=
giebt. Derselbe wird mit Mineralschwarz, Blauholzbeize und
Ultramarin schwarz gefärbt, dann mit Blutserum vermischt
und ganz fein abgerieben. Ein solcher Schleifstoff läßt sich
jedoch nicht reiben wie andere Farben, weil er die Reib=
fläche abschleifen würde; er kann nur durch Druck sein zer=
malen werden. Dazu dient eine Vereinigung von drei
Walzen in verschiedenen Dimensionen mit entsprechender
Umdrehung und einer Vorrichtung, welche den Stoff immer
wieder auf die Walzen bringt, damit er aufs Neue durch=
gearbeitet werde. Mit der hierdurch erzielten Masse wird
die Fläche drei= bis viermal überzogen, jedesmal mit
einer Walze geglättet, zuletzt in dem oben beschriebenen
Ofen gedämpft und schließlich wieder zwischen Walzen ge=
glättet.

Zweifaches und dreifaches Osmose-Pergament.

A. Eckstein ist durch Untersuchungen dahin gelangt, daß er das einfache Pergamentpapier zu osmotischen Zwecken für nicht geeignet hält, weil sich in diesem Papier stets dünnere Stellen oder Eisensplitter, Kohlenstaub, Holzfasern u. s. w. befinden, die schließlich sich lostrennen und die Diffusion zu einer unregelmäßigen machen. Eckstein verfertigt daher, um diesen Uebelständen abzuhelfen, doppeltes und dreifaches Pergamentpapier, bei welchem die schlechten Stellen durch normale compensirt werden. Ueber die Art der Fabrikation ist jedoch nichts angegeben.

Behandlung von Papier und Pergament, um Schrift auch nach dem Auslöschen derselben zu erkennen.

Auf jeden Liter des bei der Fabrikation von Papier und Pergament gebrauchten Leimes setzt man etwa 40 Gramm Ferridcyankalium und 40 Gramm Schwefelammonium zu. Jeder Versuch, etwas auf dem so behandelten Papier Geschriebenes auszulöschen, wird dem Auge sofort durch eine Aenderung der Farbe des Papiers bemerkbar.

Färben von Pergamentpapier.

Pergamentpapier verhält sich den Theerfarbstoffen gegenüber wie Thierfaser und läßt sich mit denselben beliebig ohne Beizen färben, indem man es einfach durch die wässerige Theerfarbstofflösung durchzieht und zum Trocknen aufhängt.

Verwerthung der Pergamentpapierabfälle.

Ueber die Verwerthung der Abfälle zur Darstellung von Oxalsäure hat C. E. Cech berichtet und seinen Mittheilungen beigefügt, daß die Fabrik von D. Kunheim in Berlin, eine der größten der bis jetzt bestehenden vier Oxalsäurefabriken, die jährlich 200 Tonnen Oxalsäure aus Sägespänen darstellt, es unternommen hat, die Abfälle von Pergamentpapier zu verarbeiten.

Zur Sache selbst bemerkt Cech, daß das Hauptaugenmerk bei der Fabrikation von Oxalsäure aus Pergamentpapierabfällen auf ein gründliches Auslaugen derselben gerichtet sein müßte. Nach der seit 1857 von Roberts, Dale & Co. in Warington eingeführten Fabrikationsmethode von Oxalsäure durch Schmelzen von Sägespänen mit Aetzkali, müßten die Pergamentpapierabfälle nicht nur eine hinreichende Ausbeute von Oxalsäure geben, sondern die Darstellung derselben aus diesem Material wäre auch nicht von den bei der Verarbeitung der harten Hölzer auftretenden färbenden Substanzen begleitet. Die Fabrikationsart ist die gleiche, wie bei der Darstellung von Oxalsäure aus Sägespänen. J. Upman bemerkt jedoch zu Cech's Vorschlägen, daß das Verfahren, Cellulose durch Schmelzen mit Alkali in Oxalsäure zu verwandeln an und für sich nicht neu sei, da dasselbe bereits vor Einführung der jetzt üblichen Darstellungsmethode der Oxalsäure durch Versuche im Kleinen bestätigt worden ist; auf der anderen Seite aber kann nicht geleugnet werden, daß der Gedanke, Cellulose in der oben ausgesprochenen Weise für die Technik zu verwerthen, bisher noch nicht öffentlich geltend gemacht worden ist. Ob nun, meint Upman weiter, die Pergamentpapierabfälle wirklich ein geeignetes Ersatzmittel für die Sägespäne abgeben werden, läßt sich im Vorhinein nicht beurtheilen, da ganz abgesehen von dem Umstand, ob überhaupt genügend Material zu beschaffen ist, letzteres wegen eines Transportes auf weitere Entfernungen gepreßt werden müßte, das vollständige Auslaugen der Abfälle mit mehr Schwierigkeit verbunden sein dürfte, als man auf den ersten Blick glaubt, auch ein später folgendes Trocknen des Papiers wohl nicht umgangen werden könnte, also Kosten, die bei den Sägespänen in Wegfall kommen, aber immer= hin wieder durch eine erhöhte Ausbeute aufgehoben werden könnten.

Pergamentirte Leinen= Hanf= und Baumwoll= gewebe.

Um Leinen=, Hanf=, Baumwoll= oder sonst welches Gewebe immer vegetabilischer Natur zu pergamentiren, werden dieselben vor Allem in warmem Wasser ausge= waschen, um aus denselben alle Appreturspuren von Dextrin, Stärke und Klebestoffen zu entfernen. Hierauf wird das Gewebe in einen dünnen Brei von Papiermasse gebracht, welcher aus Abfällen von Leinen, Baumwolle oder unge= leimtem Papier bereitet werden kann.

Leinen= und Baumwollgewebe, welche man zu Zwecken der Osmose, wie sie namentlich auch von dem Pergament= papiere geleistet werden, bestimmt, müssen nach diesem ersten Bade, aus dem die Gewebe alle Poren erfüllenden faserigen Partikelchen aufnehmen, einem leichten Drucke im Durch= gange zwischen zwei Cylindern ausgesetzt werden. Bei Geweben, welche nicht der Osmose dienen sollen, ist diese Operation nicht erforderlich. Die Gewebe kommen sodann in ein zweites Bad, gebildet aus Schwefelsäure von 66 Grad, welcher man 10—15 Procent Wasser zugesetzt hat; dieses Bad muß constant bei einer Temperatur erhalten werden, welche der Lufttemperatur in der Fabrik gleich kommt. Bei diesem Bade muß die Einlage und Herausnahme so geregelt werden, daß die Stoffe je nach ihrer größeren oder geringeren Leichtigkeit 6—36 Secunden der Einwirkung

ausgesetzt bleiben. Hierauf wird der Säureüberschuß ver=
mittelst des Durchganges durch zwei Blei= oder Glaswalzen
den Stoffen entnommen und dem Bade wieder zugesetzt.
Die letzten Spuren der Schwefelsäure aber werden von den
Geweben durch Abspülen mit kaltem Wasser in einer Kufe
oder mehreren hintereinander entfernt, wonach das perga=
mentirte Gewebe durch ein drittes, aus einer schwachen
Ammoniaklösung bestehendes Bad geht.

Nachdem durch neuerliches Waschen in reinem Wasser
auch der Ammoniakgeruch vollständig beseitigt erscheint,
wird das Gewebe in einer stählernen Glättplätte starkem
Drucke unterzogen, um die aufgenommenen Faserpartikel
fest in die Poren eindringen zu machen. Die Trocknung
endlich geschieht zwischen zwei Cylindern, welche mit Filz,
Flanell oder auch nur Pappe überzogen und im Contact
mit zwei kupfernen oder eisernen Hohlcylindern sind, welche
durch Dampf erhitzt werden. Die Reihe der Operationen
wird durch sorgfältiges Glätten geschlossen, zu welchem
wieder zwei Hohlcylinder aus Stahl, Kupfer oder Messing,
welche mit größter Sorgfalt polirt sein müssen, dienen;
diese Cylinder werden von Innen durch Dampf erhitzt und
müssen einen bedeutenden Druck ausüben.

Auf diese Weise behandelte Gewebe verbinden mit
einer sehr großen Festigkeit auch vollkommene Wasserdichtig=
keit; sie können nebst anderen Zwecken auch vorzüglich als
Wagendecken und Verpackungshüllen dienen. Die chemische
Industrie wird solche Pergamentstoffe zur Dyalisis chemischer
Lösungen dem Pergamentpapier vorziehen, weil sie länger
ausdauern.

Pergamentpappe.

Während man bisher behufs Herstellung von Perga=
mentpappe eine Anzahl Papierbahnen direct nach dem Ver=
lassen des Säurebades zwischen Walzen vereinigte und
darauf die Pappe längere Zeit ins Wasser legte, um die
überschüssige Säure zu entfernen, mit welchem Verfahren

mancherlei Uebelstände verknüpft waren, leitet man nach dem neuen Verfahren die Papierbahnen oder Bogen einzeln durch eine Reihe von Pergamentirbädern von allmählich abnehmender Stärke und darauf durch Wasser zur Entfernung der Säure, worauf man die Bahnen oder Bogen flach aufeinander legt und zwischen heißen Platten unter Druck vereinigt. Es empfiehlt sich, bevor man die Bogen zwischen die heißen Platten bringt, dieselben zwischen trockene Tücher oder Filze zu legen, wodurch ein Theil der Feuchtigkeit entfernt wird. Versuche haben ergeben, daß die Vereinigung der Papierlagen noch besser ist, wenn man einem oder allen Pergamentirbädern auf jedes Kilo der darin enthaltenen Säuren 30—60 Gr. Natrium- oder Kaliumnitrat zusetzt. Will man sehr starkes oder hartes Papier pergamentiren, so zeigt sich nach dem bisherigen Verfahren, daß die Pergamentirflüssigkeit das Papier nicht genügend durchdringt und nur auf die Oberfläche wirkt und wenn man das Papier hierauf in Wasser bringt, so spaltet es sich in zwei Bogen, von denen je nur die eine Seite Pergament ist. Der Erfinder hat nun gefunden, daß man diesem Mangel dadurch abhelfen kann, daß man zuerst das Papier in ein Bad von sehr verdünnter Säure bringt, welche das Papier gänzlich durchdringt und darauf in ein oder mehrer Bäder von allmählich zunehmender Stärke.

Künstliches Pergament von Wood.

Irgend ein faserhaltiger Stoff, wie Baumwolle, Papier oder Holzstoff wird zunächst in ein Bad von in Wasser gelöster Harzseife getaucht. Als Harzseife dient die gewöhnliche Harzseife des Handels, welche aus Harz, Oel oder Talg und Soda oder Potasche besteht. Ist der Stoff durch und durch getränkt, so wird er in einem warmen Raum aufgehängt, bis er nahezu trocken ist und sodann, noch etwas feucht, in ein Bad von Chlorzink gebracht. Das Chlorzinkbad ist vorher bis zu einer Stärke von 65—70 Grad Bé. eingekocht und mit einer Temperatur von etwa 30 Grad C. verwendet. Nach Passiren des Chlor= zinkbades wird der Stoff über oder durch heiße Walzen geführt, sodann abgekühlt und in reinem Wasser gewaschen, um jeden Ueberschuß an Harzseife oder Chlorzink zu ent= fernen. Man hängt den Stoff nun in einem heißen Raum zum Trocknen auf, giebt ihm sodann einen Ueberguß von Oel, vorzugsweise Paraffinöl und läßt ihn schließlich durch einen Calander laufen. Da der Stoff keine Farbe enthält, so ist er nicht dem Brechen ausgesetzt und kann gewaschen und geglättet werden. Auch ist er stark, zähe und biegsam.

Elfenbein= und Horn=Imitationen aus Perga= mentpapier.

Wenn man mit Schwefelsäure behandeltes Papier, nach dem Durchziehen durch die Säure, abtropfen läßt, es auf einer Glasplatte ausbreitet und nun mit gehöriger Vorsicht, so daß keine Blasen entstehen, einen zweiten mit Säure behandelten Bogen auf dieses auflegt, mittelst eines geraden starken Glasstabes über die übereinander gelegten Bogen hinzieht, wodurch sie genau an einander gedrückt werden, so vereinigen sich die Bogen zu einem Ganzen. Der vereinigte Bogen wird nun vorsichtig von der Glas= platte abgezogen und in Wasser getaucht; man muß ihn aber, um alle Säure zu entfernen, mehrere Tage in Wasser liegen lassen. Nach dem Trocknen sind die bei= den Bogen so fest miteinander verbunden, daß sie ein un= trennbares Ganzes bilden. Es versteht sich von selbst, daß sich auf diese Weise beliebig dicke Platten von Pergament= papier anfertigen lassen und es lassen sich solche Platten als Elfenbein= oder Hornimitation gebrauchen, weil sie die Zähigkeit von Horn besitzen und auch Politur annehmen.

Diese Masse läßt sich im feuchten Zustande auch zu Bas=
reliefs durch Pressen verwenden.

Pergamyn (fettdichtes, imitirtes Pergament=
papier).

Prima=Sulfitzellstoff wird in den Holländer gegeben,
dazu die doppelte Menge Leim als zu Schreibpapierstoff,
dann etwas Glycerin und Traubenzucker. Man mahlt
den Stoff sehr fein, etwa 12—15 Stunden lang, bis er
im Holländer ganz warm wird. Auf der Papiermaschine
arbeitet sich das Pergamyn nicht leicht. Man muß vor
allen Dingen die Sauger gut im Stand halten und es
empfiehlt sich, daß man zwei Kaufmann'sche Sauger und
einen Sauger mit einer Kolbenpumpe zur Verfügung hat,
da das Wasser aus der nassen Bahn schwer herauszube=
kommen ist. Die obere Quetschwalze darf nur schwach
quetschen und wenn irgend möglich soll der Filzschlauch
der oberen Quetschwalze keine so lange Wolle haben, oder
schon etwas abgearbeitet sein, damit die Papierbahn nicht
daran klebt. Die erste Presse darf nicht zu fest gepreßt,
sondern muß eher etwas gehoben sein, dagegen muß auf
der zweiten Presse gut ausgepreßt werden. Die ersten
Trockencylinder dürfen nicht zu heiß sein, damit das Papier
langsam trocknet und vor dem Aufrollen muß es ange=
feuchtet und nach Fertigstellung mehrere Tage gelagert
werden und zwar so, daß die Ränder des Papiers nicht
eintrocknen. Falls die Ränder trocken werden, feuchte man
von Zeit zu Zeit mit einem nassen Schwamm etwas nach.
Sobald das Pergament einige Tage gelegen hat und die
Feuchtigkeit durchgezogen ist, feuchte man es nochmals auf
einer besonderen Feuchtwalze ziemlich stark, lasse es wieder
einige Tage trocknen und versuche dann eine Rolle zu
glätten. Es empfiehlt sich, das Papier durch einen 10 bis
12 walzigen Calander mit geheizten Walzen unter starkem
Druck und so schnell als möglich nur einmal durchzulassen.

Wird es bei einmaligem Durchgang nicht gut, so feuchte man es lieber noch einmal, statt durch zweimaliges Sati-niren ohne zweimaliges Feuchten viel Ausschuß zu machen

Undurchdringliches Pergamentpapier.

Ein für Oel und Fett undurchdringliches Pergament-papier wird hergestellt durch Eintauchen in eine heiße Lösung von Gelatine, zu welcher 2½—3 Procent Glycerin hinzu-gesetzt worden sind und nachheriges Trocknen. Um dasselbe Papier wasserdicht zu machen, wird es in Schwefelkohlen-stoff eingetaucht, welcher in der Lösung ein Procent Leinöl und vier Procent Kautschuk enthält.

Pergamentirte Pappe.

Nach einem amerikanischen Patent versetzt man starke Schwefelsäure des Handels mit etwa der gleichen Menge Wasser, giebt zu dieser verdünnten Säure 10—25 Procent ihres Gewichtes Salzsäure, so viel Zink, als sich auflöst und nach dem Abkühlen etwa einsechstel bis einviertel des Gewichtes Dextrin. Durch das aus dieser Mischung be-reitete Bad läßt man eine von einer Rolle sich abwickelnde Papierbahn laufen und nach Verlassen des Bades sich auf einer Rolle wieder aufwickeln, bis die gewünschte Stärke der Pappe erreicht ist, worauf man, wie bei der Herstellung gewöhnlicher Pappe das Aufgewickelte der Länge nach durch-schneidet und in eine Ebene ausbreitet. Die erhaltenen Tafeln werden sodann in Wasser oder in ein Neutralisir-bad gebracht, um die überschüssige Säure zu entfernen. Man kann auch das Zink in der Salzsäure auflösen, ehe man letztere der Schwefelsäure zusetzt, sowie das Dextrin durch Abfälle der so erzeugten Pappe oder durch Papier, Blut oder Albumin ersetzen.

Pergamentpapierfilter.

G. W. Varren beschreibt in »Chemical News« eine Methode zur Herstellung von Filtern aus Pergamentpapier. Das Filtrirpapier wird zu diesem Zwecke mit Fluorwasser=stoffsäure behandelt, gut getrocknet und dann fünf Stunden lang in eine Mischung von gleichen Volumen englischer Schwefelsäure und Salpetersäure — specifisches Gewicht 1·5 — getaucht, gut abgewaschen und nochmals getrocknet. So präparirte Filter sind schwach hygroskopisch, brennen sehr rasch fast ohne Rückstand, halten die feinsten Präcipitate zurück und filtriren gleichzeitig viel rascher als solche aus gewöhnlichem Filtrirpapier.

Elastische Masse aus vegetabilischem Pergament.

Nach dem neuen Verfahren legt man eine größere Anzahl (16—20 Stück) ganz dünner Papierstreifen auf=einander und führt sie dann gemeinschaftlich durch ein Bad von concentrirter Schwefelsäure und beim Verlassen des Bades zwischen Walzen hindurch. Hierdurch findet ein inniges Verkleben sämmtlicher Oberflächen untereinander statt und zugleich wird die gesammte Dicke vermindert. Ein so zu=bereitetes Pergament wird dann in Streifen von zu dem bestimmten Zwecke geeigneter Breite geschnitten, wobei es nicht möglich ist, an den Schnitt= oder Bruchstellen die einzelnen Lagen der in sich zusammengeschmolzenen oder verklebten Masse zu erkennen.

Das so hergestellte vegetabilische Pergament eignet sich nach Versuchen der Erfinder sehr gut als Ersatz von Fisch=bein zur Verwendung an Damenkleidern und Corsets, ins=besondere wegen seines günstigen Verhaltens gegenüber der Körperwärme, wegen seiner Dauerhaftigkeit und Billigkeit. Weiter ist industriell sehr wichtig, daß das in Abmessungen von gewünschten Längen, Breiten und Stärken geschnittene Pergament nicht zerbröckelt, nicht spaltet, nicht aufreißt, ferner sich leicht garniren, einfassen und in Falten ein= schieben läßt und Futter= und Corsetstoffe gar nicht im geringsten verletzt.

Imitirtes Pergamentpapier.

Imitirtes Pergamentpapier kann nach folgendem be= währten Verfahren hergestellt werden:

1. 60 Procent Sulfitzellstoff, 25 Procent Natronzell= stoff, 15 Procent Holzschliff, ganz geleimt; 5 Kgr. Leim, 5 Kgr. schwefelsaure Thonerde auf 100 Kgr. getrockneten Stoff. Das Papier ist zwar gut, aber nicht bester Art.

2. 100 Procent Sulfitzellstoff, ganz geleimt; 5 Kgr. Leim, 5 Kgr. schwefelsaure Thonerde auf 100 Kgr. trockenen Stoff. Das Ergebniß ist das übliche imitirte Pergamentpapier.

3. 100 Procent Sulfitzellstoff IIa, 2 Liter Schwefel= säure werden mit Wasser verdünnt, auf je 100 Kgr. trockenen Stoff im Holländer zugesetzt. Das aus Sulfitzellstoff zweiter Wahl hergestellte Papier hat grobes Aussehen, ist aber sehr pergamentähnlich.

4. 60 Procent Sulfitzellstoff, 40 Procent Strohstoff, 4 Kgr. Leim, 4 Kgr. schwefelsaure Thonerde auf 100 Kgr. trockenen Stoff. Sehr helles Papier mit klarer Durchsichtigkeit.

5. 60 Procent Sulfitzellstoff, 40 Procent Strohstoff, 4 Kgr. Leim, 3 Kgr. schwefelsaure Thonerde auf 100 Kgr. trockenen Stoff. Wie Nr. 4.

6. 60 Procent Sulfitzellstoff, 40 Procent Strohstoff, 3 Kgr. Leim, 3 Kgr. schwefelsaure Thonerde auf 100 Kgr. trockenen Stoff. Wie Nr. 4 und 5.

7. 70 Procent Sulfitzellstoff, 30 Procent Strohstoff, $3\frac{1}{2}$ Kgr. Leim, 3 Kgr. schwefelsaure Thonerde auf 100 Kgr. trockenen Stoff.

8. 100 Procent Sulfitzellstoff, 5 Kgr. Leim, 5 Kgr. schwefelsaure Thonerde, 2 Kgr. Stearin auf 100 Kgr. trockenen Stoff. Das Papier ist gut und fettglänzender als die anderen Sorten. Die Stearinmasse wird in kleine Stücke geklopft, mit warmem Wasser angerührt und so dem Stoff im Holländer zugesetzt.

Von großer Wichtigkeit ist bei Herstellung von un=echten Pergamentblättern das Mahlen im Holländer. Der Stoff muß lang und schmierig gemahlen sein und vor dem Leeren in den Bottich bei aufgehobener Holländerwalze $^1/_4$—$^1/_2$ Stunde gepeitscht werden. Auf der Maschine läßt man ihn mittelmäßig schütteln und stark pressen. Man darf keine abgearbeiteten Filze verwenden und die Trockenfilze müssen stark angespannt sein, um das Blasenbilden im Papier möglichst zu vermeiden; auch darf nur ganz langsam getrocknet werden, da sonst das Papier leicht schrumpft. Es empfiehlt sich, bei dem ersten Cylinder oder noch besser, dem ersten und zweiten, auf jeder Seite der Papierbahn einen 4 Cm. breiten Papierstreifen rings um den Cylinder laufen zu lassen, auf welchen beide Kanten der feuchten Papierbahn aufliegen. Hierdurch wird zu raschem Trocknen der Kanten und in Folge dessen zu starkem Blasigwerden der ganzen Papierbahn vorgebeugt; auch müssen die Züge in der Maschine durchwegs straff gehalten werden.

Künstliches Pergament,

auf dem mit Bleistift oder Tinte geschrieben werden und die Schrift durch Benetzen mit Wasser wieder entfernt werden kann, läßt sich auf verschiedene Weise herstellen:

1. Man mengt Bleiweiß, Gyps und zerfallenen Kalk als feinstes Pulver zusammen, rührt das Gemenge mit Pergamentleim an, streicht es auf starkes Schreibpapier, schleift den getrockneten Ueberzug mit Bimsstein oder Glas=papier und tränkt schließlich mit klarem Leinölfirniß.

2. Einfaches oder mehrfach zusammengeklebtes Papier wird mit Bimsstein abgeschliffen, einmal mit weißem Pfeifenthon, dann zweimal mit Bleiweiß (beide in Leimwasser aus 130 Gr. Leim und 2½ Kgr. Wasser abgerieben) grundirt, getrocknet, gepreßt, dreimal mit Farbe nachstehender Zusammensetzung bestrichen und mit einem Leinentuch abgewischt. Zur Bereitung der Farbe kocht man ½ Kgr. Leinöl mit 100 Gr. Bleiglätte und 6 Gr. Bleizucker zu dickem Firniß, mischt 200 Gr. hiervon mit 300 Gr. Copallack, setzt nach dem Abklären 200 Gr. Terpentinöl zu und reibt diesen Firniß mit Bleiweiß ab, wobei zur Hervorbringung eines gelblichen Tones ein wenig Schüttgelb oder gelber Ocker beigefügt werden kann.

3. Starkes und recht glattes Papier wird auf beiden Seiten mit Lack leicht überstrichen, den man aus 16 Theilen Copal, 16 Theilen Leinölfirniß und 19 Theilen Terpentinöl bereitet. Nach vollständigem Trocknen giebt man auf jeder Seite successive zwei oder drei Anstriche mit einer dicken Farbe, welche durch Zusammenreiben von 96 Theilen Bleiweiß, 4 Theilen Bleizucker und 5 Theilen geschlämmtem Bimssteinpulver mit gutem reinen Leinölfirniß bereitet ist und einen beliebigen Zusatz von gelben, rothen ꝛc. Beifarben erhalten kann. Zuletzt wird mit einem Stück Bimsstein geschliffen, mit einem leinenen Lappen abgeputzt und abgetrocknet.

Untersuchen der Schwefelsäure.

Schwefelsäure wird hergestellt, indem Schwefeldioxyd in großen, aus Bleiplatten zusammengefügten Räumen (den Bleikammern) der Einwirkung von Luft, Wasserdampf und salpetriger Säure ausgesetzt wird. Der letztgenannte Körper dient als Ueberträger des Luftsauerstoffes auf das Schwefeldioxyd und wird aus dem durch Reduction entstandenen Stickoxyd stets von Neuem regenerirt. Die Säure, welche unmittelbar auf diesem Wege gewonnen wird, zeigt etwa 50—53 Grad Bé. und enthält 62—67 Procent $H_2 SO_4$. Sie wird meist concentrirt und zwar zunächst durch Abdampfen in Blei= pfannen oder im Gloverthurm auf 60 Grad Bé. = 78 Procent $H_2 SO_4$; für einige Zwecke noch weiter durch Abdampfen in Platin= oder Glasgefäßen bis 66 Grad Bé. = 93 bis 96 Procent $H_2 SO_4$. Durch Ausfrieren kann man bis auf reines »Schwefelsäuremonohydrat«, also gleich 100 Procent $H_2 SO_4$ kommen; dieses ist eine wasserhelle, ölige Flüssig= keit von specifischem Gewicht 1·837 oder 1·838 bei 15 Grad, welche bei niedrigerer Temperatur zu Krystallen erstarrt, die bei + 10·5 Grad schmelzen. Sie raucht schon bei ge= wöhnlicher Temperatur ganz schwach, stärker bei gelindem Erhitzen, indem etwas Schwefelsäure=Anhydrid entweicht. Sie beginnt bei 290 Grad zu destilliren, wobei ein Ge= menge von arsenhaltiger Säure und Anhydrid destillirt, bei 338 Grad wird der Siedepunkt constant und es geht dann eine Säure von etwa 98·5 Procent $H_2 SO_4$ über. Auf dieselbe Stärke, nicht höher, kommt man durch Erhitzen verdünnter Säuren.

Die durch Concentration in Platin= oder Glasretorten fabricirte englische Schwefelsäure (66 Grad) ist ebenfalls noch eine ölige Flüssigkeit von 1·84 specifischem Gewicht bei 15 Grad und selten über 96 Procent, zuweilen nicht ein= mal ganz 94 Procent Gehalt an $H_2 SO_4$. Sie wird in der Kälte nicht fest. Dagegen krystallisirt das zweite Hydrat, $H_2 SO_4 \ H_2O$ bei + 8·5 Grad.

Der Gehalt der wasserhaltigen Schwefelsäure an wirk= licher Säure $H_2 SO_4$ kann bis 90 Procent mit genügender Sicherheit durch das specifische Gewicht ermittelt werden, wenn man dasselbe bei derselben Temperatur, auf welche die Tabellen gestellt sind, ermittelt. Die Verunreinigungen der käuflichen Säure beeinflussen das specifische Gewicht nicht in merklichem Maße. Ueber 90 Procent hinaus ist dies schon der Fall, auch bewirkt dann schon eine sehr kleine Aenderung des specifischen Gewichtes eine bedeutende Aenderung des Gehaltes und bei den höchsten Concentra=

tionen läßt diese Bestimmungsmethode ganz im Stich, weil dann das specifische Gewicht wieder abnimmt. Man wird sich daher der Tabellen nur bis 65 Grad Bé. für alle Säuren bedienen können, wobei übrigens zu berücksichtigen ist, daß die Reductionstabellen für die Grade von Beaumé's Araeometer auf specifische Gewichte sehr von einander verschieden sind; darüber hinaus geben die Tabellen den Gehalt nur für reine Säuren, wie sie im Großhandel nicht vorkommen, richtig an und sollte daher neben dem specifischen Gewicht auch noch eine directe Gehaltsbestimmung durch Titriren angestellt werden. Diese genügt in allen praktischen Fällen, da die Schwefelsäure wohl nie mit anderen Säuren verfälscht wird und die Verunreinigungen mit solchen (wie schweflige Säure) nur minimale Ziffern ausmachen.

Von Verunreinigungen der Schwefelsäure sind folgende zu berücksichtigen:

Stickstoffverbindungen, meist salpetrige Säure, zuweilen Salpetersäure, erkennt man qualitativ durch viele Reactionen, z. B. die Bildung einer braunen Schicht um einen in Schwefelsäure geworfenen Krystall von Eisenvitriol; die kleinsten Spuren davon durch eine Lösung von Diphenylamin in Schwefelsäure, welche sich bei Gegenwart von Stickstoffsäuren prachtvoll blau färbt. Quantitativ bestimmt man die salpetrige Säure meist durch eine Chamäleonlösung von bekanntem Gehalt, wobei man die Säure aus einer Glashahnburette in eine abgemessene Menge der mit 30 bis 40 Grad warmem Wasser verdünnten Chamäleonlösung unter Umschütteln so lange einfließen läßt, bis eben Entfärbung eingetreten ist. Wenn die Chamäleonlösung halbnormal ist, d. h. ein Liter 15·82 Gr. $KMnO_4$ enthält, also pro Cubikcentimeter 0·004 Gr. Sauerstoff abgeben kann, so entspricht jeder Cubikcentimeter derselben 0·0095 Gr. N_2O_3. Die Gesammtmenge der in einer Schwefelsäure enthaltenen Stickstoffverbindungen, also einschließlich etwa vorhandener Salpetersäure, ermittelt man am besten vermittelst des von Lunge construirten Nitrometers.

Schweflige Säure wird in der Schwefelsäure noch am besten durch den Geruch nachgewiesen, die Nase ist in diesem Falle umsomehr das feinste Reagens, als die sonstigen Nachweisungsmethoden der SO_2 durch ihre reducirenden Wirkungen oder durch Umwandlung der Schwefelsäure uns hier im Stiche lassen. Eine quantitative Bestimmung wird höchst selten nöthig sein, könnte übrigens durch Titriren mit Jodlösung vorgenommen werden.

Chlor oder Salzsäure kommen in käuflicher Schwefelsäure sehr selten in merklichen Mengen vor und können durch Silbernitrat leicht nachgewiesen und bestimmt werden.

Selen ist oft in geringen Mengen in der Schwefel= säure enthalten, meist durch seine röthliche Farbe zu er= kennen, indem es sein suspendirt in freiem Zustande vor= handen ist. Man kann es, wenn es als $Se\,O_2$ vorhanden ist, durch SO_2 als metallisches Selen (roth) niederschlagen.

Fixe Bestandtheile findet man durch Abrauchen der Schwefelsäure in einer Platinschale. Von denselben sind nur von Wichtigkeit Blei und Eisen. Blei findet man durch Schwefelwasserstoff als braune Färbung oder einfach durch Verdünnen der Säure mit Wasser als weißen Niederschlag von $Pb\,SO_4$; zur quantitativen Bestimmung des letzteren müßte man die verdünnte Säure noch mit mindestens dem gleichen Volumen Alkohol verdünnen. Eisen weist man nach, indem man die Säure mit einem Tropfen reiner Salpetersäure kocht, um das Eisen in Sesquioxyd zu ver= wandeln, erkalten läßt und Rhodankaliumlösung zusetzt. Rothe Fällung zeigt Eisen an; quantitativ bestimmen kann man dieses volumetrisch durch Reduction mit Zink und Titriren mit Chamäleon oder gewichtsanalytisch (bei Ab= wesenheit von Thonerde) durch Fällung des Eisenoxyds mit Ammoniak.

Arsen weist man in der durch Verdünnen, Absitzen und Filtriren von Blei befreiten Säure durch Einleiten von

Schwefelwasserstoff nach, welcher damit einen gelben Nieder=
schlag giebt. Zur quantitativen Bestimmung oxydirt man
diesen Niederschlag nach dem Auswaschen durch Königs=
wasser und fällt mit Magnesiamixtur arsensaure Ammoniak=
magnesia. Natürlich kann man zur quantitativen Nachweisung
von Arsen auch die anderen bekannten Methoden anwenden,
z. B. diejenigen von Marsh oder die von Reinsch mit
Kupferblech, oder die der deutschen Pharmakopöe (Zusatz von
Zink und Schwärzung eines mit Silbernitrat befeuchteten
Filtrirpapieres durch das entweichende Gas; bei Anwendung
von ganz concentrirter Silbernitratlösung wird die damit
befeuchtete Stelle des Filtrirpapieres zuerst gelb und erst
später schwarz).

Papiere für Abziehbilder.

(Metachromatypien.)

Das Papier, welches zu den Abziehbildern verwendet
wird, ist am besten ein ziemlich gutes, nicht oder nur schwach
geleimtes, jedoch glattes Papier, welches fähig ist, die Kleb=
stofflösung leicht aufzunehmen und sich dann beim Ablösen
aber auch ebenso leicht erweicht. Die Präparation geschieht
theils mit Stärkekleister, theils mit arabischem Gummi,
theils mit Mehlkleister und ist die richtige Ausführung eine
unerläßliche Vorbedingung für die Brauchbarkeit der Bilder.
Denn es ist einleuchtend, daß eine mangelhafte Deckung
des Papieres durch den Klebstoff auch ein mangelhaftes
Ablösen des Druckes nach sich ziehen muß, weil eben jene
Stellen des Papieres, welche nicht genügend gedeckt sind,
die Farbe aufgenommen haben und nun nicht mehr ab=
lassen.

Es muß also das Papier ganz gleichmäßig mit dem Klebstoff überzogen sein und es muß auch das Papier so beschaffen sein, daß es im Stande ist, denselben gleichmäßig aufzunehmen. Das Auftragen des Klebstoffes geschieht am besten mittelst breiter flacher Pinsel oder großer Bürsten in der Weise, daß man das Papier auf einem großen Tische ausbreitet und nun den Klebstoff nach einer und derselben Richtung hin glatt aufträgt, wenn nöthig wiederholt verstreicht, indem man Pinsel oder Bürste das eine Mal nach der Breite, das andere Mal nach der Länge des Papieres bewegt. Das Bestreichen des Papieres ist schon wiederholt mittelst besonderer Maschinen versucht werden, doch eine tadellos functionirende Vorrichtung nicht construirt.

Nach dem Präpariren wird das Papier in nur sehr mäßig erwärmten Räumen an Schnüren zum Trocknen aufgehängt, am besten in gespanntem Zustande, um das Aufrollen hintanzuhalten, hierauf entsprechend zugeschnitten und gepackt, wohl auch durch die Satinirmaschine gezogen, um eine glatte und ebene Fläche zu erzielen.

Vorschriften für die Präparirung des Papieres.

1. Die Klebstoffe bestehen aus:

        4 Kgr. Stärke,
        1   »   Gummi Traganth,
        2   »   feinem hellen Leim,
        1   »   gemahlener Bergkreide,
       50 Gr. Gummiguttae.

Leim, Traganth und Gummiguttae werden jedes für sich in Wasser zur Auflösung durch zwei Tage eingelegt. Die Stärke wird nach vorhergegangener Befeuchtung mit kaltem Wasser und durch späteres Zugießen von solchem unter beständigem Umrühren zu Kleister bereitet. Ist dies geschehen, so gießt man heißes Wasser darüber und läßt aufkochen. Während des Kochens gießt man die Leim= und

Traganthlösung, sowie die Kreide hinzu und läßt das Gefäß über dem Feuer, bis der Brei gleichmäßig dick ist, worauf unter beständigem Umrühren die Gummiguttlösung bei= gegossen wird. Der Kleister wird durch ein Tuch geseiht und so mittelst eines Schwammes auf das Papier in zwei Schichten gestrichen.

2.	10 Kgr.	Kleisterstärke,
	4 »	Gelatine,
	4 »	Kremserweiß.
3.	30 Kgr.	Stärke,
	2 »	Alaun,
	50 Gr.	Gummiguttae.

4. 123 Gr. Stärke werden bis zur Dicke eines Buch= binderkleisters eingekocht, 66 Gr. feinster Leim in Wasser aufquellen gelassen und dann in dem Kleister gekocht, worauf man noch 50 Gr. Kremserweiß in Wasser gerieben hinzusetzt.

5.	20 Gr.	Dextrin,
	90 Cbcm.	Wasser,
	8 »	Glycerin;

die Lösung wird vor der Anwendung filtrirt.

6. Ein gleichmäßiges, nicht zu dickes, ungeleimtes Papier wird mit folgenden Lösungen überstrichen:

a) wird eine Lösung von 10 Theilen Gelatine in 300 Theilen Wasser warm bereitet und das Papier mit einem weichen Schwamme oder einem breiten Pinsel recht gleichmäßig bestrichen und auf geneigter Fläche, flach liegend, trocknen gelassen.

b) Wird eine zweite Lösung bereitet, welche aus

	50 Theilen	Stärke,
	10 »	Gummi Traganth in
	600 »	Wasser besteht;

die Lösung wird wie folgt zubereitet: der Gummi Traganth wird in ungefähr der Hälfte Wasser (300 Theilen) eingeweicht, in den anderen

300 Theilen Wasser wird die Stärke auf gewöhnliche Art
gekocht, so daß ein consistenter Brei entsteht, welcher am
Schlusse durch Mousselin hindurchgepreßt werden muß. Die
mittlerweile getrockneten Bogen werden nun mittelst eines
breiten Pinsels mit dem Traganthkleister recht gleichmäßig
und ziemlich dick angestrichen und wieder trocknen gelassen.
Nun bereitet man sich eine Eiweißlösung aus gewöhnlichem
Blutalbumin; ungefähr 1 Theil Blutalbumin in 3 Theilen
Wasser erweicht, löst sich binnen 24 Stunden und unter öfterem
Schütteln zu einer trüben Flüssigkeit, welche durch einen
geringen Zusatz von Ammoniak (Salmiakgeist) vollständig
klar wird. Diese Lösung kann man verdünnt oder auch
stärker ansetzen, je nachdem die Praxis es erfordert. Die
zum zweiten Male getrockneten Bogen werden auch mit
dieser Lösung mittelst eines breiten Pinsels bestrichen und
müssen nachher getrocknet ein ganz gleichmäßiges Aussehen
haben.

Wenn die Bogen sich sehr stark krümmen sollten, ver=
setzt man die erste Gelatinelösung mit etwas Glycerin,
wodurch dieselben recht geschmeidig werden.

7. Nach Miller. Das Papier, welches zu Abzieh=
bildern verwendet wird, muß ziemlich stark sein und
sich durchaus nicht mehr strecken, sowohl während des
Druckes, wie auch hernach beim Abziehen, nachdem es 1
bis 2 Minuten lang angefeuchtet ist, leicht von der Seite
abschieben, ohne daß auch nur das Geringste vom Drucke
hängen bleibt. Es ist nothwendig, daß man das Papier,
ehe man es zum Drucke benützt, mit einem Feuchtschwamm
anstreicht; streckt sich dasselbe nicht, so ist das Papier zu
Abziehbildern geeignet, wirft es sich, so ist es untauglich.
Um das Papier so zu präpariren, daß es die genannten
Eigenschaften besitzt, muß es folgender Behandlung unter=
worfen werden. Mittelst einer Ziegenhaar= oder Dachs=
haarbürste gebe man dem Papier einen satten, gleichmäßigen
Anstrich von aus Weizenstärke gekochtem und durch ein
leinenes Tuch getriebenem Kleister, lasse die Bogen glatt=
liegend trocknen und setze dieselben dann zwischen Preß=

spänen einem scharfen Druck der Glättepresse aus. Als=
dann bereite man eine Mischung von gleichen Theilen auf=
gelöstem arabischen Gummi und Stärkekleister und gebe
dem Papier einen zweiten Anstrich. Nach diesem muß
solches mindestens 6—8 Stunden liegen, um vollkommen
trocken zu werden, damit es sich beim Druck nicht mehr
verzieht.

8. Für Glasdecoration nach Miller.

Durch eine Lösung von
      100 Gr. Kochsalz,
      150 » pulverisirtem Alaun in
    4000 » Wasser, welche sich in einer flachen
Schüssel befindet, wird das Papier mit der schmalen Seite
durchgezogen; man läßt es ein wenig abtropfen und hängt
es auf das Trockengestell zum Trocknen auf.

Dann weicht man in
    1000 Gr. Regenwasser
      250 » Tischlerleim, bringt die Masse
zum Kochen und fügt, wenn der Leim vollständig gelöst
ist, hinzu
      100 Gr. Glycerin,
       25 » Kochsalz und so viel Theer=
farbstoff, als zum leichten Erkennen der präparirten Seite
erforderlich ist, worauf der Topf ins Wasser gestellt und
so lange gerührt wird, bis die Masse kalt geworden ist.
Sollte ein Probeanstrich nach dem Trocknen noch spröde
sein, so fügt man noch Glycerin hinzu und rührt wieder
tüchtig um. Nach dem Erkalten wird das Ganze durch ein
Tuch geseiht und damit zweimal das Papier bestrichen.

9. Für Glasdecoration.

In einer reinen Schüssel werden angerührt:
      100 Gr. Weizenstärke in
      400 » Regen= oder destillirtem Wasser
und der erhaltene Kleister mit etwas Gummiguttae oder
einer Theerfarbstofflösung gefärbt. Die Farbe ist an und

für sich nicht wesentlich und dient hauptsächlich nur dazu, die präparirte Seite des Papieres leicht zu erkennen.

Man bringt zum Kochen:

25 Gr. Kochsalz,
70 » reines Glycerin,
50 » aufgeweichten Leim und
25 » Melasse. Wenn alles vollständig zergangen ist, gießt man langsam und unter beständigem Umrühren die aufgelöste Stärke in kochendes Wasser und läßt sie ein wenig aufkochen. Nach dem Aufkochen hebt man sie vom Feuer, rührt die Stärke bis zum vollständigen Erkalten um und drückt sie dann durch ein leinenes Tuch in eine reine Schüssel. Das Papier bekommt zwei Lagen von dieser Klebmasse und wird schließlich nach dem Trocknen derselben zwischen Walzen geglättet.

10. Für Glasätzerei nach Hock. Das zur Herstellung der Abziehbilder zu verwendende Papier darf nicht geleimt, sondern muß dünn, glatt und weich sein und darf keine Knoten und sonstigen Fehler haben, da es sich sonst nicht vollständig an die runde Oberfläche der Gläser anschmiegen würde. Wo billig frisches Eiweiß zu haben ist, kann man dieses als Grundirung des Papieres für den Aufdruck von Zeichnungen verwenden. Dasselbe ist jedoch meist zu theuer und kann man deshalb wie folgt verfahren.

Nachdem man die Papierbogen in die passende Form gebracht hat, tränkt man sie in einem hiezu geeigneten Becken mit einer ziemlich verdünnten Lösung von schwefelsaurem Ammoniak. Die Hände der Arbeiter müssen dabei fettfrei sein, damit das Papier. beim Betasten keine Fettflecke bekommt und von der Lösung vollkommen durchdrungen wird. Das Papier wird nun vorsichtig an Stangen zum Trocknen gehängt. Das getrocknete Papier wird dann mit einem für diese Zwecke und einem dem Albumin ganz entsprechenden Surrogat bestrichen, so z. B. mit gewöhnlichem warm bereitetem Stärkekleister, welcher mit

einer wässerigen Gummiguttlösung bis zur intensiven Gelb=
färbung versetzt wurde. Dieser Kleister wird in mittel=
starker Lage mit breiten Pinseln auf das Papier gleich=
mäßig gestrichen und dieses hierauf wieder getrocknet und
satinirt, worauf es zum Bedrucken fertig ist, es muß an
einem sehr trockenen Orte aufbewahrt werden.

Conservirende Papiere.

Die conservirenden Papiere, die eine viel größere An=
wendung verdienten, als es in der That der Fall ist,
werden benützt, um zwischen Substanzen, die durch Hinzu=
tritt von Luft in irgend einer Weise, sei es wie die Fette
durch Ranzigwerden, sei es wie Metalle durch Anlaufen,
Rostigwerden, sei es wie z. B. Tabak durch Verdunsten ihres
Feuchtigkeitsgehaltes beeinflußt werden, vor diesen verschie=
denen verderblichen Einflüssen wenigstens theilweise zu schützen
und dadurch länger in ihrem ursprünglichen Zustande zu
erhalten.

Ihre Herstellung geschieht im Allgemeinen in der
Weise, daß man entsprechendes, mehr oder weniger starkes
Papier mit den conservirend wirkenden Substanzen in ihrem
Lösungsmittel gelöst, oder wenn dies die Beschaffenheit er=
fordert, durch Erwärmen dünnflüssig macht, durch Ein=
tauchen tränkt, dann ablaufen läßt, eventuell zwischen
Walzenpaaren durchzieht und endlich in erwärmten Räumen
bei wässerigen Lösungen, sonst in gewöhnlicher Temperatur
trocknet. Nach dem Trocknen werden die Papiere noch ge=
preßt, damit sie glatt werden und entstandene Falten sich
verziehen und hierauf verpackt.

Butterverpackungspapier.

Kochsalz 10 Theile,
Salpeter 20 »

Eiweiß von 20 Eiern. Das Eiweiß (welches auch durch Albumin substituirt werden kann) wird in bekannter Weise zu Schnee geschlagen und nach und nach die beiden Salze eingetragen und bis zu erfolgter Lösung umgerührt. Mit dieser Lösung wird ein dünnes, gut ausgetrocknetes Filtrir= papier durch Eintauchen getränkt und auf gespannten Schnüren zum theilweisen Abtrocknen aufgehängt. Schließlich wird Bogen für Bogen mit einem heißen Bügeleisen, welches man von Zeit zu Zeit mit etwas Wachs bestreicht, ge= glättet.

In derart präparirtem Papier aufbewahrte Butter hält sich Monate lang, ohne an Qualität einzubüßen, voraus= gesetzt, daß die eingewickelte Butter noch ganz frisch ge= wesen und mit voller Sorgfalt derart eingefüllt wurde, daß Luft an keiner Stelle Zutritt hat. Aus diesem Grunde kann das Butterverpackungspapier ein gangbarer Artikel in jedem Haushalte, besonders jedoch in größeren Wirthschaften, die sich mit der Versendung von Butter nach auswärts be= fassen, werden. Je 10—100 solcher Papierbogen werden in ein Pergamentpapier eingeschlagen, welches Etiquette und Erläuterungen der Vortheile des Papieres aufgedruckt erhält.

Nadelpapier, Rostpapier.

Mit Blauholzabsud gefärbtes Papier aus Zeug, dem man feines Graphitpulver beigemengt hat, und das mit Leim und Alaun geleimt ist. Es dient zum Einwickeln feiner Stahlwaaren (Nähnadeln u. s. w.), die es gegen Rostbildung schützt.

Nach Lake wird ein solches Papier hergestellt, indem man Papier wie bei der Pergamentfabrikation mit Schwefel=

säure behandelt und es, ehe dasselbe in Wasser kommt, mit Graphitpulver bestreut.

Salicylpapier.

Jede Art aufsaugenden Papieres kann hiezu benützt werden und hängt die Qualität desselben nur von dem Zwecke ab, zu dem es dienen soll.

Für Honig, Milch, Rahm oder dergleichen genügt weißes englisches Filtrir= oder Fließpapier, für Butter, frisches Fleisch, Obst oder Gemüse ist ein weniger weiches Papier erforderlich. Nur ist es immer besser, wenn ein nicht satinirtes Papier verwendet wird. Eine hinlängliche Menge Salicylsäure wird in zwei gleiche Theile getheilt; die eine Hälfte wird in einer erhitzten Mischung von 3 Theilen Glaubersalz, 7 Theilen Borax, 58 Theilen Wasser gelöst. Die andere Hälfte der Salicylsäure wird indessen mit etwas warmem Glycerin (specifisches Gewicht 1·10—1·50) digerirt, ein Drittel des hiezu erforderlichen Glycerins wird nach und nach hineingerührt, dann werden beide Mischungen vermengt und vorsichtig Wasser hinzu= gegeben, bis das Verhältniß 3 Procent für das dünnere, 5 Procent für das dickere Papier hergestellt ist. Sollte eine Krystallisation der Säure eintreten, so muß nach und nach Glycerin hinzugefügt werden, bis die Flüssigkeit vollkommen klar ist. Nun wird ein Blatt Papier nach dem anderen in eine weite flache Schüssel, zu zwei Dritttheilen mit der Flüssigkeit gefüllt, eingetaucht. Ist die Lösung ungefähr 140—150 Grad F. warm, so genügen 4—5 Minuten, für dickeres Papier ist eine längere Zeit erforderlich. Benützt man eine kalte Lösung, so muß jeder Bogen 15—20 Mi= nuten in dem Bade liegen, darauf werden die Papiere in der Sonne, vor dem Feuer oder in einem Ofen zum Trocknen aufgehängt. Das Papier muß an einem kalten Orte, trocken, zwischen Pappendeckeln gepreßt oder auf= gerollt, aufbewahrt werden.

Wachspapier.

Das Wachspapier findet vielseitig Anwendung zum Einschlagen von solchen Erzeugnissen, welche eine gewisse Feuchtigkeit enthalten und nicht austrocknen sollen, so namentlich für Rauch= und Schnupftabake, ferner zum Verbinden von Gläsern mit eingemachten Früchten, um

Fig. 3.

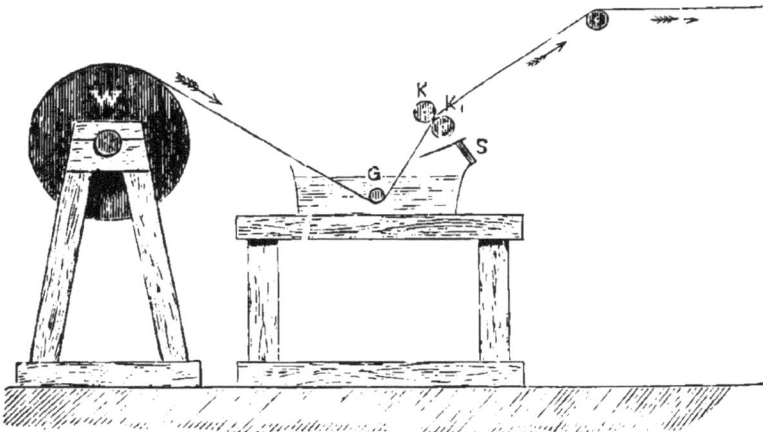

Vorrichtung zur Herstellung von Wachspapier.

solche vor den schädlichen Einflüssen der Luft zu schützen u. s. w.

Zur Herstellung benützt man schwach oder gar nicht geleimtes Papier von festem Gefüge, legt eine gewisse An= zahl von Bogen auf einen großen Tisch und streut eine kleine Menge geschabtes Wachs auf den obersten Bogen. Mit einem heißen Bügeleisen überfährt man nunmehr die oberste Lage, wobei alles Wachs flüssig wird, in das Papier eindringt und die überflüssige Wachsmasse in den zweiten und dritten Bogen eindringt. Ist das Eisen nicht mehr

genügend heiß, so muß es durch ein frisches ersetzt werden,
auch kann man das Schaben des Wachses umgehen, wenn
man ein großes Stück Wachs in die linke, das Eisen in
die rechte Hand nimmt und das Eisen an das Wachs an=
hält, so daß stets eine Menge desselben flüssig wird. Was
von dem ersten Bogen Papier nicht mehr aufgenommen
werden kann, dringt in den zweiten und dritten und ist es
auf diese Weise möglich, eine ziemliche Menge Wachspapier
ohne große Mühe herzustellen.

Soll das Papier in größeren Quantitäten erzeugt
werden, so benützt man hiezu am vortheilhaftesten Rollen=
papier, welches sich auf einer Walze, Fig. 3, befindet; von
dieser Walze gelangt das Papier in eine eiserne, innen
emaillirte Wanne, welche das durch eine entsprechende Vor=
richtung (Gas=, Petroleum= oder Spiritusheizung) flüssig
erhaltene Wachs aufnimmt. In der Wanne befindet sich ein
Glasstab, welcher an einer Stange mittelst zweier Stützen
so befestigt ist, daß man ihn aus der Wanne heben kann.
An der Wanne und über derselben ist ein Stahlspachtel
angebracht, dessen Kanten so weit abgeschrägt sind, daß sie
nicht schneiden und gegen welche das mit Wachs getränkte
Papier gezogen wird. Direct oberhalb des Streifens be=
finden sich ein Paar Porzellanwalzen, welche sich fest auf=
einander pressen lassen, so daß alles überflüssige Wachs ent=
fernt wird. Das getränkte Papier läßt man in einiger Ent=
fernung lose aufeinander fallen und kann es nach einigen
Stunden in entsprechend große Blätter geschnitten oder auf
einer Trommel aufgerollt werden.

Paraffinpapier.

Zu gleichen Zwecken, wie Wachspapier, wird in der=
selben Weise hergestellt; auch kann man anstatt Paraffin
heiß zu machen, solches auf warmem Wege in Benzin,
Terpentinöl, Petroleum lösen, das Papier durch die Lösung

hindurchziehen oder mittelst Bürsten die Lösung auf das Papier auftragen und zum Trocknen aufhängen, wobei das Lösungsmittel verdampft. Benützt man zum Trocknen einen verschließbaren Kasten, so lassen sich die Lösungsmittel eventuell auch wiedergewinnen.

Packpapier für Silberwaaren.

Das Packpapier, in welches die Silberwaaren eingewickelt werden, um sie vor dem Anlaufen zu schützen, wird auf folgende Weise hergestellt: Das Papier wird mit einer Lösung von Zink= oder Bleioxyd in Aetznatron, Kali oder Ammoniak imprägnirt. Es empfiehlt sich, 6 Theile Aetznatron in heißem Wasser zu lösen, bis zu einer Consistenz von 20 Grad Bé., dann 4 Theile Zinkoxyd hinzuzufügen und die Mischung 2 Stunden zu kochen, wenn möglich unter einem Druck von 5 Atmosphären. Ist die Lösung klar geworden, so wird sie bis 10 Grad Bé. verdünnt und ist nun zum Imprägniren des Papieres fertig. Durch diese Imprägnirung werden Kohlenwasserstoffe und Säuren gebunden, so daß sie keine schädliche Wirkung auf Silber äußern können.

Wasserdichtes Papier.

1. Um Papier wasserdicht, undurchdringlich für Fett und durchsichtig zu machen, stellt man eine ganz gesättigte Lösung von Borax in Wasser her und löst darin eine Quantität Schellack bei gelinder Wärme auf. Hierauf tränkt man das zu präparirende Papier, welches man durch Zusatz von entsprechenden Anilinfarben auch farbig herstellen kann. Wir bemerken hiezu, daß die Löslichkeitsverhältnisse von Borax in Wasser folgende sind: in kaltem Wasser 6 : 100; in heißem Wasser 2 : 1.

2. Man nimmt 24 Theile Alaun und 4 Theile weiße Seife, löst beides in Wasser auf. In einem anderen Gefäß löst man 6 Theile arabischen Gummi und 6 Theile Leim ebenfalls in 32 Theilen Wasser, mischt beide Lösungen zusammen, erwärmt dieselben, taucht das Papier hinein und trocknet es dann über ausgespannten Schnüren in einem erwärmten Raum.

Feucht erhaltendes Papier.

Um Papier, Pergamentpapier und andere faserige Stoffe weich, biegsam und elastisch, fähig Feuchtigkeit zu absorbiren und zurückzuhalten und in manchen Fällen transparant zu machen, werden diese Stoffe mit einer Lösung von essigsaurem Kali oder Natron behandelt, je nach dem Zweck, der erreicht werden soll, kommen Traubenzucker, Dextrin, Stärkemehl und andere schleim= und gelatineartige Stoffe noch hinzu. Auch empfiehlt sich der Zusatz eines antiseptischen Mittels, wie Carbolsäure oder Salicylsäure.

Rostschützendes Papier.

Zum Verpacken von Gegenständen, welche vor Feuchtigkeit geschützt werden sollen, gelangt ein mit Mineralölen behandeltes Papier zur Verwendung, welches die Eigenschaft besitzt, keinerlei Feuchtigkeit durchzulassen und auch für Fette undurchdringlich sein soll. Seit einer Reihe von Jahren werden solche rostschützende Papiere nach verschiedenen Verfahren hergestellt; das neue rostschützende Papier, welches Gebrüder Krah in Jserlohn nach patentirtem Verfahren liefern, unterscheidet sich von allen bisher zum Schutze gegen Feuchtigkeit gebräuchlichen Papiersorten wesentlich dadurch, daß es auch noch die Eigenschaft hat, durch Abgabe von flüchtigen Kohlenwasserstoffen Metallgegenstände selbst bei unmittelbarer Berührung mit Feuchtigkeit vor Rost zu schützen. Diese Eigenschaft wird dem Papier dadurch ertheilt, daß es der Einwirkung eines Gemisches von schwer und leicht flüchtigen Kohlenwasserstoffen ausgesetzt wird. Die hiebei zur Benützung kommenden schwer flüchtigen Kohlenwasserstoffe sind jene, welche bei der Destillation des Erdöls nach den sogenannten Lampen= oder Brennölen übergehen, bevor theerige Substanzen überdestilliren. Es sind dies Destillate, welche im Handel als geruchlose helle oder dunkle Mineralöle bezeichnet werden. In diesen schwer= flüchtigen Kohlenwasserstoffen löst man einen gewissen Pro= centsatz, ungefähr 10—15 Procent von leichtflüchtigen Kohlenwasserstoffen, wie Naphta, Petroleumäther u. s. w. und trägt diese so erhaltene Mischung in geeigneter Weise auf das betreffende Papier. Verpackt man nun in derartig präparirtem Papier Metallgegenstände, so schlagen sich die oben angeführten leichtflüchtigen Kohlenwasserstoffe allmählich auf die kälteren Metallgegenstände nieder und verhindern dadurch, daß sie diese mit einer farblosen Haut überziehen, jede Rostbildung.

Würde das Papier ausschließlich mit den leichtflüchtigen Kohlenwasserstoffen getränkt, so würden diese bei ihrer außerordentlichen Flüchtigkeit sofort bei ihrem Auftragen auf das Papier in den gasförmigen Zustand übergehen und in Folge dessen das Papier keine rostschützenden Eigen= schaften erhalten. Mischt man die leichtflüchtigen Kohlen= wasserstoffe hingegen mit den oben angeführten schwerflüchtigen Kohlenwasserstoffen, so geht die Vergasung ganz allmählich vor sich und es wird aus diesem Grunde dem Papier die rostschützende Eigenschaft auf lange Zeit erhalten.

Fladerabziehpapiere.

Die Fladerabziehpapiere sind ein sehr beliebtes Mittel
geworden, um auf einfache und dabei billige Weise schöne
und naturgetreue Holzimitationen bei angestrichenen Ob=
jecten jedweder Art zu erzielen und finden sehr bedeutenden
Absatz, so daß deren Fabrikation ziemlich rentabel ge=
nannt werden kann. Ihre Herstellung erfolgt in der Weise,
daß auf endloses oder in Bogen bestimmter Größe geschnittenes
Papier zunächst eine das Papier isolirende Schichte aus
Stärke, Mehl, Traganth für sich allein oder untereinander
in verschiedenen Mengenverhältnissen zusammen in Wasser
gelöst, gleichmäßig gestrichen, getrocknet und dann mit Dessins
bedruckt wird. Das Dessin selbst kann auf verschiedene Weise
gewonnen werden, indem es entweder eine gravirte Hand=
zeichnung oder eine Gravirung eines auf mechanischem Wege
gewonnenen Abdruckes eines Stückes natürlichen Holzes ist.

Je nach der Art der Farbe, mit welcher das Papier
bedruckt wird, kennt man Oeldruck= und Wasserdruckpapiere,
doch haben fast ausschließlich die letzteren sich Eingang ver=
schafft, während Oelpapiere nur sehr vereinzelt Anwendung
finden, weil sie schwieriger zu handhaben und auch wesent=
lich theurer sind.

Das präparirte Papier wird, je nach der Größe auf
Handpressen, Maschinen oder auch nur mittelst elastischer
Platten mit Wasserfarbe, welche nur so viel Gummi oder
Kleister als Bindemittel enthält, damit der Druck nicht ab=
staubt, bedruckt, getrocknet und zusammengerollt, worauf sie
verkaufsfähig sind. Die Papiere müssen an trockenen Orten
aufbewahrt werden und dürfen nicht zu lange liegen, da sie
im Laufe der Zeit ihre Fähigkeit, die Farbe abzugeben,
verlieren und dann Ursache zu vielen Reclamationen der
Abnehmer geben, die man durch Liefern frischer Waare von
vornehereiu vermeiden kann.

Unter den Verfahren, nach welchen die Zeichnungen hergestellt werden, sind die von Antony, Großheim und Tischler die Bemerkenswerthesten und sollen hier erwähnt werden.

1. Nach Antony.

Gut abgehobelte und geschliffene Bretter werden in ein Essigbad gelegt. Die weichen Theile des Holzes schwinden, während die härtesten Theile desselben vortreten und die feinsten Poren tiefer und sichtbar werden. Bei verschiedenen Holzarten, z. B. brasilianischem Ahorn, schwinden die hellen Theile des Holzes und die dunklen Schattirungen treten hervor, wohingegen bei anderen Holzarten, z. B. Eichen, die dunklern Adern und Poren zurücktreten. Nachdem das Holz aus dem Essig genommen, wird es getrocknet.

1. Ein Brett, auf welchem die hellen Theile geschwunden sind, wird mittelst der Farbwalze eingefärbt, auf der lithographischen Presse werden Abdrücke gemacht, welche auf Lithographiesteine übergedruckt werden, um die Schattirungen und anderen Farben, welche in dem betreffenden Holze vorkommen, zu zeichnen. Das Drucken der Holzgebilde geschieht, indem man erst die Schattirungen, dann das Original, welches man von dem Brette abgenommen hat und schließlich den Grundton druckt.

2. Ein Brett, auf welchem die dunklen Theile geschwunden sind, wird mit schwacher Farbe aufgewalzt, auf der Presse Abdrücke gemacht und auf Lithographiestein übertragen. Die ganze Zeichnung wird mit Tusche überstrichen, die Ueberdruckfarbe vom Stein entfernt, und auf den beim Ueberdruck hell gebliebenen Stellen bleibt die Tusche sitzen und stellt die vertieften Stellen des Holzes dar. Von diesen Masergebilden werden Ueberdrucke auf andere Lithographiesteine gemacht und darnach die Schattirung und die anderen Farben die Holzes gezeichnet. Dies geschieht, wie bei 1 angegeben.

2. Nach Großheim.

Großheim hat ein besonderes Verfahren gefunden, Originalplatten oder Walzen zum Drucke von beliebigen Dessins darzustellen, welche auch nach wiederholtem Ab= schleifen ohne Erneuerung der Gravirung benützt werden können.

Nach dem bekannten Verfahren zur Nachahmung von Marmor, Holzmaser u. s. w. wird das Dessin, nachdem es in den Stein eingeätzt ist, dadurch von diesem vervielfältigt, daß es unter Beobachtung gewisser Zwischenoperationen durch eine elastische Walze abgenommen und auf das zu bedruckende Original übertragen wird. Wenn man nun die Aetzung bei einem solchen Original zu tief macht, so daß also viel Farbe darin bleibt, bleibt auch viel Farbe auf der elastischen Walze hängen und das Dessin wird dick und ungleich übertragen. Je geringer aber die Tiefe des Steines, beziehungsweise Dessins in demselben ist, umso feiner und zarter kann dasselbe übertragen werden. Verständniß und Blick des Operirenden und praktische Uebung lehren natür= lich denselben das richtige Maß zu erkennen. Er wird daher bemüht sein, die Tiefe der Aetzung so viel als möglich gleichmäßig zu erhalten, derselben eine absolut nöthige Tiefe zu geben und zu verhüten suchen, daß diese Tiefe nicht über= schritten wird. Beim Aetzen sowohl, als beim Graviren ist es aber fast unmöglich, eine solche Gleichmäßigkeit zu er= halten, weil bei jenen die veränderliche Widerstandsfähig= keit des Materials die Zersetzung beeinflußt und bei diesem die Arbeit bei so peinlicher Beobachtung der Tiefe zu theuer würde.

Man begnügt sich deshalb mit, wenn auch ungleich aus= gearbeiteten, aber doch eine praktisch brauchbare Platte gebenden Verhältnissen, wobei aber immerhin die Tiefe der Aetzung möglichst auf ein Minimum beschränkt bleibt. Nun wird aber, je nach dem jedesmaligen Abnehmen eines Dessins, neue Farbe auf den Stein gestrichen und die überflüssige durch ein Streichmesser von demselben abgestrichen, dabei unvermeidlich auch etwas von dem Material der Platte selbst mitgenommen und die Folge ist dann nicht nur, daß dieselbe, beziehungsweise des Dessin, nachdem 1000 bis 2000 Abdrücke entnommen sind, abgenützt ist, sondern auch, daß die zuerst erzeugten Dessins in Farbe und Umrißlinien ziemlich von den zuletzt gefertigten abweichen, aus eben schon erläuterten Gründen und weil jeweils durch das Ueber=fahren mit dem Streichmesser kleine Partikelchen des Mate=rials von den Umrißkanten des Originaldessins fortge=nommen werden und dieses mehr und mehr verschwommene Contouren zeigt. Diesen Uebelständen: Ungleichmäßigkeit in der Tiefe der Aetzung oder Gravirung, das Unbrauchbar=werden eines Originales nach verhältnißmäßig kurzer Zeit, beziehungsweise nach Entnahme einer verhältnißmäßig ge=ringen Anzahl von Abdrücken und der zu leichten Verände=rung der Umrisse des Dessins soll die Erfindung Groß=heim's abhelfen, indem durch sie dagegen erreicht wird:

1. Daß man Originalplatten oder Walzen herstellen kann, bei welchen das Dessin von ganz gleichmäßiger und nöthiger Tiefe für eine gute Wiedergabe eingearbeitet ist.

2. Daß ein Original eine fünf= bis sechsfach längere Dauer erhält, als bei den bekannten Methoden.

3. Daß auch, wenn auch das Abbröckeln oder Ab=schleifen von kleinen Partikelchen von den Umrißkanten der Dessins nicht zu vermeiden ist, dadurch doch kein Verflachen der Umrisse und kein Verschwommenwerden des Dessins entsteht.

Dieses wird dadurch erreicht, daß die Originalplatte oder der Originalcylinder ganz tief geätzt oder gravirt wird, so daß er zum Drucken unbrauchbar wäre. Dieses tiefe Dessin wird dann mit irgend einem geeigneten Material, Kitt, Gyps oder dergleichen ausgefüllt, welches Material aber etwas weicher ist, als das Material, aus welchem die Platte besteht, so daß die Platte beinahe wieder ganz eben ist. Dann streicht man mit einem geeigneten Streichmesser über die Platte, wodurch von dem weicheren Füllmaterial eben genügend ausgehoben wird, um wieder ein genügend

vertieftes Deſſin zur Entnahme von Copien zu erzeugen.
Die richtige Tiefe des Deſſins wird ſo conſtant erhalten,
oder kann mit Leichtigkeit erzeugt werden. Da die geeignete
Tiefe der Gravirung das fünf= bis ſechsfache der früher
zuläſſig geweſenen beträgt, ſo iſt natürlich eine Erneuerung
durch das Verſchleißen der Platte oder des Cylinders nicht
erforderlich und tritt ſolche erſt dann ein, wenn fünf= bis
ſechsmal ſo viel Abbrücke hergeſtellt ſind. Weil die tiefe
Gravirung oder Aetzung ziemlich ſenkrecht zur Bildfläche
der Platte geht, ſo ſchadet ein Abſchleißen kleiner Partikel=
chen von den Kanten des Deſſins nichts und kann kein Ver=
flachen der Umrißlinien hervorrufen. Aber ſelbſt wenn die
Platte durch Verſchleiß uneben und dadurch vorläufig un=
brauchbar geworden iſt, bedarf es zu ihrer Wiederbenützung
nur des Abſchleifens und das Originaldeſſin iſt wieder da;
dieſes Abſchleifen kann ſo oft wiederholt werden, als es die
urſprüngliche Aetzung zuläßt.

Hat man dann die Platte ſo weit abgenützt, ſo wird
nicht etwa wie beim alten Verfahren die Platte ganz eben
geſchliffen, und ein neues Deſſin eingeätzt oder gravirt,
ſondern das noch vorhandene Originaldeſſin in der Platte
wird einfach wieder tiefer geätzt, indem die erhobenen Par=
tien unangreifbar gemacht werden und man erhält alſo
wieder eine Platte mit ganz genau demſelben Deſſin wie
zuvor, tief geätzt, die mit Füllmaterial angefüllt wird u. ſ. w.,
als wenn eine neue Platte hergeſtellt wäre, nur mit dem
Unterſchiede, daß kein neues Deſſin zu graviren iſt.

3. Nach Tiſchler.

Um billige Fladerpapiere herſtellen zu können, bedient
ſich Tiſchler einer beſonderen Art von Metallpoſitivbildern,
den zu übertragenden Muſtern, die er dadurch gewinnt,
daß er auf einer Zinkplatte durch Aetzung auf galvaniſchem
Wege zunächſt das zu übertragende Muſter in vertiefter
Arbeit hervorbringt. Zu dieſem Zwecke wird eine zu ätzende
Zinkplatte mit einem Deckgrunde überzogen, das zu über=

tragende Muster mit einem Stichel einradirt und die so vorbereitete Platte als positive Elektrode einer galvanischen Zersetzungszelle benützt. Als negative Elektrode der Zelle dient eine zweite Zinkplatte von der Größe der zu ätzenden Platte, die in gehörigem Abstande von der letzteren mit dieser zugleich in die Zersetzungszelle eingebracht wird. Als Batterie werden 8—10 Daniell'sche Elemente verwendet und muß deren Zahl der Größe der zu ätzenden Platte entsprechend vergrößert oder verringert werden. Auf dem Wege der Aetzung mittelst eines galvanischen Stromes ist es möglich, sehr scharfe und reine Zeichnungen in vertiefter Arbeit herzustellen. Hat man den galvanischen Strom hin-reichend lange auf die Zinkplatte, die sich in einer mit Schwefelsäure angesäuerten Zinksulfatlösung befindet, ein-wirken lassen, so nimmt man die geätzte Platte aus der Zersetzungszelle heraus und wäscht sie zur Entfernung des noch vorhandenen Deckgrundes mittelst Kali- oder Natron-lauge ab. Die Aetzungen erscheinen alle gleich tief, was für die Reinheit und Schärfe der Uebertragung von einer mit Hilfe der geätzten Platte herzustellenden biegsamen Druck-platte nicht zweckmäßig ist, indem neben den feinen Er-habenheiten auch Theile des nicht zum Abzug bestimmten Grundes auf die grundirten Flächen übertragen oder ab-gedruckt werden können.

Um diesen Uebelstand zu beseitigen, ist es nothwendig, die Zinkplatte mit einem Lappen zu reinigen, abzutrocknen und sodann sämmtliche vertieft geätzte Stellen mit einer zu Buchdruckerwalzen gebräuchlichen Masse, bestehend aus Leim, Glycerin und Syrup, vollkommen zu überziehen, damit die Platte ganz eben wird. Dies geschieht zu dem Zwecke, da-mit beim Löthen das Zinn in die vertieft geätzten Stellen nicht eindringen kann. Dann müssen die weitentfernten Fladerpartien mit Zinn mehr oder weniger erhöht werden, damit sie in dem Abziehpapier vertieft erscheinen und die leeren Stellen, auf welchen sich kein Flader befindet, beim Ueber-tragen auf Holz sich nicht mit abdrucken können. Durch Einbringen der Platte in warmes Wasser entfernt man nunmehr die Leimmasse und ebnet die aufgelösten Stellen mit einem Schabeisen.

Von den so fertiggestellten Metallplatten erhält man die zum Abdruck dienenden Fladerpapiere folgendermaßen:

Die Zinkplatte wird auf die hohle Bodenplatte einer starken Presse gebracht, die, durch Dampf erwärmt und durch kaltes Wasser abgekühlt werden kann. Ueber die ein= geölte Zinkplatte wird die oben angegebene Druckwalzen= masse oder an ihrer Stelle eine durch Zusatz von Lösungen hygroskopischer Salze, wie Chlorcalcium, Chlorzink, Chlor= aluminium in entsprechender Weichheit hergestellten Leim= masse aufgegossen und sodann die obere Preßplatte, die mit einem der Zinkplatte in der Größe entsprechenden Leinwand= streifen überspannt ist, niedergedrückt; die untere Preßplatte muß ganz eben sein, damit die Zinkplatte an allen Punkten gleichmäßig aufliegt und hat an allen vier Seiten circa 2—3 Mm. hohe Leisten, durch welche die Menge der auf die Leinwand anzupressenden Walzenmasse bestimmt wird. Der etwa aufgegossene Ueberschuß wird durch das Niederdrücken der oberen Platte zum Abfließen gebracht. Während die obere Platte niedergedrückt wird, läßt man kaltes Wasser durch die Bodenplatte fließen, wodurch das Erstarren der auf der Leinwand haftenden Masse sehr be= fördert wird. Die Leinwand löst sich sodann mit der auf ihr fest haftenden, die Vertiefungen der Zinkplatte erhaben darstellenden Leimmasse von der Zinkplatte los und nun wird diese so hergestellte Matrize, um sie widerstands= fähiger zu machen, mit einem Kautschukfirniß übergossen. Sie ist dann zur Ausführung von Abdrücken fertig.

Die Abdrücke der erhabenen Zeichnung geschehen einfach so, daß man die Matrize mit beliebig gefärbten Farbwalzen überfährt, die Matrize auf das vorher entsprechend prä= parirte Papier sorgfältig mit einem Pinsel oder Bürste ge= linde andrückt und sorgfältig wieder abnimmt. Dieses so hergestellte Abziehpapier läßt sich durch einfaches Befeuchten der Rückseite übertragen und bedarf zu seiner Befestigung wie bei Handarbeit nur eines Ueberzuges von Firniß

Feuersichere und Sicherheitspapiere.

Feuersichere Papiere.

1. Nach dem Verfahren von L. Frobeen in Berlin zur Herstellung feuerbeständiger Drucksachen, Manuscripte und Urkunden werden Asbestfasern bester Qualität in einer Auflösung von übermangansaurem Kali gewaschen und mit schwefliger Säure gebleicht. 95 Theile der so vorbereiteten Fasern werden mit 5 Theilen geschliffenem oder gemahlenem Holzstoff, wie ihn die Papierfabrikanten verarbeiten, vermischt. Die Masse wird unter Zusatz von Leimwasser und Borax in den Holländer gebracht, in diesem innig gemischt und weiter zu Papier verarbeitet, welches von glatter Oberfläche und durch Satiniren zum Schreiben geeignet gemacht ist. Es soll, ebenso wie die für dasselbe angewendete Druck= oder Schreibfarbe, einer Glühhitze von 800 Grad C. andauernd ausgesetzt werden können und Widerstand leisten.

Zur Herstellung der feuerfesten Druckfarbe und Schreibtinte wird eine Mischung von Platinchlorid und Lavendelöl benützt, welcher für die Farbe, wenn sie schwarz sein soll, Lampenruß und Firniß, für die Schreibtinte chinesische Tusche, Wasser und arabisches Gummi zugesetzt werden. Beim Glühen des mit Farbe bedruckten Papieres wird das Platin reducirt und bleibt als schwarzbrauner Ueberzug zurück. Mit Hilfe metallischer Unterglasurfarben und Aquarellfarben sind auch bunte feuerbeständige Farben zu erzielen.

Mischungsverhältnisse für solche sind:

    68 Theile metallische Farbe (Metallglasurfarbe),
    25   »   beliebige Aquarellfarbe,
     2   »   trockenes Platinchlorid,
     5   »   arabisches Gummi.

2. Das Verfahren von Gaspard Meyer unterſcheidet
ſich von den bisher bekannt gewordenen Verfahrungsweiſen
zur Herſtellung feuerbeſtändiger Papiere aus Asbeſt als
Grundſtoff weſentlich dadurch, daß der aus Asbeſtfaſern
mit paſſendem Zuſatz bereitete Papierſtoff vor dem gewöhn=
lichen Leimen mit animaliſchem Leim zunächſt mit einem
feuerbeſtändigen mineraliſchen Bindemittel, wie Kali= oder
Natronwaſſerglas geleimt wird, um vor allen Dingen dem
Papiere den erforderlichen Zuſammenhang in der Structur
ſelbſt bei der ſtärkſten Feuerprobe zu erhalten, zugleich aber
auch das Färben des Papieres in der ganzen Maſſe mit
bekannten feuerbeſtändigen Farben zu erleichtern.

Die hiernach ſtattfindende, nicht feuerbeſtändige Leimung
mit gewöhnlichem mineraliſchem Leim dient dann nur
dazu, dem Papiere Glanz und Geſchmeidigkeit zu geben.
Ebenſo wie das Papier ſelbſt werden auch die zum Be=
ſchreiben oder Bedrucken desſelben zu benützenden Farben
mit Waſſerglaszuſatz bereitet, lediglich zu dem Zwecke, auch
im ſtärkſten Feuer feſte Verbindung der Schriftzüge, be=
ziehungsweiſe des Druckes mit der Maſſe durch Verſchmelzung
zu erhalten.   Die Asbeſtfaſern für die Bereitung des
Papierſtoffes werden wie gewöhnlich gereinigt, cardirt, mit
Chlorkalk gebleicht und dann gewaſchen, um unter Zuſatz
von 8—10 Procent Waſſerglas, eventuell auch 4—5 Procent
organiſchen Papierſtoffes in Holländern zu Stoff vermahlen
zu werden.

Für weißes Papier oder Carton empfiehlt ſich folgende
Zuſammenſetzung:

    460 Kgr. Asbeſtfaſer,
     30 » feines Glimmer= oder Kalkpulver,
     10 » Faſerſtoff.

Aus derartig zuſammengeſetztem Ganzzeug wird in der
bekannten Weiſe ein dünner Brei bereitet, aus dem der
Waſſergehalt durch die bekannten Operationen des Schöpfens,
Preſſens und Trocknens nach und nach entfernt wird.

Die bereits erwähnte erste mineralische Leimung kann entweder im Stoffe oder an den fertigen Papierbogen vorgenommen werden. Im ersten Falle nimmt man durchschnittlich auf 100 Kgr. Stoff etwa 4 Kgr. Gelatinelösung und 6 Kgr. Wasserglaszusatz. Ein Zusatz von Faserstoff ist bei derartiger Leimung nicht nothwendig. Im letzteren Falle werden die aus dem beschriebenen Stoffe in gewöhnlicher Art gefertigten Bogen in ein Bad aus flüssigem Natron- oder Kaliwasserglas mit ein Procent Glycerinzusatz getaucht, zum Zwecke den Zusammenhang der Fasern und die Gleichmäßigkeit der Färbung des Stoffes zu erhalten, wenn das Papier dem Feuer ausgesetzt wird. Diese mineralische Leimung bildet daher den wesentlichsten Theil des Verfahrens. Ohne dieselbe würde der Zusammenhang der Masse bei hohen Temperaturen gar nicht zu erhalten sein; sie bildet das eigentliche feuerbeständige Bindemittel für den Stoff. Die zweite Leimung mit animalischem Leim, die hierauf in gewöhnlicher Weise vorgenommen wird, kann natürlich der Feuerwirkung nicht widerstehen und dient nur dazu, dem Papier einigen Glanz und Geschmeidigkeit zu ertheilen. Die Mal- und Druckfarben für derartiges Papier stellt man aus feuerbeständigem Thon und Ultramarin her. Diese werden fein gemahlen und so nach dem zu erreichenden Farbenton vermischt, beziehungsweise mit Zinkweiß versetzt.

Für Oelfarben, also solche Farben, die mit Leinöl angerieben werden, nimmt man durchschnittlich:

10 Theile Farbstoff (Thon, bezw. Ultramarin),
10 » trockenes Wasserglas.

Für Wasserfarben wird das trockene Wasserglas durch flüssiges ersetzt, dem man ein Procent Glycerin beimischt.

Es hat dieser Wasserglaszusatz, wie schon angedeutet, die sehr wichtige Bestimmung, den festen Zusammenhang zwischen dem Farbenauftrag und dem Papiere zu erhalten, wenn dieses einer intensiven Verbrennungstemperatur ausgesetzt wird. Alsdann findet eine Verschmelzung des Silicates der Farbe mit dem des Stoffes statt, wodurch die

Farbe haften bleibt, während andernfalls eine vollständige
Zerstörung des Druckes, beziehungsweise der Schrift noth=
wendigerweise eintreten müßte.

Will man Farben für Tapeten= und Decorationsdruck
herstellen, so braucht man die vorgenannte Thonerde=
Ultramarin=Silicatfarbe nur in einen dünnen Mehlkleister
einzurühren.

Für dieses feuersichere Asbestpapier werden vom Er=
finder feuerbeständige Schreibtinten folgendermaßen herge=
stellt: Zunächst wird die betreffende Farbe (Thon oder
Ultramarin) mit Wasser angerieben, worauf dieser Auf=
lösung etwa 2 Theile Glycerin zugesetzt werden. Dann
wird die so erhaltene Farbenauflösung zu dem mehrfach
erwähnten Zwecke mit verdünnter Wasserglaslösung ver=
mischt und zwar durchschnittlich in folgendem Mengenver=
hältnisse:

20 Theile Farbenauflösung,
80 »   Wasserglasauflösung.

Sicherheitspapier.

Das Verfahren zur Herstellung des Sicherheitspapieres
besteht in der Behandlung des Papierstoffes oder des fertigen
Papieres mit Eisenoxydsalzen und in Wasser unlöslichen,
in Säuren löslichen Ferrocyaniden, wie Ferrocyanblei u. dgl.
und eben solchen chromsauren Salzen oder auch mit Eisen=
saccharat und wasserlöslichen Ferrocyaniden und Nachfärbung
durch Indigo oder Diamantfuchsin.

Auf solchen Papieren entsteht beim Behandeln mit
Säuren, bei Anwendung von Eisenoxyd= und Ferrocyan=
salzen Berlinerblau, während bei Anwendung von Chromaten
freie Chromsäure sich bildet, die das Indigoblau zerstört;
Chlor und Chlorkalk zerstören ebenfalls das Indigoblau
und lassen Gelb hervortreten.

Calomelpapier für Urkunden zur Sicherung gegen Fälschung.

Nach dem Vorschlage Ballande's in Paris, überzieht man Papier mit Calomel (Quecksilberchlorür), welches mit einer Auflösung von Leim, Gummi rc. angerührt ist. Das Ueberziehen geschieht mittelst eines Pinsels und das Calomel wird in solcher Quantität verwendet, daß es 4 bis 8 Procent vom Gewichte des Papieres ausmacht. Man kann das Calomel auch mit dem Papierstoff in der Fabrikation vermischen, dann ist aber viel mehr von demselben erforderlich und hat man dann von demselben 20—30 Procent vom Trockengewicht des Papierzeuges anzuwenden. Das Papier wird dann wie gewöhnlich bereitet, getrocknet, gepreßt u. s. w., worauf es zur Anwendung fertig ist. Das Schreiben oder Zeichnen auf diesem Papier erfordert eine besondere Art Tinte, welche aus unterschwefligsaurem Natron und Alaun bereitet wird. Als Schreibtinte nimmt man am besten:

1000 Theile Gummiwasser,
40—60 » Alaun und
25—50 » unterschwefligsaures Natron.

Wenn die Tinte als Copirtinte für das präparirte Papier benützt werden soll, so fügt man derselben auf 1000 Theile noch 50—70 Theile phosphorsauren Kalk hinzu. Durch Einwirkung des unterschwefligsauren Natrons auf das Calomel kommt die Schrift sofort mit schwarzer Farbe zum Vorschein, welche aber verbleichen würde, wenn nicht der Alaun zugesetzt wäre, welcher die schwarze Schrift auf dem Papiere fixirt. Die Fixirung soll so vollkommen sein, daß, wenn das Calomel mit dem Papierzeug vermischt wurde, kein Mittel vorhanden ist, um die schwarze Schrift oder in gleicher Weise hervorgebrachte Druck wieder zu zerstören, ohne zugleich eine deutlich sichtbare Aenderung der Textur des Papieres hervorzubringen.

Sicherheitspapier.

Auf dem Papier wird ein Aufdruck mit drei Farben oder Tinten, zwei sichtbaren und einer unsichtbaren gemacht. Die zwei sichtbaren Tinten sind von gleicher Nuance, verhalten sich aber chemisch verschieden, indem die eine echt, die andere unecht ist. Der Aufdruck kann sowohl in einem gemusterten Untergrund, als in Text bestehen. Wird nun versucht, mittelst der üblichen Radirflüssigkeiten den Inhalt auszulöschen, so wird die unechte Farbe aufgenommen und läßt dabei ein von ihr bedecktes Wort, Zeichen oder Satz erscheinen, während gleichzeitig die bis dahin unsichtbare Färbung in dunkler Nuance entwickelt wird. Die Zeichen und Worte können so hergestellt werden, daß man sie auf den in zwei ähnlichen Farben gehaltenen Untergrund mit einer Tinte oder Farbe druckt, welche aus einer Mischung von in Gummiwasser, Fetten oder Firnissen verriebenem Bleiweiß oder Zinkweiß mit 25—30 Procent Kobaltchlorür oder schwefelsaurem Manganoxyd besteht. Dieser Aufdruck wird an Stellen angebracht, auf welche die Zahlen, Daten, Unterschriften oder sonstige Zeichen geschrieben werden. Anstatt des Grundes kann man auch den Text des Papiers mittelst zweier Farben bedrucken, welche einander dem Tone nach ähnlich, in ihrem Verhalten aber verschieden sind. Als solche echte Farben für den Grund oder den Text benützt der Erfinder:

Kobaltblau, Berlinerblau, Zinnober, Ocker, Ruß, Chromgelb, Chromorange, Chromgrün u. s. w. Als unechte Farben kommen in Betracht:

Anilinblau, Indigo, Anilinroth, Cochenillelack, Ponceau, Azofarben, Bismarckbraun, Anilingrau, Holzgelb, Holzorange u. s. w.

Als für gewöhnlich unsichtbare Farben combinirt der Erfinder mit den echten vorgenannten Farben: Kobaltchlorür oder schwefelsaures Manganoxyd, von welchem er 20—30 Procent unter erstere mischt. Unter der Einwirkung chlorhaltiger Radirflüssigkeiten entwickeln diese Salze eine schwarz-

braune Färbung. Um ein Fortnehmen durch alkalische Flüssig=
keiten zu verhüten, wird unter die Tinten Pyrogallussäure
oder Gallussäure gemischt, welche bei der Berührung mit
Alkalien und auch mit Chlor Braunfärbung entwickeln.

Zur Bereitung von Sicherheitstinten, die durch Be=
rühren mit sauren Reagentien Farbenerscheinungen auftreten
lassen, kann man auch Benzylroth benützen, welches bei der ge=
ringsten Berührung mit Säuren entgegen der Absicht des
Fälschers dunkle echte Färbungen liefert. Derartige Tinten
müssen mit Fetten und Firnissen hergestellt werden. Den
unsichtbaren Aufdruck benützt der Erfinder auch, um auf
Werthpapieren, wie Actien, Coupons, Obligationen u. s. w.
die Nummerirung gegen Fälschung zu schützen, indem er zu
deren Druck Farben oder Tinten anwendet, die mit gegen
Alkalien reagirenden Farbstoffen, wie Alizarin, Purpurin,
Blauholz, Rothholz, Orseille, Phenole, Phtaleïn hergestellt
sind; indem diese in einer Menge von 20—30 Procent
unter die gewöhnliche Druckerschwärze gemischt werden.
Bringt man auf die mit derartigen Schutzfarben oder Tinten
gedruckten Nummern Alkalilösung, so entsteht sofort eine
lebhaft bleibende Färbung. Auch kam der zur Nummerirung
benützten Farbe 20—30 Procent trocknes Alizarin bei=
gemischt werden; damit die in beschriebener Weise hervor=
gerufene Farbenveränderung nicht durch Radiren oder
Waschen entfernt werden kann, ohne Spuren zu hinterlassen,
wird die ganze Oberfläche des Papieres durch Gauffriren
mit einem gemusterten Aufdruck versehen. Den unsichtbaren
Aufdruck kann man herstellen, indem man zunächst einen
Aufdruck macht, welcher aus fertigem Ferrocyanmangan,
das in einer mit Glukose oder Glycerin versetzten Gummi=
lösung verrieben ist oder aus mit der gleichen Substanz
vermischten äquivalenten Theilen von gut getrocknetem
(krystallwasserfreiem) Ferrocyankalium und schwefelsaurem
Mangan besteht. Diesen Aufdruck bedeckt man mit in Fett
oder Firniß verriebenem schwefelsauren Eisenoxyd. Beim
Betupfen mit sauer reagirenden Radirmitteln entwickelt sich
Berlinerblau.

Gegenstände aus Papier.

Vulkanisirtes Papiermaché.

Zur Herstellung dieses Stoffes wird Papier mit einer concentrirten Lösung von Chlorzink von 65—75 Grad Bé. behandelt; statt Chlorzink können auch die Chlorverbindungen von Zinn, Calcium, Aluminium, Magnesium verwendet werden. Nach dieser Behandlung muß das Papier mit reinem Wasser gewaschen werden, bis es von überschüssigen Chemikalien frei ist. Da man etwa vier Kilo concentrirte Chlorzinklösung auf je ein Kilo Papier braucht, so wäre das Verfahren zu theuer für praktische Zwecke, wenn das Chlorzink nicht wieder verwerthet würde, was in folgender Art geschieht.

Das Waschwasser wird so lange zum Waschen des mit Chlorzink behandelten Papieres benützt, bis es eine Concentration von etwa 30—46 Grad Bé. erreicht. Dann fällt man durch kohlensaures Natron alles Zink als kohlensaures Zinkoxyd, so daß nur Chlornatrium in Lösung bleibt. Der Verkaufspreis des kohlensauren Zinkoxydes deckt die Kosten der Chlorzinklösung. Man kann jedoch aus dem kohlensauren Zinkoxyd durch Behandlung mit Salzsäure wieder Chlorzink bilden und dieses wie früher benützen. Die so erhaltenen Papierstoffe schwellen in der Feuchtigkeit an, und zwar manchmal so sehr, daß sie dadurch werthlos würden, wenn sie nicht wasserdicht gemacht werden könnten. Dies geschieht in der Weise, daß man sie 24—48 Stunden lang der Einwirkung eines Bades von concentrirter Salpetersäure aussetzt und sie dann gründlich mit Wasser auswäscht. Die erforderliche Zeit der Einwirkung richtet sich nach der Dicke des Gegenstandes und dauert um so länger, je langsamer derselbe von der Säure durchdrungen wird, d. h. je dicker er ist. Da es schwierig ist, Salpetersäure von der erforder=

lichen Stärke zu erhalten, ſo iſt es vorzuziehen, ein Ge=
menge von Salpeterſäure und Schwefelſäure anzuwenden,
deren Miſchungsverhältniß von der Stärke der Säuren ab=
hängig iſt. Die Nothwendigkeit, die Gegenſtände waſſerdicht
zu machen, führt auf den Gedanken, die vulcaniſirte Faſer
durch Behandlung mit concentrirter Schwefelſäure, d. h.
durch verbeſſertes Pergamentiren herzuſtellen. Da die aus
vulcaniſirten Faſern erzeugten Gegenſtände meiſt ſehr dick
ſind und häufig aus vielen Lagen von Papierſtoff beſtehen,
konnte die bisherige Art des Pergamentiſirens nicht benützt
werden. Nach dem Patente wird nun folgendermaßen ver=
fahren.

Jn ein Bad von Schwefelſäure, z. B. der gewöhn=
lichen Säure des Handels, wird metalliſches Zink im Ver=
hältniſſe von etwa 1 Theil auf 32 Theile Säure eingetragen
und ſtehen gelaſſen, bis die Säure ſo viel Zink als möglich
aufgenommen hat. Wenn die Flüſſigkeit abgekühlt iſt, wird
Dextrin im Verhältniſſe von etwa 1 Theil auf 4 Theile
der Löſung hinzugefügt. Dies beeinflußt die Wirkung des
Bades in merkwürdiger Weiſe; ein Blatt Papier wird nach
dem Verweilen im Bade nicht ſofort von der Säure zer=
ſtört, behält vielmehr eine beträchtliche Zeit lang ſeine Adhä=
ſionskraft oder Klebfähigkeit, nachdem es aus dem Bade
genommen iſt. Dadurch gewinnt man ſo viel Zeit als
nöthig iſt, um aus zwei oder mehreren Papierbahnen eine
Pappe zu bilden oder die behandelten Stoffe zu formen.
Wenn dies geſchehen iſt, wird der Stoff durch ein Bad
von gewöhnlichem Kochſalz und Waſſer geführt. Hier findet
wahrſcheinlich eine doppelte Zerſetzung ſtatt; die gebildeten
Salze, das ſchwefelſaure Natron und das Chlorzink, ſind
im Waſſer löslich. Der Gegenſtand wird dann in reinem
Waſſer ausgewaſchen und auf beliebige Weiſe weiterbehandelt.
Der Hauptpunkt der Erfindung iſt ein Zuſatz zum Schwefel=
ſäurebad von allen ſolchen Stoffen, welche geeignet ſind,
die intenſive Wirkung der Säure zu mildern oder zu ver=
langſamen. Die angeführten Zuſätze Zink und Dextrin ſind
nur als Beiſpiele zu betrachten. Statt Zink kann auch ein

anderes Metall, z. B. Eisen und statt Dextrin, ein anderer Stoff, z. B. Blut, Eiweiß, Papier oder Papierstoff, der in der Fabrik entstehende Abfall der Stoffe und Gegenstände aus vulkanisirter Faser oder aus Pergament oder auch) rohes Petroleum (?) verwendet werden.

Alle Arten vegetabilische Fasern oder Gewebe können so behandelt werden, Papier und Papierstoffe jeder Art, Baumwolle und alle daraus gefertigten Gegenstände und Stoffe. Wenn sie in genügendem Grade behandelt und zusammengesetzt sind, ergeben sie einen vorzüglichen Ersatz für Lederriemen. Um besonders dicke Pappe herzustellen, walzt man sie zuerst in bekannter Weise zusammen und verbindet zwei oder mehrere solcher Massen, indem man die beschriebene Pergamentirflüssigkeit auf die beiden Flächen streicht, die aneinander haften sollen, diese dadurch miteinander verbindet und dann abwäscht, wie vorher beschrieben. Um die Erzeugnisse wasserdicht zu machen, fügt man dem Säurebad etwas schwefelsaures Kali hinzu.

Mittelst beider Verfahren kann man Erzeugnisse von beliebiger Qualität herstellen: harte, weiche, biegsame oder plastische. Beispielsweise werden als Erzeugnisse angeführt: Unterlagscheiben, Riemen, Schläuche, Koffer, Dachbedeckungen, Figuren, Ornamente, Möbel u. s. w.

Flaschen aus Papier.

Zur Fabrikation von Flaschen und anderen Gefäßen werden vorher imprägnirte Papierblätter zuerst in Pappenform gebracht. Das dazu verwendete Papier ist beliebig, doch ist Bedingung, daß es stark geleimt sei. Man benützt Papier von ungefähr folgender Zusammensetzung:

10 Theile Hadern,
40 ,, Stroh,
50 ,, braunem Holzstoff.

Die Imprägnirung geschieht, um das Papier undurch=
lässig zu machen und zugleich um die einzelnen Papierblätter
mit einander zu verbinden und wird dies in folgender Weise
erreicht: das Papier erhält in Bogenform einen beiderseitigen
Anstrich aus:

60 Theilen desibrinirtem frischen Blut,
35 , gesiebtem Kalkpulver,
5 , schwefelsaurer Thonerde.

Nach dem Trocknen des Anstriches werden je nach Er=
forderniß 10—15 solcher Bogen mit diesem Anstrich be=
strichen und aufeinander gelegt und sofort in geheizte Formen
gebracht, wobei die Pappe durch den Druck einer beliebigen
Stanzpresse die Form jener Schalen annimmt, welche für
den jeweiligen Zweck erforderlich ist.

Die Formen bestehen aus zwei Hälften; bei einer
Flasche z. B. trägt die Schale oben einen zum Aufnehmen
des Verschlusses dienenden Ansatz mit dem Hals und unten
den Theil, auf welchem die Flasche ruht. Die Stanzenform
wird vor dem Einbringen der Papierbogen gelinde ange=
wärmt und gehen die Einweißstoffe des Blutes während der
Pressung mit dem Kalkpulver eine chemische Verbindung ein,
die sich gegen Wasser, Spirituosen als vollkommen indifferent
zeigt. Nach circa fünf Minuten ist die Papiermasse erstarrt
und kann nun die fertige Halbflasche sofort herausgehoben
werden, um an der Luft gänzlich auszutrocknen, wozu sechs
bis acht Tage nothwendig sind. Derartige Gefäßhälften
werden dann an den zusammengehörigen Rändern abge=
schrägt, zusammengesetzt und durch wasserdichten Leim oder
durch ziemlich harten Kautschukkitt zusammengeklebt, womit
die Fabrikation der Gefäße beendet ist.

Je nach Erforderniß werden dann die Geräthe mit
den Nebenbestandtheilen montirt, im vorliegenden Falle
wird die Flasche z. B. mit einem Zinnverschlusse versehen.
Zwei Zinnringe werden über den Hals gezogen und mit
einem, dem bei Röhrenkesseln verwendeten Röhreneindrücker
ähnlichen Instrument auf der Drehbank festgepreßt. Der

Verschluß kann auch aufgegossen werden, doch ist dies bei
Verwendung von Kautschukkitt zu vermeiden, da derselbe
sehr darunter leidet. Auf den äußeren Zinnring wird nun
der eigentliche Deckel aufgesetzt und dient ein röhrenförmiger
Ansatz des Deckels zur Aufnahme des Stöpsels, welcher
beim Gebrauche mittelst des Ringes herausgezogen wird.
Nach Abschraubung des Ringes wird über den Stöpsel der
Verschluß geschraubt. Das so weit vollendete Gefäß wird
nun innen mit Wachs oder Paraffin ausgegossen; letzteres
ist vorzuziehen, da dasselbe weder Geruch noch Geschmack
von sich giebt. Zum Behufe der Ausstattung werden die
Gefäße außen beliebig lackirt oder polirt.

Unzerbrechliche Tintenschreibtafeln.

Auf die liniirte Seite eines Papieres wird zunächst
eine Masse aufgetragen, welche aus

80 Gewichtstheilen weißem Leinölfirniß,
10   »   gereinigtem Terpentinöl,
4   »   chemisch reinem Glycerin,
3   »   Benzin,
3   »   amerikanischem Petroleum

besteht. Nach etwa fünftägigem Trocknen wird auf dieselbe
Seite eine dickbreiige Masse, die aus

70 Theilen Leinölfirniß,
10   »   Terpentinöl und
100   »   Zinkweiß

besteht, gestrichen, dann erscheinen nur die Linien durch das
Papier hindurch. Nun überzieht man mit dem so gewonnenen
Bogen zwei Pappetafeln und klebt dieselben derart zusammen,
daß nirgends Papierkanten zu Tage liegen, wodurch das
Aufstülpen der Kanten und das Verwischen der Linien beim

Abwaschen vermieden wird. Um auf der Tafel schreiben zu können, wird noch eine Mischung von weißem Schellack, absolutem Alkohol, Petroleum und Benzin auf das Papier aufgetragen.

Plastische Gegenstände aus Papier.

Das Verfahren bezweckt plastische Gegenstände aller Art, insbesondere Verzierungen und Ornamente aus Papier derart herzustellen, daß solche Gegenstände das Aussehen haben, als ob sie aus Gyps gegossen, aus Metallblech geprägt oder aus Holz geschnitzt wären. Es werden hiebei zwei Preßformen angewendet, deren eine das herzustellende Muster positiv, die andere dasselbe negativ (vertieft) enthält und die genau in einander passen. In der Vertiefung der negativen Form werden einzelne Bogen gewöhnlichen feucht gemachten Papiers über einander gelegt und mit dem Finger in alle Vertiefungen der Form gedrückt. Zwischen je zwei Papierbogen wird flüssiger Klebestoff — Leim, Gummi, Kleister — aufgestrichen. Ist auf diese Art eine genügende Menge einzelner Bogen über einander geschichtet, meist etwa 10—15 Bogen gewöhnlichen Packpapiers, so wird die positiv erhabene Preßform in die negative gedrückt und beide werden mit der Einlage der feuchten Papierblätter in einer Presse starkem Druck unterworfen. Hierbei drücken sich alle Kanten, Vorsprünge und Vertiefungen der Negativplatte scharf in die feuchte Papierlage ab und wenn man diese dann aus der Preßform nimmt, zeigt sie sehr scharf alle Contouren der negativen Preßform auf ihrer Oberfläche plastisch hervortretend. Diese feuchten Preßgegenstände werden vorsichtig getrocknet und dann zugerichtet, d. h. die vorragenden überschüssigen Partien werden von der Papierschichte nach der Contour des herzustellenden Objectes abgeschnitten und dieses dann je nach Erforderniß mit Farben bemalt oder mit Schlagmetall, Blattgold, Blattsilber belegt.

Wasserdichtes Bekleidungsmaterial für Wände und Decken.

Das wasserdichte Bekleidungsmaterial für Wände und Decken wird nach dem neuen Verfahren in der Weise her= gestellt, daß eine Bahn von Leinwand, Kaliko oder Kanevas und eine solche aus starkem, braunem Papier zunächst durch ein Bad von starkem Kleister hindurchgeführt und dann unter Zuhilfenahme eines aus zwei Theilen Mehlkleister und einem Theile Leim zusammengesetzten Bindemittels ver= einigt werden.

Bevor das so erhaltene Material gänzlich trocken wird, wird es noch durch einen Kalander geführt, um die beiden Schichten vollständig zu vereinigen und dem Endproduct eine glatte Oberfläche zu geben. Um dasselbe sodann wasser= dicht zu machen, wird es mit einem oxydirenden Oel (Leinöl) bestrichen, das ihm gleichzeitig ein lederartiges Aussehen verleiht. Reicht ein derartiger Anstrich nicht aus, so er= folgt noch ein zweiter, dem etwa gewünschte Farben zuge= setzt werden können. Soll das so erhaltene Wandbeklei= dungsmaterial noch bedruckt werden und Verzierung durch Pressen erhalten, so wird es zwischen zwei Walzen hindurch= geführt, von denen die eine aus dem Walzenumfang selbst oder um die Walze geführten endlosen Filze, beziehungs= weise Kautschukband gebildete Oberfläche verbindet und die andere mit einer entsprechenden Gravirung versehen oder glatt ist und von einem Farbwerk mit Farbe versehen werden kann. Die zweite Walze kann geheizt werden und beide Walzen können gegeneinander eingestellt werden. Den Antrieb empfängt die elastische Walze, während die zweite durch Reibung mitgenommen wird. Die Zuführung oder Farbe an letztere erfolgt durch eine Farbenwalze, welche durch eine Reihe von Vertheilungswalzen die Farbe aus dem Farbetrog empfängt.

Das Verfahren ist Gegenstand des englischen Patentes Nr. 354 vom Jahre 1889. Durch dasselbe ist gleichzeitig noch eine Maschine patentirt, welche bei Herstellung des Materiales Anwendung finden soll. Dieselbe enthält vier Walzen, von denen immer eine heizbare mit einer massiven zusammenarbeitet und wobei das eine Walzenpaar die Vereinigung der beiden mit dem Klebemittel vereinigten Stoffbahnen, das andere dagegen das Pressen oder Bedrucken des Grundstoffes bewirkt und zu diesem Zweck mit einem Farbwerk in Verbindung gebracht ist. Wenn es sich erforderlich zeigt, kann das Bekleidungsmaterial auch noch auf der Rückseite mit Leinöl bestrichen werden, um es wasserdicht zu machen und die Pressungen können noch einen gleichen Ueberzug erhalten.

Schieferpergament.

Gutes Papier wird mit Leinölfirniß getränkt und dann nachstehende Masse mehrere Male hintereinander aufgetragen, worauf mit Blei= und Schieferstiften auf den Platten geschrieben werden kann.

Masse zum Auftragen:

1	Gewichtsth.	Copallack,
2	»	Terpentinöl,
1		Schreibstreusand,
1	»	gepulvertes Glas,
2	»	gemahlener Schiefer, wie derselbe zu Schiefertafeln angewendet wird und
1	»	Kienruß, innig mit einander gemischt und höchst fein verrieben.

Flantschen und Mannlochringe.

Diese Ringe werden aus gutem starken Pappendeckel gefertigt und erhalten zunächst einen Grundanstrich von

100 Theilen Graphit, 100 Theilen Federweiß, 2 Theilen
Alaun, 20 Theilen Roggenmehl in 75 Theilen Wasser.
Diese Masse muß auf einer Farbreibmaschine innig und
fein verrieben und dann dreimal auf die Ringe möglichst
gleichmäßig aufgetragen werden. Nach dem vollständigen
Trocknen, wenn die Ringe hart und fest geworden sind,
werden solche mit einer Farbe aus

50	Gewichtsth.	Graphit,
5	»	chemisch reinem Bleiweiß,
1/2	»	borsaurem Manganoxydul,
20	»	gutem Leinölfirniß

abermals drei Mal angestrichen und sind nun zur Verwen=
dung fertig. Man bestreicht sie nun mit der Farbe von vor=
stehender Zusammensetzung, welche aber consistenter, also
eine mehr kittartige Beschaffenheit haben muß, und dichtet
damit wie mit Kautschuk= oder ähnlichen Ringen. Die Vor=
theile dieser Dichtung sind größere Sicherheit, leichtere An=
wendung und die Möglichkeit, die Ringe mehr als einmal
zu gebrauchen.

Papierräder, Papier als Bedachungsmaterial, Papierschiffe.

Die sogenannten Papier=Eisenbahnräder bestehen
aus der die äußere Umhüllung bildenden Radschale aus
Eisen=, respective Stahlguß, deren Inneres mit comprimirter
Pappe gefüllt wird, so daß die Haupttheile aus Stahl
und Eisen, und nur die innere Füllung, der Radstern, zu
dem man früher auch Holz verwendete, ist aus Papiermasse.
In Fig. 4 ist ein solches Rad abgebildet, in dem die hell
gehaltenen Stellen die Füllung mit Pappe bedeuten. Wie
man sieht, ist dieselbe vollständig eingebettet und ein=

geschraubt. A ist die aus Stahl gefertigte Nabe, in welcher die Achse des Wagens läuft; die Nabe hat ringsum einen kreisförmigen Fortsatz, der zwischen der Pappemasse ein= geklemmt ist. B B ist der Stahlreifen, der ganz um das Rad herumläuft und fest auf der Pappemasse sitzt. An beiden Seiten liegen Eisenplatten, die mit starken, durch die Pappemassen reichenden Schrauben, befestigt sind.

Fig. 4.

In Amerika hat man angefangen, aus Papier Kuppeln für Gebäude herzustellen, die sich natürlich durch große Leichtigkeit auszeichnen. Eine solche Kuppel besteht aus 24 oder 30 einzelnen Stücken, die über einem Holzmodell durch Uebereinanderkleben von großen Bahnen geeigneten Papiers hergestellt werden. Jedes einzelne Stück läuft von der Basis bis zur Spitze des halbrunden Kuppeldaches und bildet demnach einen gewölbten Streifen, der unten breit ist und nach oben schmal zuläuft. Zur Her= stellung dieser einzelnen Kuppeltheile wird sehr gutes Rollenpapier benützt, das sofort in der nöthigen Länge und Breite zuge= schnitten, dann angefeuchtet und über das Holzmodell gespannt wird. Auf den ersten Papierstreifen wird ein zweiter, gleichfalls angefeuchteter, geklebt, auf diesen ein dritter und so fort, bis die nöthige Dicke erreicht

Papier=Eisen= bahnwagen= Rad.

wird. Die feucht aufgeklebten Papierstreifen verharren dauernd in ihrer gewölbten Form und bilden nach dem Trocknen harte, widerstandsfähige Stücke, die durch Oelen, Glätten mit heißen Eisen, Asphaltiren und Firnissen wetter= fest gemacht und dann zu der runden Kuppel zusammen= gefügt werden.

Ganz ähnlich fertigt derselbe Erfinder, Waters in Troy (Amerika), auch Papierschiffe. Waters nahm zu seinem ersten Boote bestes Manillahanspapier, schnitt der

6*

Schiffslänge entsprechend von der Rolle Streifen ab, die
er gründlich durchweichte, und spannte die ersten Streifen
mit Stiften fest auf das als Modell dienende Boot; auf
diese erste Papierlage wurden die weiteren Papierbahnen
aufgeklebt, bis eine Dicke von 3 Mm. entstand. Hierauf
ließ man das Papierboot gründlich austrocknen, machte es
mit Oel, Firniß und Theer wasserdicht und erhielt nach
Entfernung des Holzmodells ein vollständig dichtes Boot,
dessen Wände sehr steif waren und in ihrer Form ver=
harrten. Vor Holzbooten zeichnet sich dieses Schiff durch
ungemeine Leichtigkeit aus, es war ohne Naht und bestand
aus einem einzigen Stücke verfilzten und zusammengeklebten
Papiers.

Der Erfinder begann sodann die Herstellung von
Papierbooten fabriksmäßig und stellte später auch größere
Schiffe, unter anderem eine Dampfyacht her. Dieselbe war
25 englische Fuß lang, aus eigens hiezu gefertigtem Papier,
das in noch nassen Bogen aus der Fabrik kam, und seine
Wände hatten eine Stärke von 1 Cm. Zwischen die Papier=
lagen war zum besseren Schutz gegen Wasser eine Asphalt=
schichte eingestrichen. An dem Papierrumpf wurde ein Holz=
kiel angebracht, sowie Holzrippen, welche den Zweck hatten,
den Fußboden, sowie die Dampfmaschine zu tragen. Der
große Rumpf besteht aus zwei Theilen, welche am Kiel
zusammengefügt und verdichtet werden.

Die Herstellungsweise für eine Schlittschuhbahn
aus Papier und Pappe wurde kürzlich in Deutschland
patentirt. Zur Herstellung werden Pappetafeln, die mit
Paraffin und Leinölfirniß durchtränkt sind, unter bedeutendem
Druck gepreßt und mit Pergamentpapier überklebt. Diese
Pappetafeln werden dann auf einer vollkommen ebenen
Cementunterlage sorgfältig zu einer glatten Bahn zusammen=
gesetzt und die Oberfläche mit einer eigenartigen Wachs=
composition bestrichen. Zum Laufen können natürlich nur
Schlittschuhe benützt werden, die an der Unterfläche ganz

glatt sind und keine schneidenden Kanten besitzen, welche die Bahn zerschneiden würden.

Papierfässer.

Das für die Fässererzeugung verwendete Papier wird aus Holzstoff hergestellt und kommt unmittelbar nach dem Hervorgehen aus der Papiermaschine auf eisernen Achsen aufgerollt zur Verwendung. Das Ende der Papierrolle geht zuerst über eine Richtwalze, welche alle möglichen Falten ausglättet, sodann auf eine größere Walze, auf der es durch die Friction einer dritten Walze die erforderliche Leimung erhält; weiters auf einen Formklotz, um welchen es 30—40 fach gewickelt wird. Dieser Formklotz ist ein Cylinder mit centralem Schlüssel, vermittelst dessen nach erfolgter Umwicklung der Durchmesser vermindert werden kann, um die Form aus der Papierhülle zu heben. Der nun roh vollendete Papiercylinder wird in einen mäßig geheizten Raum zur Trocknung gestellt; ist diese vollendet, so kommt er in den Ofen, wo er eine Art von Glasur annimmt. Unvollständige Trocknung vor dem Einführen in den Ofen würde Auftreibungen und Blasen bedingen. Der aus dem Ofen gekommene Cylinder erhält nun nebst den äußeren Reifen aus Papier auch zwei innere zunächst den Cylinderenden, welch' letztere als Halt für die Böden dienen; die äußeren Reifen werden noch im Zustande der Feuchtigkeit aufgezogen und ziehen sich beim Trocknen zusammen. Die Reifen werden in folgender Weise hergestellt: Der vorher erwähnte Umwicklungsmaschine wird eine Art Kamm mit ziemlich weit von einander abstehenden Zähnen eingeschaltet, hinter diesen Zähnen ist ein Schneideinstrument, dazu dienend, den Faßcylinder während seiner fortschreitenden Aufbauung durch die sich übereinanderlegenden Papierhüllen in parallele Streifen zu schneiden, welche der Reifenweite entsprechen. Die Enden des Faßcylinders werden auf einer Drehbank zugerichtet und dann die Böden eingesetzt. Diese werden gebildet, indem man zuerst ein Blatt ausgebauchten Pappendeckels auf den inneren Reifen des Fasses aufleimt, darüber kommt als zweite Lage entweder ein sehr dicker Pappendeckel oder ein Holzboden; über das Ganze wird eine breite Querleiste aus Holz oder Pappe befestigt und ein innerer Randreifen eingefügt, welcher mit dem äußeren Randreifen durch Nägel verbunden wird. Für flüssige chemische Producte werden solche Papierfässer innen mit einem unangreifbaren Beschlage überzogen, welcher, der Natur der verschiedenen Flüssigkeiten entsprechend, wechselt. Als Beleg für die absolute Undurchlässigkeit dieser Fässer kann die in selben erfolgreich bewirkte weite Versendung von Anilinfarben dienen. Bisher verwendete man zu dem Transporte dieser Farben mit Blech ausgefütterte Holzfässer, welche jedoch auch nicht immer entsprachen, während bei den zu gleichem Zweck verwendeten Papierfässern jedes Durchschlagen ausgeschlossen erschien. Wie erwähnt sind Papierfässer nicht nur leichter, was für den Transport in die Wagschale fällt, sondern im Preise auch billiger als gute Fässer aus hartem Holz; sie kommen jedoch theurer zu stehen, als solche aus weichem Holz, welche zur Verpackung und Transportirung von trockenen Materialien, wie Gyps, Cement u. s. w. gebraucht werden; aber auch gegen diese haben sie den im Preisunterschiede ausgleichenden Vortheil größerer Dauerhaftigkeit und vollkommenen Wasserdichtseins. Kleinere Gefäße, Vasen u. dgl. werden durch Austiefung hergestellt; für größere Behälter erscheint diese Methode jedoch unpraktisch, nicht nur weil zu derselben umfangreichere Apparate nothwendig wären, sondern auch, weil die ungleiche Vertheilung der Papiermasse und daher Risse zu befürchten sind.

Gasleitungsröhren aus Papier.

Gegenwärtig wendet man in England mit großem Vortheile Papier=Röhren zum Zwecke der Gasleitung an.

Man ſtellt dieſe Röhren her, indem man gutes Celluloſe=
Papier um ein feſtes Kernſtück von dem gewünſchten Durch=
meſſer herumwickelt. Jede Windung wird in geſchmolzenen
Asphalt getaucht und man erhält auf dieſe Weiſe eine für
Luft und Waſſer gleicherweiſe vollkommen undurchläſſige
Röhre, welche einem ſtarken Drucke und allen ſonſtigen
zerſtörenden Wirkungen widerſteht. Die Röhrenſtücke
werden mittelſt Rohrſtutzen, die ebenfalls aus Papier her=
geſtellt und mit Asphalt überzogen ſind, mit einander ver=
bunden. Dieſe Rohre haben die großen Vortheile, daß
ſie leicht, unzerbrechlich und billig ſind und größere
Widerſtandsfähigkeit als die jetzt gebräuchlichen Röhren
bieten.

Papierdoſen.

Mittelſt eines aus feinem Weizenmehl und Leim durch
Kochen mit Waſſer bereiteten Kleiſters werden große Bogen
Papier auf folgende Art miteinander verbunden.

Man leimt erſt zwei Blätter übereinander, indem man
beide mittelſt eines Pinſels an der einen Fläche mit einer
dünnen Schichte von jenem Kleiſter überzieht und dann
übereinanderlegt und die etwa dazwiſchen entſtandenen Luft=
bläschen durch ein ſorgfältiges Ausſtreichen von dem Mittel=
punkte zum Rande hin und zwar mittelſt groben wollenen
Lappens zu verdrängen ſucht, worauf die zuſammengeleimten
Lagen in einer Trockenſtube gut ausgetrocknet werden. Iſt
dies geſchehen, ſo werden auf gleiche Weiſe von dieſen zu=
ſammengelegten Lagen wieder zwei und zwei zuſammengelegt
und ſo fort, bis die gewünſchte Dicke erreicht iſt. Die auf
dieſe Weiſe gebildeten Tafeln werden in mit Oel ange=
ſtrichenen Formen gepreßt, getrocknet, mit Oelfirniß über=
zogen und im Ofen gebacken, wodurch ſie die Härte und
Feſtigkeit von Holz erreichen.

Hufbeschlag aus Papier.

Der Hufbeschlag wird aus pergamentirtem oder durch Imprägniren mit Oel, Terpentin u. dgl. gegen Feuchtigkeit undurchdringlich gemachtem Papier hergestellt. Dasselbe wird in dünnen Lagen mit einem gegen Nässe unempfindlichen, beim Trocknen nicht spröde werdenden Klebemittel, insbesondere Käseleim, Chromleim, Kupferoxydammoniak oder mit einer Mischung aus venetianischem Terpentin, Schlämmkreide, Lack, Leinöl, beziehungsweise Leinölfirniß in der gewünschten Stärke des Hufbeschlages zusammengeleimt. Man kann entweder die einzelnen Pergamentblätter in der gewünschten Form ausstanzen, wobei mittelst Dornen in der Stanze die Löcher zum Aufnageln des Hufbeschlages gebildet werden und die Blätter in der angegebenen Weise aufeinander kleben oder man klebt die Papierblätter in der erforderlichen Dicke oder in einer Anzahl Lagen übereinander und schneidet dann das Hufeisen mittelst Stanzwerkzeugen oder in einer anderen geeigneten Weise aus. Das Ausstanzen wird vorgenommen, so lange das Papier feucht ist, da es sich trocken schwer bearbeiten läßt. Hierauf muß der Hufbeschlag starkem Druck, beispielsweise hydraulischer Pressung ausgesetzt werden. Dann wird er getrocknet, beraspelt oder gehobelt.

Der Beschlag kann statt aus einzelnen zusammengeklebten Blättern auch aus Papierbrei hergestellt werden, dem neben Kreide, Thon oder Sand, auch Terpentin, Lack, Leinöl u. s. w. in solcher Menge zugesetzt werden, daß die Masse nach dem Trocknen unempfindlich ist. Diese Stoffe geben der Papiermasse gleichzeitig die erforderliche Elasticität und Zähigkeit; die Masse zu einem steifen gleichmäßigen Brei angerieben, wird in die betreffenden Formen gepreßt und getrocknet, oder auch in Platten ausgegossen, dann in Hufeisenform ausgestanzt oder geschnitten und durch starken Druck gepreßt und getrocknet.

Der aus einzelnen dünnen Lagen durch Zusammen=
kleben hergestellte Beschlag ist indessen vorzuziehen, da er
elastischer und zäher ist. Die Befestigung dieser Hufbeschläge
kann sowohl durch Nagelung als auch mittelst Klebemittel,
wie Erdpech, Kautschuk oder einer Mischung aus einem
Theil Ammoniakgummi und zwei Theilen Guttapercha er=
folgen, das Rauhwerden der Unterfläche bei der Benützung
bietet den Vortheil, daß ein Ausgleiten der Thiere auf
schlüpfrigen Bahnen verhindert wird.

Gummirtes Papier.

Zur Anfertigung desselben kann man sich zweier Gummi=
lösungen bedienen, von denen die eine fester bindet als die
andere. Zur Herstellung der ersteren ist

　　1 Kgr. Gummi arabicum und
　　2 　» 　kaltes Wasser, zur zweiten
　　1 　» 　Gummi arabicum,
　　3 　‚ 　kaltes Wasser,
　100 Gr. Honig und
　100 　» 　Glycerin erforderlich.

Die fertige Lösung, zu der kein warmes Wasser ge=
nommen werden darf, weil in diesem Falle das damit be=
strichene Papier faltig werden und bleiben würde, wird
vor dem Gebrauche durch Flanell gedrückt und mittelst eines
guten Badeschwammes auf das Papier aufgetragen. Hiebei

bedient man sich als Unterlage eines glatten geraden Stückes
Pappe, legt dann das gummirte Papier mit der gummirten
Seite auf ein anderes Stück dünner Pappe und läßt es
hier, eventuell auch in einem Trockenrahmen langsam
trocknen. Um das Zusammenballen des Gummi arabicum
im Wasser zu verhindern und die Auflösung zu beschleunigen,
ist die Anwendung nicht zu fein gestoßenen Glases zu
empfehlen, welches die einzelnen Gummitheilchen mechanisch
auseinander hält, dadurch dem Wasser eine größere Angriffs=
fläche bietet und so die Auflösung beschleunigt.

Das Gummiren (und auch das Lackiren) von Papier
in großen Bogen wird vielfach mit Maschinen vorgenommen,
doch rentiren sich Maschinen nur dorten, wo dieselben dauernd
beschäftigt sind. Die bisher bekannten Maschinen lassen sich
in zwei Classen theilen, nämlich in solche, welche das Papier
lackiren beim Umgang auf einem mit genügend großem
Durchmesser versehenen Cylinder, indem gegengedrückte nach=
giebige Walzen ihre durch Eintauchen aufgenommene Gummi=
lösung an das Papier abgeben, und in solche bei denen der
zu gummirende Bogen sehr schnell rotirt und der auffließende
Klebstoff durch die Centrifugalkraft gleichmäßig über das
Blatt vertheilt wird. Bisher haben sich jedoch die Maschinen
beider Systeme in der Praxis noch nicht genügend bewährt
und sich deshalb zu wenig eingeführt, weil sie die immer=
hin gleichmäßige Handarbeit nicht zu ersetzen vermochten.

Die in Fig. 5 abgebildete Maschine soll diesem Uebel=
stande abhelfen und zeichnet sich dieselbe dadurch aus, daß
der rotirende Cylinder bei einer Umdrehung zweimal be=
nützt werden kann und daß kein Greifer erforderlich ist.

Das Gummiren erfolgt mit Hilfe von Walzen, welche
fortwährend mit flüssigem Klebstoff benetzt werden und
denselben an die zwischen ihnen und dem Cylinder hindurch
geführten Papiere abgeben. Die Einrichtung der Maschine
ist folgende:

Der zur Belegung der Blätter oder Bogen dienende
Cylinder Z wird mittelst zweier Zahnräder und von einer

Vorlegwelle aus angetrieben. Um die schon erwähnte zwei=
malige Benützung zu ermöglichen, ist in dem Getriebe eine
Hemmung angebracht, durch die der Cylinder während
einer Umdrehung zweimal für kurze Zeit festgestellt wird.

Fig. 5.

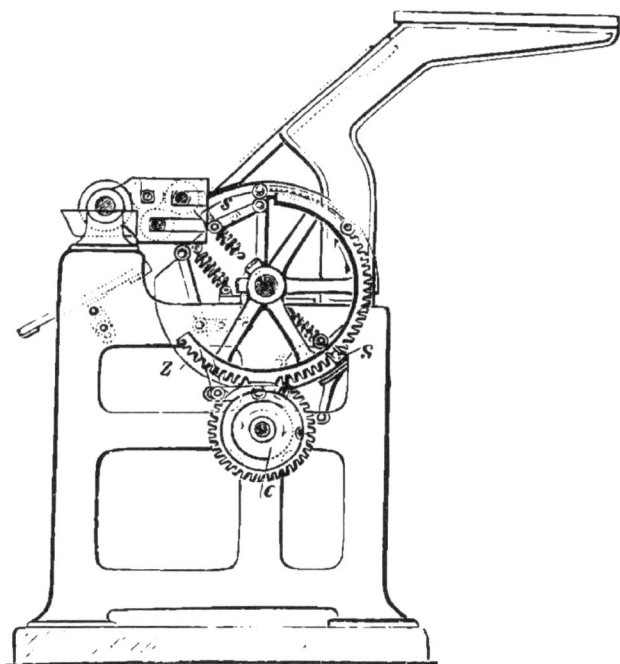

Gummirmaschine von Steinmesse und Stollberg.

Diese Hemmung wird dadurch gebildet, daß an zwei um
180 Grad gegen einander versetzten Stellen des einen Zahnrades
und ebenso an einer Stelle des halb so großen Antriebs=
rades die Zahnreihe unterbrochen ist. Die Unterbrechungen
sind concentrisch zur Achse ausgeführt und bilden an dem
größeren Rad concave Vertiefungen, an dem Antriebsrad

hingegen eine convexe, etwas längere Erhöhung. Beim Zu=
sammentreffen zweier solcher Stellen gleitet das Antriebs=
rad eine Zeit lang unter dem anderen Zahnrade hinweg,
ohne es mitzunehmen, so daß dieses letztere so lange stehen
bleibt.

Bei diesem Stillstand, während dessen das Werk vom
Cylinder abgehoben ist und einen kleinen Zwischenraum
zwischen sich und dem letzteren läßt, geschieht die Anlage
des Papierbogens. Der letztere wird zu diesem Zweck von
einem über dem Cylinder Z angebrachten schrägen Tisch
aus eingelegt und sitzt mit der Unterkante auf einem über
dem Cylinderumfang vorspringenden Stift s auf. Bei der
nun beginnenden Drehung des Cylinders wird zunächst
dieser Stift zurückgeschoben und gleichzeitig das die Gummi=
walzen enthaltende sogenannte Gummirwerk an den Cylinder
angepreßt. Der eingeschobene Bogen wird daher zwischen
den Gummirwalzen und dem Cylinderumfang hindurchgezogen
und dabei von den ersteren mit dem gewünschten Ueberzug
versehen. Die erwähnte Bewegung des Anlagstiftes und des
Gummirwerkes wird von der Antriebswelle aus mittelst
beiderseits angebrachter Excenter= oder Nockenscheiben und
eines mit den vorgenannten Theilen verbundenen Hebel=
werkes (Scheibe, Nocken, Gleitwelle, Gleitschienen, Hebel,
Stange und Feder) auf aus der Zeichnung ersichtliche
Weise hervorgerufen.

Während des Hindurchführens des eingelegten Bogens
bleiben sämmtliche Theile in der beschriebenen Stellung.
Ist der Bogen hindurchgezogen, so wird derselbe über einen
zweiten, tiefer angebrachten schrägen Tisch abgenommen;
die in Betracht kommenden Theile sind so bemessen und
angeordnet, daß nach Fertigstellung eines Bogens der Nocken
wieder zur Berührung mit der Rolle kommt und der Vor=
gang sich wieder von neuem wiederholt. Das Charakteristische
der Maschine ist, daß der zum Transportiren der Bogen
dienende Cylinder während einer Umdrehung zweimal ge=
hemmt und daß mittelst einer auf der Antriebswelle sitzenden

Nockenscheibe (e) bei jedesmaligem Stillstand des Cylinders ein Hebelwerk bethätigt wird, welches den Anlagestift (s) für die eingeführten Bogen in die Gebrauchsstellung vor= schiebt und gleichzeitig das Gummirwerk vom Cylinder abhebt.

Fig. 6.

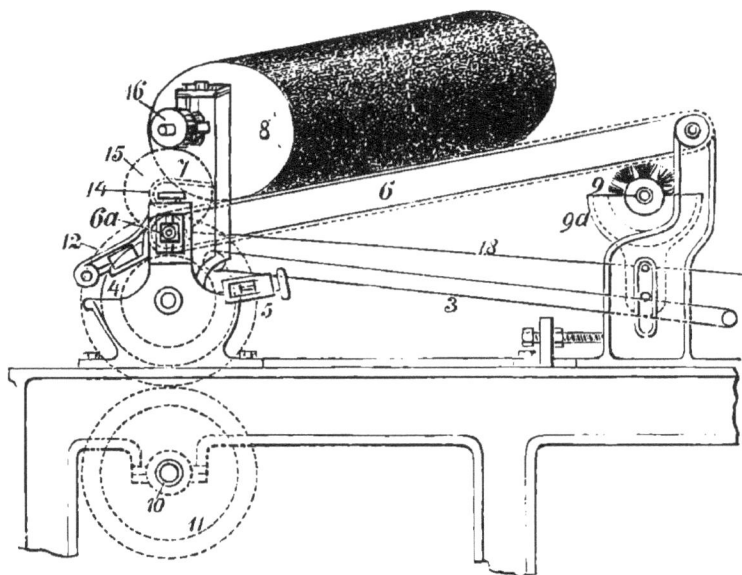

Maschine zum Gummiren von Papier.

Dieses mehrerwähnte Gummirwerk besteht aus einem System dicht aneinander liegender Walzen mit elastischer Oberfläche, welche von einer auf der Welle sitzenden Walze aus durch Friction angetrieben werden. Die letztgenannte Walze rotirt in einem den flüssigen Gummi enthaltenden Behälter und übermittelt den Inhalt dieses Behälters in bekannter Weise an die Walzen. Der Antrieb erfolgt von der Vorgelegewelle aus.

Maſchine zum Gummiren von Papier.

Die zu gummirenden, firniſſenden u. ſ. w. Blätter werden auf die endloſen Bänder 3, Fig. 6, gelegt und von dieſen der Gummiwalze 4 zugeführt. Die verſtellbare, rotirende

Fig. 7.

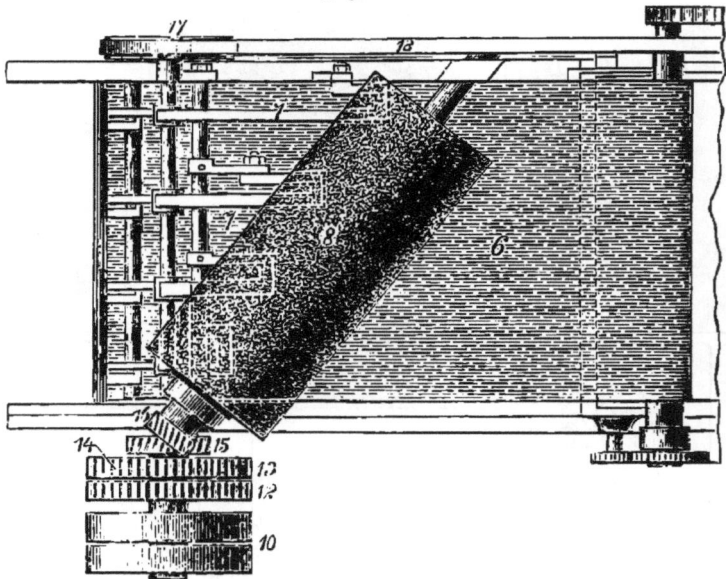

Maſchine zum Gummiren von Papier.

Abſtrichwalze 5 entfernt den überflüſſigen Gummi von der Walze 4 und beſtimmt die Dicke des Ueberzuges, welchen das Papier erhalten ſoll.

Das endloſe Band oder die Walze 6 iſt mit Kratzen=zähnen, vorzugsweiſe ſolchen aus Meſſingdraht, verſehen, die den bei dem Krempeln von Faſerſtoffen benützten ähn=lich ſind. Dieſe Kratzen bieten zahlloſe Auflagepunkte dar, bilden eine vollkommene Fläche und können auch leicht ge=

reinigt werden. Eine reine Oberfläche ist aber unerläßlich, wenn verdorbene Arbeit vermieden werden soll.

Die gekrümmte Führung 6a lenkt die Papierblätter ab und führt sie zur oberen Fläche des Kratzenbandes 6 herum unter die endlosen Kratzenbänder 7. Die letzteren halten das Papier fest, während es unter die cylindrische Bürstenwalze 8 kommt, die gewöhnlich schräg über die Kratzen 6 gelegt ist und den Gummifirniß oder Farben= überzug auf den Blättern egalisirt oder unter Umständen

Fig. 8.

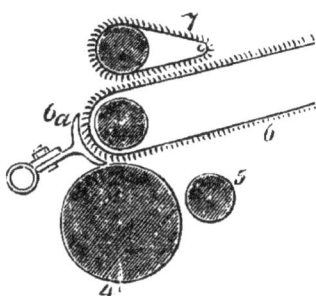

Maschine zum Gummiren von Papier.

auch punktirt. Das endlose Kratzenband 6 wird durch die rotirende Bürste 9 gereinigt, die im Trog 9a rotirt.

Die Maschine wird folgendermaßen angetrieben: Auf der Antriebswelle 10 sitzt ein Zahnrad 11, das in ein gleiches Zahnrad 12 auf der Achse der Gummirwalze 4 ein= greift. Auf der Achse der letzteren sitzt auch ein Zahnrad 13, Fig. 7, das mit dem Rad 14 auf der Achse der Trommel des endlosen Streifens 7 im Eingriff steht.

Auf gleicher Achse sitzt das Hyperbelrad 15, welches das Hyperbelrad 16 auf der Achse der Bürste 8 treibt. Von der Riemenscheibe 17 aus wird mittelst des Riemens 18 das Speiseband 3 getrieben.

Hektographenpapiere.

Hektographenblätter.

200 Gewichtstheile Vergolderleim,
300   »   Wasser,
700   »   Glycerin.

Der Vergolderleim wird in kleine Stücke zerschlagen, in einem Gefäß mit dem vorgeschriebenen Wasser über= gossen und über Nacht stehengelassen. Den nächsten Tag bringt man das Gefäß, welches den aufgequollenen Leim enthält, aufs Wasserbad, gießt das Glycerin hinzu und läßt das Ganze möglichst ruhig, hie und da durch ge= lindes Aufrühren das Lösen und Mischen unterstützend, stehen. Ist der Leim zergangen und die Masse so weit eingedampft, daß eine mit einem Löffel geschöpfte und auf eine kalte Steinplatte getropfte Probe zu einer Masse er= starrt, die ziemlich fest und nicht klebrig ist, so werden alle auf der Oberfläche der ruhig stehenden Masse etwa auf= steigenden Luftblasen mittelst eines steifen Kartenpapieres abgestreift und dann die Blätter in folgender Weise prä= parirt:

Die Masse wird in einer ziemlich dünnen Schichte auf eine recht große, geputzte warme Glastafel ausgegossen und sofort mit einem Papier (einem festen weichen Saug= papier) bedeckt, dann angedrückt und bis zum Abkühlen und Festwerden derselben an einen kühlen Ort gestellt. Dann entfernt man vorsichtig das Papier mit der Leim= schichte von der Glastafel und gewinnt dadurch eine außer= ordentlich glatte und schöne Oberfläche der Hektographen= blätter.

Endloses Hektographenpapier.

Das Fabrikat ist ein starkes Papier, welches auf einer Seite mit einem sehr dünnen Häutchen von einer der bekannten gelatinösen Copirmassen (Leim und Glycerin) überzogen ist.

Fig. 9.

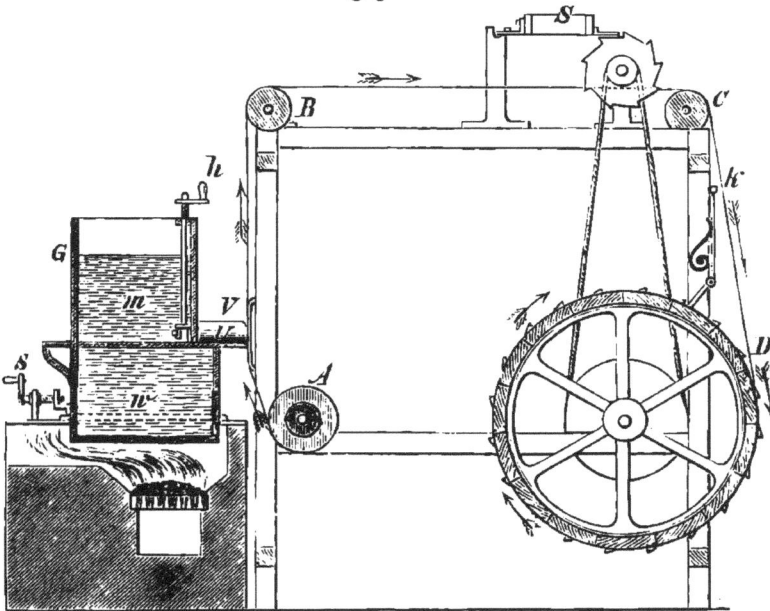

Vorrichtung zur Herstellung von endlosem Hektographenpapier.

Die Vorrichtung zum Auftragen der Hektographenmasse, Fig. 9—10, besteht aus einer Trommel A, welche das mit Hektographenmasse versehene Papier aufnimmt, dem Behälter m für die Copirmasse, welche durch ein Wasserbad erwärmt wird und mit einem verstellbaren Auslaufbecken o versehen ist, einem elastischen Widerlager E, der Trommel D zum Aufwickeln des fertigen Hektographen=

parieres, sowie dem mit einem Bestäubungspulver gefüllten Schüttelbehälter S.

Fig. 10.

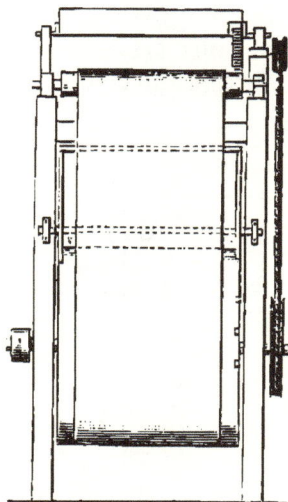

Vorrichtung z. Herstellung von endlosem Hektographenpapier.

Das Papier überzieht sich, indem es sich in aufsteigender Richtung des Auslaufbeckens bewegt, mit einer dünnen Schichte der geschmolzenen Hektographenmasse, welche alsbald erstarrt, und wird, da es sich ohne weiteres wegen seiner Klebrigkeit nicht würde in Rollen aufbewahren lassen, mit einem feinen Pulver, z. B. Federweiß überstäubt, welches das Haften der einzelnen Lagen aneinander verhindert. Vor dem Gebrauche wird dieses Pulver durch Abwaschen mit einem feuchten Schwamm entfernt.

Insecten-Vertilgungspapiere.

Fliegenpapiere.

Die meisten unserer Fliegenpapiere sind nicht ganz harmloser Natur; sie müssen einen Giftstoff, versüßt mit Zucker enthalten. Es scheint bei Anwendung von solchen Giften enthaltenden Papiere, ebenso wie bei der Bereitung, einige Vorsicht geboten; es muß aber hervorgehoben werden, daß die Anwendung von Giften, namentlich Arsenik und

Quecksilber, sowie Antimonsalzen sehr leicht umgangen wer=
den kann und sich Fliegenpapiere herstellen lassen, welche
für Menschen und Säugethiere absolut unschädlich sind.

a) Saccharinpapier.

Das Saccharin wird von den Fliegen sehr gerne ge=
nommen, stellt aber für dieselben ein heftiges Gift dar und
wirkt absolut tödtlich. Die Anwendung des Saccharins an
und für sich zu diesem Zwecke ist ziemlich kostspielig und
verschwenderisch und es muß dasselbe unbedingt in der
Form von Fliegenpapier zur Verwendung kommen. Zur
Herstellung bedarf man einer ziemlich concentrirten Lösung
der leicht löslichen Form des Saccharins in Wasser, setzt
derselben einige Tropfen aromatischen Honig's zu und zieht
durch diese Lösung ungeleimtes Papier ein= oder zweimal
durch, wobei es stets rasch und gründlich, aber bei milder
Wärme getrocknet werden muß. Fliegenpapier ist wirk=
samer, wenn es nicht glatt, sondern höckerig oder gepreßt
erscheint, weil ein solches Papier nach erfolgter Feuchtung
nicht so leicht erweicht oder im Wasser untergeht, sondern
mehr Berührungspunkte ergiebt.

b) Nicht giftiges Coloquintenpapier.

40 Theile Quassia, 5 Theile Coloquinten, 8 Theile
Piper long werden mit Wasser auf 120 Theile Colatur
unter Zusatz von 10 Theilen Syrup verkocht, das Papier
damit getränkt und dieses, um Sauerwerden zu verhüten,
möglichst rasch getrocknet.

c) Nicht giftiges Quassia=Papier.

1 Theil Quassiaholz übergießt man mit 5 Theilen
Wasser, läßt es eine Nacht stehen und kocht so lange, bis die
abgeseihte Flüssigkeit etwa 2 Theile beträgt. Das Holz
wird dann abermals mit 2 Theilen Wasser gekocht, bis

7*

1 Theil zurückbleibt. In beiden abgeseihten und gemischten Flüssigkeiten wird ½—¾ Theil Zucker gelöst und dann rothes ungeleimtes, etwas starkes Fließpapier, das man vorher bedrucken ließ, hindurch gezogen, ablaufen gelassen und auf Leinen zum Trocknen aufgehängt.

d) Nicht giftiges vegetabilisches Papier.

Zu demselben wird schwarzer Pfeffer pulverisirt und mit Zuckerlösung vermischt zu einem eben noch streichbaren Teig mittelst eines Pinsels auf Fließpapier so aufgetragen, daß er davon eingesogen wird. Die Zuckerlösung trocknet leicht ein und wird dadurch der Versandt des Papieres sehr erleichtert, wie dies bei Anwendung von Syrup nicht der Fall ist. Beim Gebrauch wird das Papier mit Wasser befeuchtet und auf einem Teller ausgebreitet. Die Versendung kann unter fester Pressung geschehen. Dasselbe Papier kann aus der Bütte selbst hergestellt werden, indem man dem Papierbrei Zucker und ⅓—¼ pulverisirten schwarzen Pfeffer zusetzt und diesen Brei zu einem porösen und lockeren Papier rasch verarbeitet.

e) Giftiges Fliegenpapier.

Das Filtrirpapier wird durch eine Lösung von
2 Theilen Arsenik, weiß,
4   »   Coloquinten in der entsprechenden Wassermenge, durchgezogen und getrocknet.

Oder:

10 Gr. doppeltchromsaures Kali,
30 »   Zucker,
2 »   ätherisches Pfefferöl,
20 »   Alkohol,
120 »   destillirtes Wasser
werden innig gemischt, die Flüssigkeit einige Tage unter öfterem Schütteln stehen gelassen und dann abfiltrirt. In

die abfiltrirte Flüssigkeit taucht man ungeleimtes Papier wiederholt ein und läßt es dann trocknen.

Oder:

24 Theile Lärchenterpentin,
4 » Ricinusöl,
4 » Syrup

werden unter Wärmeanwendung gelöst und mittelst Pinsels auf Papier gestrichen.

Giftfreies Papier gegen Ratten und Mäuse.

Zur Herstellung dieses Papieres wird die unter dem Namen »Meerzwiebel« bekannte Pflanze angewendet. Die passendste Form, dieses Rattengift in den Handel zu bringen, ist die von Pappkuchen, welche jedoch nicht wie die gewöhnliche Pappe fest und zähe sein dürfen, sondern im Gegentheil ein leicht brüchiges, poröses und aufsaugendes Product darstellen müssen. Die Meerzwiebeln werden im Würfelform zer= kleinert, als solche scharf ausgetrocknet und dann pulverisirt. Dieses Pulver wird der noch flüssigen Pappmasse innig bei= gemischt und das Ganze noch mit einem Zusatz von Stärke= mehl möglichst rasch in etwa $\frac{1}{2}$—1 Centimeter dicke Papp= kuchen ausgegossen.

Das beste Verhältniß dürften gleiche Gewichtstheile Meerzwiebelpulver, trockene Pappmasse und Stärkemehl dar= stellen und würde diese Pappe in viereckigen Platten mit aufgepreßter Bezeichnung im Handel erscheinen. Beim Ge= brauche wird die Giftpappe mit heiß geschmortem Fett ein= getränkt und an geeigneten Orten hinterlegt.

Mottenpapiere.

a) Naphtalin=Mottenpapier.

25 Theile Carbolsäure,
25 » Ceresin,
50 » Naphtalin.

Man schmelze die genannten Substanzen und breite auf einer erwärmten Eisenplatte ein Papier ähnlich dem wie es beim Verfahren der Wachspapierbereitung ange= geben wurde. Oder:

b) 10 Theile Wachs,
    10 » Olivenöl,
    15 » Kampher,
  250 » Naphtalin

werden vorsichtig auf schwachem Kohlenfeuer geschmolzen und das Fließpapier durch das schmelzende Gemenge durch= gezogen. Man lege sich einen auf das Gefäß gut passen= den Deckel bereit, falls sich das Naphtalin entzünden sollte. Oder:

c) Man schmilzt

  25 Theile Carbolsäure,
  25 » Ceresin und
  50 » Naphtalin

und bestreicht mit der geschmolzenen Mischung nicht geleimtes Papier, welches auf einer Metallunterlage, Kupfer= oder Eisenblech, ausgebreitet ist.

d) Man tränkt Manillapapier mit einer Flüssigkeit nachstehender Zusammensetzung, preßt und trocknet über heißen Walzen. Die Mischung besteht aus:

  70 Theilen Steinkohlentheer,
    5 » roher Carbolsäure, die mindestens 50 Procent Phenol enthält,
  20 » dünnem Steinkohlentheer, die auf 70 Grad C. erwärmt und mit
    5 » raffinirtem Petroleum

vermischt werden.

e) 450 Theile Naphtalin,
    20 » Eucalyptol,
  250 » Ceresin und
  100 » Spiritus.

In einer eisernen Pfanne wird das Naphtalin mit dem Ceresin zusammengeschmolzen und der ruhig fließenden und vom Feuer entfernten Masse der möglichst hochprocentige Spiritus zugesetzt, in welchem das Eucalyptol gelöst wurde. Die Mischung wird unter stetem Umrühren und unter zeitweiligem Erwärmen mittelst eines breiten Anstrichpinsels auf vorbereitete Bogen weißen Fließpapieres aufgetragen und dann auf über eine Wärmequelle gespannte Fäden zum Trocknen gehängt.

Das verwendete Naphtalin soll womöglich chemisch rein sein, da das rohe Naphtalin einen sehr anhaltenden und unangenehmen, für manchen ganz unerträglichen Geruch aufweist. Sollte es sich als nöthig erweisen, so kann man übrigens die Mischung mit Bergamotteöl (1 Theil ätherisches Oel auf 10 Theile Naphtalin) wohlriechend machen; ja es wird sich vielleicht empfehlen, neben der nicht parfümirten eine zweite mit dem Bergamotteölzusatz hergestellte Sorte Mottenpapier in den Handel zu bringen, um den Anforderungen zu genügen. Das Mottenpapier ist ein besonders im Frühjahr viel begehrter Artikel, welcher speciell wegen der sehr handlichen Form vor dem Mottenspiritus oder Mottenpulver den Vorzug verdient. Es wird einfach zwischen die vor den Motten zu schützenden Kleidungsstücke gelegt. Je zehn Stück solcher Papiere werden entweder in eine Zinnfolie oder Wachspapier eingeschlagen und unter gutem Verschluß in den Handel gebracht. Für den Vertrieb im Großen werden je 100 Stück solcher Mottenpapiere in einer passenden Blechbüchse abgegeben. Statt eines besonderen Papierschildes läßt man das zu tränkende Fließpapier mit Aufdruck versehen.

Kreidepapiere.

1. Kreide = Glacépapier.

Es werden

    4 Theile Pergamentschnitzel,
    1 Theil Hausenblase und
    1 » arabisches Gummi mit
236 Theilen Wasser

zur Hälfte eingekocht. Man theilt die Abkochung, nachdem sie durchgeseiht worden, in drei gleiche Theile, vermischt diese der Reihe nach mit 39, 32 und 25 Theilen feinsten Bleiweißes, trägt hiervon auf glattes Schreibpapier vermittelst einer weichen Bürste von jeder Mischung einmal auf, indem man sie jedesmal 24 Stunden gut trocknen läßt und glättet durch polirte Kupfer oder Stahlwalzen. Statt Bleiweiß wird öfters Zinkweiß oder auch Permanent= weiß und statt Leim die farblose Gelatine genommen.

2. Nach Warren de la Rue.

Man vermahlt Zinkweiß mit Wasser zur höchsten Feinheit und vermischt davon 3·4 Kgr. mit 1 Liter Leim= lösung aus 250 Gr. Leim und 15 Liter heißem Wasser. Die Flüssigkeit wird durch ein feines Sieb passirt und da= mit das Papier zwei= bis drei= und selbst viermal bestrichen. Nach dem Trocknen des letzten Anstriches glättet man zwischen Preßspänen im Satinirwerk.

3. Kreidepapier, Metalliquepapier, Elfenbein= papier,

auf welchem mit Metallstiften (aus 1 Theil Zinn, 2 oder 3 Theilen Blei) so geschrieben werden kann, daß Gummi elasticum die Züge nicht wegnimmt. Sehr starkes und glattes Velinpapier wird auf beiden Seiten mit Kalkmilch bestrichen, getrocknet, mit einem Falzbein glattgestrichen, endlich zwischen zwei polirten Kupferplatten liegend, durch die Kupferdruckpresse gezogen.

Einfacher kommt man zum Ziele, wenn man das Papier nur trocken mit geschlämmter Kreide bestreicht und mit loser Baumwolle tüchtig reibt, bis keine Kreidetheilchen sich mehr loslösen.

Lederpapier.

Das sogenannte vegetabilische Leder oder Lederpapier, das an japanischen Galanteriartikeln eine viel reichere Verwendung als das thierische Leder findet, wird nach Ransonnet in der Weise bereitet, daß starkes langfaseriges Pflanzenpapier einer mehrfach wiederholten Runzelung ausgesetzt wird, welche dasselbe in gleichmäßiger Weise auf eine kleinere Fläche reducirt und damit verdichtet, ohne es wesentlich zu verdicken. Indem der Runzelungsproceß unter verschiedener Richtung und Größe der Runzeln öfters wiederholt wird, erhält das Papier die oft täuschend an feines Leder erinnernde Chagrinzeichnung. Es gleicht dann an Zähigkeit und Dauerhaftigkeit dem Leder, während es durch Unempfindlichkeit gegen Nässe dasselbe übertrifft. Die Verwendung langfaserigen Papieres ist natürlich nöthig, um diese Eigenschaften zu erzielen. Eine Sorte Schweinsleder imitirendes Papier wird erzeugt, indem außer der Runzelung noch das Hämmern in den Verdichtungsproceß eingefügt wird.

Papierleder von Kellog.

Lederabfälle werden in einer Art Holländer zu einer breiartigen Masse verarbeitet und mit langfaserigem Papierstoff gemengt, hierauf Gelatine zugesetzt und das Ganze unter Einwirkung von heißem Dampf untereinander gearbeitet. Die homogene Masse wird auf einer Papiermaschine zu Blättern und Rollen ausgearbeitet, die später nach Art des gewöhnlichen Papieres gepreßt und getrocknet werden. Die fertigen Blätter werden endlich gegerbt und je nach Bedürfniß gefärbt und bedruckt.

Lederpapier.

Zu dem von der Oriental Leather and Lederette Company hergestellten künstlichen Leder wird vorzugsweise starkes, langfaseriges Papier von gewünschter Dicke genommen und gefärbt oder gebeizt mit Farben, welche als gewünschte Grundfarben des Fabrikates dienen sollen. Dann giebt man der Oberfläche diejenige Farbe, welche das zu fabricirende Leder haben soll, worauf man das Fabrikat durch eine schwache Auflösung von Schellack in Naphtaspiritus oder durch eine wässerige Schellacklösung wasserdicht macht (1 Kgr. Schellack auf 4·5 Kgr. Spiritus oder Wasser). Um dem Papier eine größere Geschmeidigkeit zu geben, verwendet man Glycerin. Wurde das Papier durch Eintauchen gefärbt oder gebeizt, so bedient man sich einer Beimischung von circa 1 Kgr. Glycerin auf 15 Liter des Farbstoffes oder der Auflösung desselben, in den Fällen aber, in welchen das Papier auf andere Weise als durch Eintauchen gefärbt oder gebeizt wird, arbeitet man das Glycerin durch Bürsten oder andere Manipulationen in die Oberfläche des Papieres oder man taucht das Papier in eine Auflösung von Glycerin und Wasser (2 : 1). Das so zubereitete Papier wird mit einer Narbe versehen, welche jeder Art Leder durch folgende Manipulation ähnlich gemacht werden kann. Man nimmt eine Haut oder ein Fell von Marokko oder einem anderen Leder, welches zu imitiren gewünscht wird, macht hiervon einen Abdruck auf irgend einem passenden Material (Schellack oder einer Mischung davon), welche Masse auf eine starke Metall= oder andere Platte aufgetragen wird. Im Falle man Schellack zum Abdrucke der Formen benützt, bedient man sich einer gußeisernen Platte, deren Oberfläche geebnet ist und deren Ränder über die Oberfläche der Platte hervorragen. Dann bedeckt man die Platte mit Schellack und erwärmt sie bis der Schellack flüssig wird und die ganze Oberfläche der Platte gleichmäßig einnimmt; hierauf nimmt man das betreffende Fell, welches zuvor abgestäubt oder mit Grafit abgerieben wurde, legt es auf den Schellack und preßt es überall fest. Sobald der Schellack erkaltet ist, zieht man das Fell oder die Haut ab und die Form ist zum Gebrauche fertig. Nachdem in dieser Weise die negative Form der Haut zugerichtet ist, nimmt man das oben erwähnte präparirte Papier und legt es auf die Form, auf dasselbe eine Kautschuk= oder Guttaperchadecke und setzt es dann einem starken Drucke unter einer hydraulischen Presse aus. Wenn Papierstücke in größeren Längen producirt werden sollen, läßt man jeden Abdruck ein wenig den früheren überragen, damit die Uebergänge von einer Pressung zur anderen nicht fürs Auge sichtbar werden. Nachdem das Papier von der Form abgenommen ist, werden die Spitzen oder Narben der gepreßten Oberfläche geglättet, polirt, lackirt oder gefirnißt, um die Nachahmung vollständig zu machen. Durch Auftragen einer dünnen Schellacklösung auf die Oberfläche des Productes vermittelst Bürsten wird dasselbe wasserdicht gemacht.

Kunstleder von Klein.

Nach dem patentirten Verfahren wird aus Holzpapier und Fettstoffen ein Material erzeugt, welches in seinen Haupt=

eigenschaften sich wohl eignet, ein gutes wasserdichtes, der
Einwirkung der Feuchtigkeit widerstehendes Leder zu er=
setzen. Dieses imitirte Leder empfiehlt sich namentlich für
Schuhabsätze und Brandsohlen, kann aber auch, entsprechend
dazu hergestellt, zu wasserdichten Reisekoffern, Schulmappen,
Handtaschen u. s. w. verwendet werden.

Der Grundstoff dieser Lederimitation besteht aus ge=
kochten Holzfasern, wie solche in einzelnen Papierfabriken
in Form von flachen dünnen Platten, die unter dem Namen
Pappendeckel in den Handel gebracht werden, hergestellt werden.
Diese Platten werden nun auf folgende Weise mit Fetten
imprägnirt: Man nehme recht helles Leinöl, lasse solches
mit einem Zusatz von $3\frac{1}{2}$ Procent Silberglätte und einem
kleinen Zusatz von Rebenschwarz 5—6 Stunden ununter=
brochen gut kochen, damit die Masse eine kräftig fette werde;
den erhaltenen Fettstoff läßt man gut ablagern, versetzt ihn
dann mit 2 Procent Siccatiffirnißextract und bringt die
so erhaltene Substanz in recht heißem Zustande auf beide
Seiten der oben bezeichneten Platten auf, damit diese voll=
kommen von der fetten Substanz durchdrungen werden.
Nachdem dies geschehen, werden die Platten so lange an
der Luft getrocknet, bis eine vollständige Erhärtung derselben
eingetreten ist. Hierauf werden sie zwischen zwei Eisenwalzen
hindurch geführt und gut satinirt. Infolge dieses Processes
verbinden sich die Fettstoffe noch inniger mit den Fasern
der imprägnirten Platte, so daß letztere nun die erforderliche
Zähigkeit und Dichtigkeit eines guten Leders erhalten.

Um die Imitation täuschend zu machen, kann noch ein
zweiter Anstrich auf beiden Seiten vorgenommen werden,
indem man für diesen Anstrich jene wie oben hergestellte
Fettsubstanz mit einem Zusatz von 2 Procent Siccatifpulver
und 3 Procent präparirter gebrannter Terra di Siena etwa
3—4 Stunden lang kochen läßt und nach erfolgter Ab=
lagerung das Gemisch in heißem Zustande in derselben
Weise wie früher aufbringt, trocknen läßt und die Platten
sodann mit einem scharfen Bimsstein abreibt und glättet.
Bei diesem zweiten Anstrich darf nur genau so viel Fett=

stoff aufgetragen werden, als die Platten noch aufzunehmen
vermögen, da der überflüssige Fettstoff einen glänzenden
klebrigen Ueberzug auf den Platten bildet. Der oben er=
wähnte Zusatz des Siccatifpulvers soll ein schnelleres Trocknen
bewirken, während die zugesetzte Terra di Siena die röth=
liche Farbe des Leders vortrefflich nachahmt. Das so er=
haltene imitirte Leder bildet ein in jeder Beziehung vor=
zügliches billiges und dauerhaftes Ersatzmittel für wirk=
liches Leder.

Für die Zwecke der Verwendung zu Hand= und Reise=
koffern, Schultaschen u. s. w. werden dünnere Platten in
derselben Weise wie oben beschrieben, imprägnirt, bis die
nöthige Elasticität erreicht ist. Nach erfolgter Abtrocknung
können alle gewünschten Farbennuancen, so wie auch die
des Lackleders aufgetragen und die Platten mittelst ent=
sprechender Maschinen genau wie anderes Leder carrirt, ge=
streift oder chagrinirt werden.

Leuchtende Papiere.

Die leuchtenden Papiere leuchten oder vielmehr phos=
phoresciren nur in absolut dunklen Räumen und auch in
diesen nur dann, wenn sie während mindestens 10 Stunden
dem Tageslicht ausgesetzt werden; man kann Gegenstände,
welche mit diesem leuchtenden Papier ausgestattet sind, z. B.
Leuchter, Zündhölzchenbehälter u. s. w., leicht wahrnehmen,
man kann sogar an einem solchen Gegenstande die Ziffern
erkennen, an Zifferblättern die Ziffern lesen, aber weiter
erstreckt sich die Leuchtfähigkeit nicht. Die leuchtenden Papiere
werden durch Anstreichen mit sogenannten Leuchtfarben her=
gestellt und ist das leuchtende Princip derselben Schwefel=

calcium oder Schwefelbaryum, welches aufs Feinste gerieben
wird, was nur möglich ist, wenn die Flächen, zwischen denen
die Verreibung erfolgt, ungleiche Härte haben. Mit Wasser
zu einem steifen zähen Brei gemischt, wird das Schwefel=
calcium unter Beachtung der beim Farbenreiben nöthigen
Vorsicht zerrieben und die fertige Masse in einem gut=
schließenden Topfe aufbewahrt, damit dieselbe nicht aus=
trocknen kann. Neben der feinen Zertheilung ist es auch
nöthig, daß die Farbe dicht und gleichmäßig aufgetragen
wird und zwar mit möglichst wenig Bindemittel, weshalb
hierfür nur das Beste verwendet werden kann. Je dünn=
flüssiger der Auftrag geschieht, um so gleichmäßiger wird
er vertheilt; der vorhergehende Auftrag muß immer so weit
getrocknet sein, daß das Papier ohne Sprünge im Anstrich
zu hinterlassen, gebogen werden kann. Je dünner die auf=
getragenen Schichten sind, desto besser haften sie aneinander;
je gleichmäßiger der Auftrag, desto größer die Leuchtkraft.
Die gestrichene Fläche wird nach 3—4 Anstrichen so stark
als möglich gepreßt und hierdurch alle Zwischenräume ge=
schlossen. Als Bindemittel für den Anstrich wird am Besten
Hausenblase genommen. Um den Anstrich gegen Feuchtig=
keit widerstandsfähiger zu machen, wird derselbe, wenn noch
etwas feucht, mit einer verdünnten Lösung von chromsaurem
Kali bestrichen, dem directen Sonnenlicht ausgesetzt. Die
Farbe wird durch Verreiben mit Leimwasser erhalten, so
daß auf 10 Theile eine Schichte von etwa 1—1½ Mm.
durch ungefähr dreißigmaligen Auftrag erhalten wird. Die
Manipulation ist etwas weitläufig, umständlich und zeit=
raubend, entschädigt jedoch dafür auch durch gutes Resultat.
Die auf diese Weise hergestellte Fläche leuchtet nach ihrer
Belichtung noch 30 Stunden im Dunkeln nach. Als Unter=
lage wird für alle Zwecke das Papier verwendet und hier
eignet sich japanesisches Seiden= auch Copirpapier am besten,
nur muß etwas Sorgfalt beim Abnehmen beobachtet werden,
weil das Papier durchschlägt und auf der Unterseite gerne
festklebt. Da das Papier in Rollen zu haben ist, so läßt
sich die leuchtende Fläche auch in fast allen Längen her=

stellen und in jede Form schneiden. Man hat hierbei den Vortheil, die Herstellung aufs Sorgfältigste auszuführen und das dünne Papier läßt sich auf Metall ebenso gut wie auf Glas befestigen. Wird die Fläche dünn aufgetragen, bis zu einer Stärke von 1—1½ Mm., so läßt sich das Papier ohne Sprünge biegen und blättert die Farbe nicht ab. Doch ist zu beachten, daß der Auftrag, ehe ein frischer erfolgt, getrocknet ist und mit saurem chromsaurem Kali die Hausenblase gegen Feuchtigkeit widerstandsfähig erscheint. Auch das Pressen muß, so lange die Schicht noch etwas feucht und weich ist, öfters wiederholt werden. Um die Ober= fläche dicht und geschlossen zu machen, wird dieselbe, nach= dem sie stark genug, mit etwas von der flüssigen Farbe und Hausenblase mit dem Achatstein abgerieben, wodurch dieselbe dicht geschlossen und nach dem Trocknen glatt und glänzend aussieht. Daß die bisherigen Resultate nicht be= friedigend waren, lag an der Nichtbefolgung des etwas um= ständlichen Verfahrens; wird dieses aber beachtet, so erhält man einen leuchtenden Anstrich, der, wenn dem directen Sonnenlicht ausgesetzt gewesen, so stark leuchtet, daß auf einer dabei befindlichen Taschenuhr die Zeit zu erkennen ist. Uebrigens ist zu bemerken, daß statt der Hausenblase im Nothfalle auch feinste Gelatine genommen werden kann.

2. Die Leuchtmasse besteht aus

4 Theilen doppeltchromsaurem Kali,
4 » Gelatine,
50 » Schwefelcalcium.

Die Bestandtheile werden in völlig trockenem Zustande zusammen vermahlen, bis eine innige Mischung erzielt ist. Ein Theil dieses Pulvergemenges wird mit 3 Theilen heißem Wasser angesetzt und verrührt und bildet die fertige dick= flüssige Anstrichmasse. Der Anstrich selbst wird nach dem Trocknen wetterfest. Von dieser Masse erhält das leuchtend zu machende Papier, der Carton u. s. w. einen oder mehrere Anstriche mittelst Pinsel oder Bürste in der üblichen Weise.

Würde nun nichts weiter geschehen, so wäre es fast unvermeidlich, daß die Dicke des Anstriches und damit die Leuchtkraft nicht an allen Stellen gleichmäßig ausfiele. Zur Beseitigung dieses Uebelstandes läßt man den Bogen durch eine Art Calander oder Walzwerk gehen, dessen Walzen auf solchen Abstand eingestellt sind, daß beim Durchzuge des Bogens die aufgetragene Leuchtmasse zu einer überall gleich starken Schicht ausgequetscht wird. Die Walzen u. s. w. können auch geheizt werden. An Stelle obigen Streichverfahrens mit der angegebenen Mischung kann auch ein Bestreichen, Einwalzen oder Bedrucken des Papieres oder Cartons lediglich mit Leimlösung oder sonstigem Klebstoff, ein darauffolgendes Bestreuen mit Schwefelcalciumpulver treten. Hiernach wird ebenfalls behufs Ausgleichung der Leuchtschichtdicke das Papier einer Walzung und Pressung ausgesetzt. Wenn in diesem Falle die Klebstofflösung in Gestalt von Figuren, Buchstaben u. s. w. wie auch immer aufgetragen wurde, so wird natürlich das später aufgestreute Leuchtpulver nur an den bedruckten oder bemalten Stellen haften und demzufolge eine leuchtende Zeichnung oder Schrift erzeugen.

Leuchtendes Papier.

Vermittelst der nachstehend genannten Composition kann man ein wasserdichtes und in der Dunkelheit leuchtendes Papier herstellen, welches die Eigenschaft zu leuchten, Monate lang behält.

40 Theile trockener Papierstoff werden mit
100 » Wasser,
10 » phosphorescirendem Pulver,
1 Theil Gelatine und
1 » doppeltchromsaurem Kali gemischt und in gewöhnlicher Weise zu Papier verarbeitet.

Lichtpauspapiere.

Albuminpapiere für Blaudrucke.

Sehr schöne Effecte lassen sich erzielen, wenn man zum Copiren gewöhnliches Albuminpapier benützt, welches in folgender Weise sensibilisirt wurde. Das Papier wird auf eine Lösung von gleichen Theilen

a) citronensaurem Eisenoxyd-Ammon   15 Gr.
    Wasser . . . . 65 Cbcm.
b) rothem Blutlaugensalz . . . . 10 Gr.
    Wasser . . . . 65 Cbcm.

gelegt, eine halbe Minute darauf schwimmen gelassen und dann in einem Dunkelzimmer zum Trocknen aufgehängt. Die Abdrücke, die nach dem Copiren in Wasser ausgewaschen werden, zeigen fast ebenso reichlich deutlich wie Albumin-bilder, dabei ist aber das Verfahren einfacher und billiger. Die Abdrücke können aufgeklebt und satinirt werden. Das so präparirte Papier hält sich ebenso wenig, als die beiden Lösungen; es ist daher vor Gebrauch immer alles frisch zu bereiten.

Lichtpauspapier nach Haupt.

Ein dem Talbot'schen ähnliches, haltbares, lichtem-pfindliches Papier erhält man dadurch, daß man starkes Arrow-root- oder Albuminpapier schwimmen läßt auf einem Bad aus

32 Theilen Wasser,
 3   »   Silbersalpeter,
 1 Theil   Citronensäure,
$\frac{1}{2}$ »   Weinsäure, während einer Minute.

Dann trocknet man das Papier und zieht es schließlich durch eine schwache Lösung von Weinsäure.

Das Papier copirt ohne Ammoniak-Räucherung, verlangt ein starkes und ein alkalisches Tonbad und hält sich vor Feuchtigkeit und Luft geschützt 2—3 Monate lang.

Papier Ferro-prussiate für Lichtpausen.

Für Zeichnungen in Blau:

Man bereitet sich ein Bad aus

  10 Theilen Eisenchlorid,
100   »   Wasser, und
   5   »   Citronensäure oder Weinsäure und läßt photographisches Rohpapier oder besser Albuminpapier während einer halben Minute auf demselben schwimmen. Es muß dies im Dunkeln geschehen, wie auch das Trocknen. Die nöthige Belichtungszeit wird am besten durch einige Versuche bestimmt, sie wechselt übrigens in der Sonne von 15—20 Secunden, bei bewölktem Himmel von 15—20 Minuten. Die Hervorrufung des nur schwachen Bildes findet in einem Bade von

  25 Theilen gelbem Blutlaugensalz in
100   »   Wasser statt. Der Grund kann aufgehellt und die blauen Linien können verstärkt werden, wenn man die Copie, nachdem man sie mit einer reichlichen Menge Wasser ausgewaschen hat, für kurze Zeit in schwach mit Salzsäure angesäuertem Wasser (1 : 100) badet, nochmals auswäscht und trocknet.

Für Zeichnungen in Weiß.

Man löst einerseits
1 Theil chromsaures Eisenoxyd-Ammoniak in
4 Theilen Wasser, anderntheils
1 Theil rothes Blutlaugensalz in
6 Theilen Wasser, gießt die beiden Lösungen zusammen,

bewahrt die Mischungen aber im Dunkeln auf. Tow sen d sensibilisirt das Papier durch Bestreichen mittelst eines breiten Kameelhaarpinsels, weil dann sehr wenig hinreicht; die Exposition dauert länger wie angegeben, sie wird indessen unterbrochen, wenn die weißen Linien verschwunden sind und der Grund einen graulich=grünen Ton angenom= men hat.

Entwickelt wird in reinem Wasser, worauf der Grund schön blau wird. Man kann ihn nachdunkeln lassen, wenn man die Copie in salzsäurehältiges Wasser legt (5 : 100); es versteht sich, daß die Säure dann wieder ausgewaschen werden muß. Wenn man das Papier allein mit chromsaurem Eisenoxyd=Ammoniak zubereitet, so genügt eine Belichtungs= dauer von 15—20 Secunden; allerdings muß sodann mit rothem Blutlaugensalz hervorgerufen werden.

Indigo=Lichtpaus=Papier.

Das Indigoverfahren wird schon längere Zeit zum Färben von Pauspapier für technische Zwecke angewendet und zwar nicht nur der schönen Färbung wegen, sondern insbesondere wegen der sehr großen Beständigkeit des Indigo gegen das einwirkende Sonnenlicht. Selbstverständlich läßt sich Indigo nur da verwenden, wo für das Fabrikat ent= sprechende Preise bezahlt werden, da die Anwendung des Indigo zur Papierfärberei mit großen Umständen und Un= kosten, besonders gegenüber den Theerfarbstoffen verbunden ist. Für gewöhnliche Papiere würde die Indigofärbung viel zu theuer sein. Die Färbungen des Indigo sind auf dem Principe der Küpe für die Textilfärberei beruhend. Die bekanntesten Küpenansätze sind: Vitriolküpe, Zinkblau= küpe, Hydrosulfitküpe, doch ist besonders der von Valen= tiner und Schwarz erfundenen Sulfuratküpe, gerade für Papierfärbungen der Vorzug zu geben. Die Herstellungs= weise dieser Küpe ist folgende:

Man löst

100 Kgr. Sulfurat in Pulverform in
400 » reinem Wasser, d. h. man rührt dieses Ge=
misch circa 2 Minuten schnell um, dann setzt man 1200 Kgr.
2procentige Natronlauge zu und läßt die Lösung, nachdem
sie kräftig umgerührt ist, circa 24 Stunden absetzen und
klären. Diese so gewonnene klare Flüssigkeit wird zum
Lösen des Leuco=Indigo und zum Ansatze der Farbflotte
wie nachstehend angegeben, benützt. 1 Theil des Leuco=Indigo,
geschlämmt, wird mit 8 Theilen Sulfuratlösung versetzt und
langsam auf 50 Grad C. wärmt. Hierbei entsteht eine klare
weingelbe Lösung. Zum directen Färben nimmt man von
dieser Lösung.

3– 4 Kilo in
100 Liter Wasser mit
10 » Sulfuratlösung

versetzt, von 25 Grad C. und bestreicht damit das Papier
unter Licht= und Luftabschluß oder zieht es durch die
Lösung.

Aus dieser Indigo=Küpe gefärbtes Papier erscheint erst
grünlich, doch oxydirt sich die Farbe an der Luft und wird
blau. Diese nach Vorschrift angesetzte Küpe kann zum con=
tinuirlichen Gebrauch angewendet werden, nur muß man bei
jedesmaligem Gebrauch zur Reduction des blau ausgefallenen
Indigos mit etwas Sulfuratlösung versetzen und bis zur
vollständigen Auflösung erwärmen. Die zum Färben fertige
Indigo=Küpe muß ein grün=gelbes Aussehen zeigen.

Heliographisches Papier.
(Schwarze Linien auf weißem Grund.)

Nach dem französischen Patente von M. Rolland wird
in folgender Weise verfahren:

Nachdem die eine Seite des Papiers in gewöhnlicher
Weise sensibilisirt worden ist, bestreicht man die eine Seite

mit einer Lösung von Gallusfäure, damit die präparirten
Vorder= und Rückseiten sich beim Aufrollen des Papieres
nicht berühren; um die bei Feuchtigkeit sonst unfehlbar ein=
tretende Reaction zu verhindern, wird entweder die mit
Gallusfäure versehene Seite durch einen sehr schwachen
Paraffinüberzug geschützt oder beim Aufrollen ein dünnes
Blatt von undurchsichtigem Papier eingelegt. Man kann
auch einfach beim Sensibilisiren links und rechts einen Rand
freilassen und letzteren mit Gallusfäure bestreichen. Wird das
präparirte Papier nach erfolgter Exposition in Wasser gelegt,
so löst sich die Gallusfäure auf und die Zeichnung wird
ohne weiteres fixirt.

Lichtdruck=Abziehpapier.

Das Papier wird zu dieser Verwendung, nachdem es
in gewöhnlicher Weise mit einem in Wasser löslichen Stoff
in dünner Schicht überzogen worden ist, noch einmal prä=
parirt, indem auf die wasserlösliche Schicht noch eine zweite
Schicht möglichst dünn aufgetragen wird, welche aus Fett
oder Oel oder Harz oder einem Gemisch dieser Stoffe be=
steht. Auf diese Fettschichte, welche die Farbe gut aufnimmt,
wird das Bild gedruckt. Da die feuchte Gelatineschichte weder
an der Fettschichte, noch auch an dem Papier haftet und
die Fettschichte auch verhindert, daß die Feuchtigkeit der
Gelatine bis zu dem wasserlöslichen Stoff dringt, so erhält
man angeblich sehr vollkommene Abdrücke. Der Auftrag der
Fettschichte geschieht in der Weise, daß das bereits einmal
präparirte Papier, je nach Härte und Art des Fettes, Oeles,
Harzes oder des Gemisches aus diesen entweder damit be=
strichen wird, oder falls die verwendeten Substanzen einen
festen Aggregatzustand besitzen, mit einem aus diesen Stoffen
zusammengesetzten Pulver eingerieben wird, oder auch, daß
der Stoff, aus welchem die Schichte bestehen soll, in Alkohol,
Benzin, Aether oder einem ähnlichen, leicht abdunstenden
Stoffe gelöst und das Papier mit dieser Lösung über=
gossen wird.

Löschpapiere.

Tintenlöscher.

100 Theile Oxalsäure werden in
400 Theilen Spiritus
gelöst und mit dieser Lösung ein möglichst dickes, weißes
Saugpapier durch Eintauchen bis zur vollständigen Sätti=
gung getränkt. Hierauf wird Bogen für Bogen auf ge=
spannten Fäden an die Luft zum Trocknen gehängt. Die
Vereinigung eines Tintenreinigungsmittels mit Löschpapier,
welches den noch nassen Klecks sofort aufzusaugen im Stande
ist, verdient der Handlichkeit und Gebrauchsfertigkeit halber
den Vorzug vor anderen Tintenlöschern. Leider beschränkt
sich die Wirkung dieses Papiers nur auf Eisen enthaltende
Tinten.

Anilintintenflecke können mit diesem Papier nicht ge=
tilgt werden.

Da jedoch der Verbrauch der eisenhaltigen Tinten jenen
der Anilintinten ganz bedeutend überragt, so wird sich dieses
Papier als unentbehrlich für das Comptoir leicht einführen.
Zehn solcher, in beliebiges Format zerschnittener Blätter
werden in ein weißes Papier eingeschlagen, dem die Ge=
brauchsanweisung aufgedruckt werden kann, welche im Wesent=
lichen nur besagt, daß ein frisch entstandener, somit noch
nasser Tintenfleck einer eisenhaltigen Tinte durch Aufsaugen
getilgt, ein getrockneter zuerst gründlich naß gemacht und
dann erst aufgenommen werden kann.

Löschpapier.

Nach einem amerikanischen Verfahren soll man pflanz=
liche oder thierische Kohle in die Masse mischen, welche zur
Bereitung des Löschpapieres dient. Die thierische Kohle kann
man durch Calciniren von Knochen, Blut u. s. w. erhalten.

Um diese Knochenkohle wirksamer zu machen, löst man am besten den darin enthaltenen phosphorsauren Kalk mit Salzsäure und wäscht aus.

Um gute Resultate zu erzielen, darf man nur so viel Kohle zusetzen, daß die Festigkeit des Papieres keine Einbuße erleidet. Man wird dem Papierzeuge je nach Festigkeit von dessen Faser 6—20 Procent Kohle zusetzen können.

Herstellung von Maler-Schablonen.

Das Papier für die Herstellung von Schablonen soll ein gutes, festes, holz- und strohfreies Handpapier sein, nicht aber mit diesen Surrogaten gemischtes, stark mit Chlor gebleichtes und vielleicht auch noch mit Füllstoffen beschwertes Maschinenpapier.

Die Zeichnungen werden auf das Papier aufgepaust und dann mit dem Schablonenmesser ausgeschnitten; als Schablonenmesser dienen scharfe Federmesser oder Uhrfedern in Holz gefaßt und scharf und spitz zugeschliffen. Einen nicht unwesentlichen Mangel aller Schablonen bilden die sogenannten Halter, das heißt die zwischen den ausgeschnittenen Theilen stehen gebliebenen schmalen Streifchen Papier, welche das Zusammenhalten des ganzen Musters bedingen. Größere Muster sollen ohne Halter überhaupt nicht geschnitten werden, da sie sonst die Haltbarkeit einbüßen; auch sollen die Halter nicht zu schwach sein, sondern mit zunehmender Größe der Schablone ebenfalls größer und dicker werden. Sind die Halter geschickt vertheilt, so braucht man damit nicht zu sehr zu sparen. Der Halter ist es, der den Schablonencharakter auffallend markirt. Wenn auch der Wunsch leicht zu begreifen ist, Schablonen ganz ohne Halter herzustellen, so weiß man doch, daß er nicht ausführbar ist.

Es ist auch gar nicht nöthig, die Schablone soll als
Schablone aussehen und sich nicht mit dem Anscheine einer
Handmalerei brüsten. Man braucht mit den Haltern nicht
zu sparen, deren übermäßige Anwendung ist aber nicht zu
empfehlen. Man lasse die Halter an den wichtigen Stellen,
wo sie ihren Zweck auch vollständig erfüllen können, stehen;
große Flächen überspanne man kreuzweise mit Haltern und
hüte sich vor allen gerundeten Haltern, die etwa als Zierde
gelten sollen, denn solche Zierereien schaden mehr als sie
nützen.

Eine Schablone richtig fertigen zu können, verlangt
nicht nur zeichnerische Kenntnisse, sondern auch technische
Uebung und vor allem die praktischen Erfahrungen eines
geübten Schablonirers. Der kunstgewerblich gebildete Muster=
zeichner, der auf dem Reißbrett den Entwurf herstellt, ver=
mag auf diesem beschränkten Rahmen die Wirkung in der
Ausführung nicht zu beurtheilen, zudem besitzt er nicht die
nöthige Praxis, die meist untergeordneten Personen, die
zum Schneiden verwendet werden ebenfalls nicht, und dieser
Umstand dürfte die Veranlassung der technischen Mängel
vieler fabriksmäßig hergestellter Schablonen sein.

Die von so vielen Seiten angepriesene Nachahmung
von Mustern alter Gewebe hat für die Schablone etwas
Bedenkliches. Abgesehen davon, daß viele Muster gar nicht
des Copirens werth sind, ist ein gewebtes Muster doch etwas
anderes als ein schablonirtes, ebenso wie die mittelst Model
und Zeug gedruckten Muster wieder etwas anderes sind.
Bei der Tapete ist die Imitation ausführbar, bei der
Schablone jedoch, die eine vollständig andere Technik be=
deutet, ist sie nicht angebracht. Eine Form, die in Stoff
oder Tapete ausgeführt, vollendet wirkt, wird bei der Schablone
weil durch Halter zerrissen, unklar und unverständlich. Die
Schablonentechnik verlangt eine ganz andere, ihrem Styl
entsprechende Zeichnung und daran fehlt es noch. Vielleicht
wäre die scharfeckige Manier der Canevasstickerei mit den
gleichlaufenden verticalen und horizontalen Haltern das
Richtige. Wie oben bemerkt bedient man sich zum Schneiden

der Schablonen eines Messers und schneidet aus freier Hand.

Man kann den Formen folgen, so wie sie sich geben und formvollendete Muster erzielen. Dabei vermeidet man die lästigen Ränder der Rückseite, welche die Arbeit verunreinigen. In den Ateliers sitzen beständig mehrere geschulte Arbeiter, die, je nach Papierstärke, mit einem Male zwei bis drei Stück eines Musters schneiden. Mit der Spitze eines Messers schneidet man nicht, weil man dies nicht kann, sondern mit der scharf geschliffenen Abrundung der Messerschneide, die möglichst nahe hinter der Spitze beginnt.

Als Unterlage für das Papier bedient man sich gewöhnlich einer Glastafel. Sie ist am besten geeignet, doch muß sie ausgewechselt werden, wenn sie rauh und voll Kratzer geworden, da sonst die Messer zu schnell stumpf werden. Stein und Marmor sind zu weich und werden schneller rauh als Glas. Holz von Linde und Pappel wäre gut geeignet, doch schneidet ein starker Druck mit dem Messer Furchen und dadurch entstehen auf der Rückseite der Schablone ebenfalls Furchen. Starke graue Pappe verhält sich ebenso wie die genannten Holzarten. Löcher, besonders kleinere, werden wohl selten noch geschnitten; man benützt dazu Locheisen von verschiedener Größe oder auch halbrunde die man zweimal ansetzt. Bei dem Ausschlagen der Löcher mit dem Eisen benützt man eine Bleiplatte oder ein Stück Hirnholz als Unterlage und führt den Schlag nicht stärker als nothwendig ist.

Für das Schneiden größerer Partien, z. B. Fußbodenmuster, ist auch ein scharfer Schusterkneip sehr praktisch), doch erfordert dessen Handhabung einige Uebung. Die sogenannten Schablonenschneidmaschinen, die den Druck, den die das Messer führende Hand anzuwenden hat, auf einen geeigneten Mechanismus übertragen, haben sich in der Praxis nicht bewährt. Verschiedene Versuche, die Schablonen in Masse herzustellen, wurden schon unternommen, doch meist mit negativem Erfolg. So versuchte man etwa

20 Papierbogen zu einem festen Block zu vereinigen, das auszuschneidende Muster mit einem Klebemittel auf das oberste Blatt aufzukleben und mit der Laubsäge nun zu schneiden; die einzelnen Papierbogen konnten aber nicht so stark gepreßt werden, daß sie nicht bei den Bewegungen der Laubsäge nachgegeben hätten und die erhaltenen Schnitte unsauber und ausgefranzt waren. Ebenso ging es mit einem Versuche halterlose Schablonen auf Canevas zu kleben und damit zu arbeiten; das Canevasgewebe war aber zu dick und zu eng, um die Farbe mit der wünschenswerthen Klarheit durchzulassen.

Das noch am besten bewährte Verfahren, gleichzeitig mehrere Schablonen mit einem Male herzustellen, beruht auf dem Durchschlagen mit passenden Eisen. Fünf bis sechs, unter Umständen noch mehr Bogen Papier werden mittelst Drahtstiften auf einem Hirnholzblocke angeheftet, auf den oberen Bogen ist das Muster schablonirt, die passenden Eisen werden für jede Form gewählt, senkrecht angesetzt und mit einem hölzernen Schlägel ein bestimmter Schlag mit genügender Stärke darauf ausgeführt, der sämmtliche Papierbogen durchschlagen muß. Es kommt sehr viel auf die Uebung an, besonders auf den scharfen Schlag, der genügend sein muß, um das Papier zu durchdringen und doch möglichst wenig sich auf dem unterliegenden Holz bemerkbar macht. Ist der Schlag stärker, so daß das Eisen ins Holz eindringt, so bekommen die Schablonen Schlagränder auf der Rückseite, wie sie bei gelochten Mustern vielfach zu beobachten sind. Scharf geschliffene Eisen sind unbedingt erforderlich und Eisen an deren Schneiden Splitter ausgesprengt sind, können nicht mehr verwendet werden.

Die ausgeschnittenen oder ausgeschlagenen Schablonen müssen nun, damit sie beim Schabloniren mit Wasserfarbe nicht erweichen, noch wasserdicht präparirt werden. Dies geschieht, indem man sie mit Leinöl tränkt und dann 2—3 mal mit Delfarbe anstreicht. Man behauptet zwar, durch das Delen werde die Papierfaser nach längerer Zeit brüchig, da aber die Mode in den Schablonen stark wechselt, so hat dies

nicht viel zu sagen. Durch Paraffiniren der Schablonen ver=
meidet man übrigens das Brüchigwerden. Paraffin, wie es
im Handel vorkommt, wird in Benzin aufgelöst, natürlich
unter Anwendung der nöthigen Vorsicht gegen Feuer, welche
Benzin erfordert. Die erste Lösung muß so dünn sein, daß
sie, wenn sie erkaltet, noch flüssig bleibt, ohne daß sich auf
der Oberfläche Paraffinpartikelchen ansetzen. Die Lösung
wird in ein Standgefäß gebracht von der Größe, daß man
bequem eine Schablone senkrecht eintauchen kann. Die ein=
getauchte Schablone wird, wenn sie sich vollgesogen, heraus=
genommen und abtropfen gelassen. Bei diesem Processe
wendet man sie ein paar mal um und hängt sie dann zum
Trocknen möglichst ins Freie. Zum zweiten Eintauchen macht
man die Paraffinlösung stärker, so daß ein erkaltetes
Tröpfchen gallertartig ist. Damit die Lösung nicht erstarrt,
stellt man das Gefäß in ein anderes mit heißem Firniß.
Die inzwischen trocken gewordene Schablone wird nun in
diese stärkere Lösung getaucht und mehrmals das Tauchen
wiederholt.

Die sogenannte böhmische Stürzschablone wird wie
folgt hergestellt: Auf das Schablonenpapier wird mittelst
Pause eine symmetrische Zeichnung aufgetragen und nun mit
Bleistift einzelne Theile der Zeichnung der einen Hälfte
nachgezogen und auf der anderen Seite die anderen Theile.
Man macht die Theile nur so groß, daß kein Halter nöthig
ist, denn eben dadurch, daß man diese Schablone erst mit
der Vorderseite und dann mit der Rückseite übereinander
schablonirt, deckt sich die Zeichnung voll.

Eine andere Schablone besteht ebenfalls aus zwei
Theilen und zwar aus dem der das Muster trägt und dem
der Ergänzung, worauf nur die Halter, und zwar über=
greifend, eingeschnitten sind. Sie werden beide gleich an=
jetzt und mit derselben Farbe schablonirt.

Metallpapiere.

Unter Metallpapieren versteht man jene Papiersorten, deren Oberflächen ganz mit Metall überzogen sind; man unterscheidet dabei solche mit aufgelegtem Blattmetall, solche mit aufgestrichenem Bronzepulver und endlich solche, die mit einem galvanisch niedergeschlagenen Metall überzogen sind. Zu der ersteren Galtung gehört das echte und unechte Gold- und Silberpapier, je nachdem man zu seiner Anfertigung echtes Blattgold und Blattsilber oder unechte Blattmetalle benützt. Zu ihrer Herstellung überzieht man das Papier bogenweise zunächst mit einem Grunde, welcher bei Gold aus einer Mischung von Ocker oder Bolus, auch Umbra oder Zinnober, bei Silber aus Zinkweiß, mit einer Leimlösung besteht und den Zweck hat, eine vollkommen glatte Fläche zu bilden, um den hohen Glanz der Metalle zu ermöglichen.

Diesen Ueberzug (Poliment) reibt man nach dem Abtrocknen mit Schachtelhalm oder glättet ihn im Glanzcalander, bestreicht ihn zum Zwecke des Belegens mit dünnem Leimwasser, dem ein wenig Glycerin zugesetzt ist und bedeckt ihn nach und nach mit Metallblättern unter Beobachtung des Umstandes, daß sich diese genau aneinanderlegen.

Die gestrichenen Metallpapiere werden wie die schlichten Buntpapiere in der Weise hergestellt, daß man statt der Farbe Bronzepulver mit Leim zusammenreibt und aufträgt.

Nach Poppenburg stellt man Metallpapier wie folgt her:

Man bereitet ein Bad aus 5 Gr. Silber (oder sonstigen Edelmetallen), 15 Gr. Cyankalium und 5 Gr. doppeltkohlensaurem Kali auf einen Liter Wasser. Zu diesem Bad gießt man soviel Salzsäure, daß keine Trübung entsteht. Darauf überzieht man eine blanke Metallplatte mit Fett oder Oel und taucht sie in das auf etwa 60 Grad C. erwärmte Bad, wobei sich auf der Platte ein dünner Ueberzug von Silber oder einem anderen Edelmetall bildet. Nach dem Abtrocknen der Platte wird Papier auf das Metallstück geklebt, warauf man beide zusammen ablöst, was in Folge des Fettüberzuges leicht möglich ist.

Nach Brandt und Nawrocki.

Zuerst wird eine äußerst dünne Metallschichte chemisch oder galvanisch auf einer glatten, geeignet isolirten Metallplatte niedergeschlagen, hierauf das gebildete Metallhäutchen mit der Unterlagsplatte getrocknet, sodann die freie Fläche des Metallhäutchens mit Bindemittel versehen und schließlich auf das noch auf der Unterlagsplatte befindliche Metallhäutchen angefeuchtetes Papier breit aufgelegt und durch Walzproceß, beziehungsweise Druck so innig mit dem Metallhäutchen vereinigt, daß das gebildete Metallpapier von der Unterlage abgehoben werden kann, ohne zu zerreißen.

An Stelle eines Metallhäutchens können auch zwei oder mehr übereinanderliegende ein Ganzes bildende Metallhäutchen von verschiedenen Metallen erzeugt werden, bevor die Vereinigung des Metallhäutchens, beziehungsweise der Metallhäutchen mit dem Papier stattfindet. Auch kann man statt das Bindemittel erst auf die Metallhäutchen aufzulegen und dann das Papier darüber zu legen, mit dem Bindemittel versehenes Papier und dergleichen direct auf das trockene Metallhäutchen bringen.

Auch kann auf hochpolirten Metallflächen ein dünner galvanischer Nickel=, Silber=, Kupferniederschlag erzeugt werden, den man abzieht und auf Papier aufleimt.

Durch entsprechende Lackirung können weitere Farben erzielt werden. Das Metallpapier hat alle Eigenschaften des Gold= oder Silberpapieres, aber in erhöhtem Maße. Besonders ist das Metall von genügender Festigkeit und behält dabei eine große Weichheit.

Ein anderes Verfahren ist folgendes:

Man erzeugt auf einer hochpolirten Metallplatte nach irgend einem photographischen Verfahren ein Bild in der Weise, daß der Grund aus dem blanken Metall besteht, während die Zeichnung von einem gegen Säuren festen und den elektrischen Strom nicht leitenden Ueberzug gebildet wird oder umgekehrt. Sodann macht man durch Aetzen die blanken Metalltheile matt, worauf man die auf photographischem Wege erzeugte Schutzschichte entfernt. Die mit der letzteren überzogenen Stellen erscheinen dann glänzend. Hierauf überzieht man die Platte mit einer dünnen Oxydschichte, indem man die Platte in ein oxydirendes Bad legt, dessen Zusammensetzung vom Metall abhängt, mit welchem die Platte, beziehungsweise das Papier nachher überzogen werden soll. Für S i l b e r beispielsweise wird ein Bad aus

1000 Gewichtstheilen Wasser,
   1 Gewichtstheil Kaliumbichromat,
   2 Gewichtstheilen Aetzkali und
   2   »   Magnesiumsulfat

benützt. Nach dieser Behandlung bringt man die Platte in ein elektrisches Bad, in welchem auf die so vorbereitete Platte eine äußerst dünne Schicht des Metalles, mit welchem das Papier überzogen werden soll, niedergeschlagen wird. Auf diesen äußern Ueberzug wird nun das Papier mit Kleister aufgeklebt. Sodann zieht man ihn sammt dem darauf geklebten Papier von der Stelle ab. Der elektrolytische Ueberzug haftet sehr fest auf dem Papier und zeigt das Muster der Platte.

Schmelzmetallpapier.

Unter dieser sonderbaren Bezeichnung (molten metallic Paper) ist in Amerika ein Papier auf den Markt gekommen, welches in ähnlicher Weise wie marmorirtes Papier hergestellt wird. Anstatt Wasserfarbe wurden Oelfarben benützt, d. h. Oelfarben, wie solche zum Malen und Anstreichen verwendet werden. Diese werden mit Terpentinspiritus verdünnt, bis sie die Consistenz gemischter, zum Bemalen von Holz= werk gebräuchlicher Farben haben. Beim Auftragen dieser Farben benützt man eine Wanne aus Zinkblech oder anderem Stoff, von solcher Größe, daß das zu färbende Papier ganz darin Platz findet. Die Wanne wird beinahe mit Wasser gefüllt und eine geringe Menge Terpentinspiritus in Tropfen darauf gespritzt, bis sich eine dünne Haut auf dem Wasser bildet. Die dünne Oelfarbe, mit der man das Papier färben will, wird dann auf die Terpentinschicht gesprengt und ver= theilt sich darauf. Man giebt nur so viel Farbe, wie man auf das Papier bringen will. Ein kräftiger Bogen weißen Papieres wird dann sorgfältig auf die Farbe in der Wanne gelegt, wie beim Marmoriren. Die Farbe bleibt daran haften, wenn man es entfernt, und dann hat man das Papier nur zum Trocknen aufzuhängen. Will man Bronze= farbe in dem Bild haben, so kann man dieselben auf die Oelfarbe in die Wanne geben oder mit derselben vorher mischen. Soll das Papier einfach gefärbt sein, so wird es getrocknet, wie es von der Wanne kommt; soll es aber Reliefs erhalten, so müssen diese in feuchtem Zustande ein= gepreßt werden. Ist die Farbe in der Wanne durch das Auflegen eines Papierbogens erschöpft, so muß sie von neuem aufgetragen werden, nachdem vorher die Terpentinhaut erneuert wurde.

Gefärbtes und bronzirtes Papier dieser Art soll eine eigenthümliche wolkige Oelfarbenfläche zeigen und äußerst glänzend aussehen, wenn es noch gefirnißt wird. Rauhes Whatman=Zeichenpapier ist dazu mit Erfolg benützt worden, jedoch kann man auch jedes andere Papier dazu nehmen.

Medicinische Papiere.

Aseptisches und antiseptisches Papier.

Man stellt zuerst ein aseptisches Papier her und ver=
wendet dazu einen aus reiner Leinenfaser, gemischt mit
25 Procent Baumwolle, bestehenden Papierstoff. Der Stoff
wird mit alkalischen Lösungen, Alkohol u. dgl. gereinigt
und dann einer 100 Grad C. übersteigenden Temperatur
ausgesetzt. Das Papier wird dann wie üblich hergestellt und
geschieht das Pressen mittelst Metallwalzen, ebenfalls bei
einer 100 Grad C. übersteigenden Temperatur. Das fertige
Papier wird dann wiederholt einer Temperatur von
120 Grad C. ausgesetzt, wodurch dasselbe vollständig
aseptisch werden soll.

Aus diesem aseptischen Papier wird antiseptisches
Papier erzeugt, indem man dasselbe zunächst in Glycerin,
Vaseline, Alkohol, Aether oder Chloroformlösung aufweicht.
Alsdann taucht man dasselbe in eine Lösung von reinem
Jodoform in Aether, um es mit Jodoform zu imprägniren.
Der Procentsatz des Jodoforms kann zwischen 5, 6 und
30 Procent schwanken.

Anstatt mit Jodoform zu imprägniren, kann man das=
selbe auch mit einer Lösung von Carbolsäure oder Sublimat
(einprocentig) behandeln. Das Lösungsmittel ist hier Alkohol
oder destillirtes Wasser. In dieser Weise hergestelltes Papier
eignet sich auch zum Verbinden von Wunden und soll die
Stelle von Verbandgaze, Verbandwolle mit derartigen
Stoffen vertreten können.

Firnißpapier.

Die beste Vorschrift für Firnißpapier ist:
100 Theile Leinöl mit
$^1/_3$ Theil kohlensaurem Manganoxyd fein

verrieben, werden etwa $1/2$ Stunde auf freiem Feuer unter beständigem Umrühren auf 200 Grad C. erhitzt, der Firniß absitzen gelassen, was nur langsam vor sich geht; man filtrirt durch ein doppeltes Papierfilter und erhält ein Product, welches in 8 Stunden trocknet.

Das Bestreichen des Papieres mit dem Firniß geschieht mittelst eines Schwammes oder einer Bürste auf einer erwärmten Platte wie beim Wachspapier. Nachdem das Papier mit dem Firniß gestrichen ist, wird es sofort auf parallel laufenden Schnüren in einem trockenen Raume aufgehängt und bei gewöhnlicher Temperatur getrocknet: das Papier kann mit kleinen Holzklammern an den Schnüren befestigt werden. Man betrachtet es als trocken, wenn es an den Fingern kaum oder gar nicht mehr anhaftet. Frisch gestrichen scheint das Papier weiß und ist glänzend wie Atlas, nimmt aber schon nach einigen Tagen einen gelben und so fortschreitend bei längerem Liegen einen röthlich= braunen Ton an, seinen Glanz behaltend; es muß vollkommen wasserdicht und in einem gewissen Grade auch luftdicht sein; es ist ferner transparent und geschmeidig. Man bewahre es vorsichtig in trockenen, unbewohnten Räumen auf.

Gichtpapiere.

a) Gelbes Gichtpapier.

16 Theile Fichtenharz und

5 » gelbes Wachs werden bei gelinder Wärme geschmolzen und der Masse unter beständigem Umrühren

$1\frac{1}{2}$ Theile Cantharidentinctur und

1 Theil Euphorbiumtinctur zugesetzt. Wenn der Spiritus der Tincturen verdunstet ist, gießt man die Masse zum Erkalten aus. Mit dem erhaltenen Pflaster bestreicht man dünnes Papier, das man behufs gleichmäßiger Vertheilung auf erwärmte eiserne Platten legt.

Andés. Papier=Specialitäten.   9

b) Braunes Gichtpapier.

Bestandtheile und Bereitung wie vorstehend, nur wird das Fichtenharz durch Schiffspech zur Hälfte ersetzt oder man bestreicht das Papier mit einer Masse aus

    6 Theilen schwarzem Pech,
    6   »   Terpentin,
    4   »   gelbem Wachs,
  10   »   Colophonium, durch Zusammen=
schmelzen und Coliren durch Flanell erhalten.

Chromleimpapier (Verbandstoff).

Dieses auch Christia (nach dem Erfinder Christy in London) genannte neue Material soll einen Ersatz für Kautschuk= und Guttaperchapapier bilden.

Zu seiner Herstellung läßt man 300 Gr. Gelatine (Leim) in 2000 Gr. Wasser aufquellen, bringt die Gelatine durch Erhitzen zum Lösen und setzt der noch heißen Masse 300 Gr. Glycerin von 30 Grad Bé. und schließlich 30 Gr. Kaliumbichromat, fein zerrieben, zu. Mit dieser Masse be= streicht man dünnes imitirtes Pergamentpapier 40—45 Gr. pro Quadratmeter auf einer, und nachdem dieser Strich getrocknet ist, auf der anderen Seite und belichtet dann das Papier. Die anfänglich gelbliche Farbe geht dadurch in ein schmutziges Grün über.

Papier chimique anti-asthmatique

von Ricou in Paris besteht aus 100 Stück Achtelbogen weißen, groben Druckpapieres, welches mit Salpeter ge= tränkt ist, und welchem Kalkerde, Alaun, Gyps, ferner eine Spur eines spirituösen Auszuges der Lobelia anhängen.

Papier dit chimique

ist ein 40 Cm. langes und 30 Cm. breites Stück sehr feinen Seidenpapieres, durch Bestreichen mit geschmolzenem, kampherfreiem Mutterpflaster getränkt.

Papier épispastique,

blasenziehendes Papier, besteht aus einem Papier, welches mit einem flüssiggemachten Gemenge von

1 Theil   Schiffspech,
1 »   Schweineschmalz,
4 Theilen weißem Pech,
4 »   gelbem Wachs und
6 »   feinem Cantharidenpulver getränkt,

beziehungsweise gestrichen ist.

Papier de Winsly

ist ein dem obengenannten ähnliches Erzeugniß.

Ostindisches Pflanzenpapier zum Bekleben leichter Hautwunden.

1 Theil   Hausenblase wird in
4 Theilen destillirtem Wasser und
3 »   rectificirtem Alkohol gelöst. Mit

dieser Lösung bestreicht man mehrere Male ausgespanntes Papier. Die Rückseite überzieht man zuletzt mit Collodium lentescens (aus 100 Theilen Collodium und 1 Theil Glycerin). Dieser Collodiumüberzug verhindert das Ab= lösen des auf die Haut geklebten Pflasters durch Feuchtigkeit.

Senfpapier.

1. Man schneidet gewöhnliches leichtes Schreibpapier in Blätter von 10×6 Cm., befeuchtet sie gleichmäßig mit Senföl und verpackt sie entweder in paraffinirtes Papier oder in Zinnfolie. Das Verpacken muß sogleich geschehen, damit das Oel nicht verflüchtigt. Ein Blatt dieses Papieres auf die Haut gelegt und mit einem Tuche bedeckt, wirkt wie die Senfpflaster.

2. Vollkommen durch Benzin in geeigneten Extractions= apparaten entöltes Senfmehl wird auf nicht geleimtes Papier auf folgende Art aufgetragen:

Das Pulver wird mit einer Kautschuklösung aus

500 Theilen Kautschuk,
100 » Colophonium,
100 » Dammarlack,
1500 » Benzin zusammengemischt, mit

der Hand oder mittelst passender Maschinen auf ein starkes Papier gleichmäßig in nicht zu dicker Schichte auf= gestrichen. Oder es wird die Lösung allein aufgestrichen und das Senfmehl dann aufgesiebt und trocknen gelassen.

Hygienische Taschentücher aus Papier.

(Patent J. Krum in Göppingen.)

Die Erfindung bezweckt, den Gefahren der Ueber= tragung von Krankheitskeimen durch Taschentücher bei allen jenen ansteckenden Krankheiten, bei welchen der Ansteckungs= stoff durch Einathmen übertragen wird, dadurch vorzubeugen, daß an Stelle aus Gewebe hergestellter Taschentücher solche verwendet werden, welche man sofort nach dem Gebrauch zerstört, verbrennt oder sonst wie unschädlich macht. Diese Taschentücher müssen so dicht hergestellt sein, daß der Aus= wurf nicht durchdringen kann. Zu diesem Zwecke werden die Taschentücher aus dünnem, der Geschmeidigkeit und Widerstandsfähigkeit halber mit Glycerin getränktem Papier angefertigt, dem eine Unterlage, am besten aus leichtem Verbandstoff bestehend, gegeben wird. Die Herstellung kann entweder direct auf der Papiermaschine erfolgen, indem Papier und Gewebe gemeinsam in einer Bahn durch ein mit Glycerin behandeltes Papier auf das Gewebe oder das letztere auf das Papier geleimt oder gepreßt werden. Nachträglich wird das Papier in quadratische Stücke von 15—18 Cm. Größe geschnitten und womöglich an feuchten Orten aufbewahrt, damit es seine Weichheit und Geschmeidigkeit behält.

Verbandpappe.

Zunächst wird Pappe durch Klopfen mit Holzhämmern, bei steifer Pappe durch Auslaugen mit Alkalien geschmeidig und weich gemacht. Wenn dieses letztere Verfahren nöthig wird, muß die Pappe wieder scharf getrocknet werden, überhaupt muß jede Sorte Pappe, die man zu Verbandzwecken benützen will, sehr gut getrocknet werden, da fast alle Sorten noch sehr viel Wasser enthalten, ohne daß beim Anfühlen und dergleichen etwas bemerkt werden könnte. Die nunmehr auf genannte Weise verarbeitete, geschmeidig gemachte Pappe wird in einer alkoholischen Lösung von

100 Gewichtstheilen Schellack,
100   „   Geigenharz,
100   „   Terpentin= oder Fichten=
harz, oder auch mit anderen Harzen, wie Elemi u. s. w. getränkt. Die Anwendung verschiedener Harze bedingt der Wunsch, eine mehr oder weniger steife Pappe nach dem Erstarren zu haben. Die Tränkung muß aber, um bei den verschieden dicken Sorten eine gleichmäßige zu werden, unter einem gewissen Drucke geschehen, umsomehr, als diese überhaupt wegen der blätterigen Beschaffenheit des Materials

nicht leicht vor sich geht. Nachdem die Tränkung eine voll=
ständige ist, werden die Pappen in einen Trockenapparat
mit Destillationsvorrichtung gebracht, damit der verwendete
Alkohol möglichst zurückgewonnen wird. Die trockene Pappe
wird alsdann herausgenommen, mittelst Dampf erweicht
und zwischen erwärmten Zinkblechen durch die Satinir=
presse (Walze) gezogen, worauf die ordinäre Verbands=
pappe fertig ist. Feinere Sorten werden dann mit einem
Guttaperchaüberzug (Chloroformlösung) und einem alkoho=
lischen Copalfirniß oder mit einem gewöhnlichen Firniß=
überzug versehen.

Die so hergestellte Pappe dient zu erhärtenden Ver=
bänden für Zwecke der Chirurgie, für Schenkel=, Arm= und
Beinbrüche. Dieselbe wird vor dem Anlegen eines Ver=
bandes kurze Zeit in warmes Wasser getaucht, wodurch sie
weich und geschmeidig wird und nach kurzer Zeit wieder
erstarrt.

Jodpapier.

Dieses Papier wird auf folgende Weise hergestellt:

Man tränkt ungeleimtes Papier mit Jodkaliumlösung,
ein anderes mit einer Lösung von Weinsäure und jod=
saurem Kalium. Zwischen beide kommt ein drittes dünnes
Papierblatt und das Ganze wird in Guttaperchapapier ein=
geschlossen. Beim Befeuchten des Papieres mit Wasser tritt
freies Jod auf, indem die Weinsäure aus dem Jodkalium
Jodwasserstoffsäure in Freiheit setzt und diese sich dann
in Jodsäure umbildet. Ein Blatt von 16×11 Cm.
läßt 0·5 Gr. Jod entstehen, also dreimal so viel, als man
mit Hilfe von Jodtinctur auf die gleiche Fläche bringen
kann. Die Jodentwicklung dauert bis 45 Minuten.

Papier=Gautier, Papier à Jode naissant.

Dieses Papier, dem vorigen in seiner Wirkung gleich,
besteht aus drei farblosen Stücken Filtrirpapier, die zwischen
Guttaperchapapier verpackt sind und von denen das oberste

mit einer Gebrauchsanweisung versehen ist. Durch Be=
feuchten dieser drei Bogen mit Wasser wird das Ganze
nach wenigen Augenblicken braun bis schwarz und der
Geruch von Jod tritt stark hervor. Das Papier wird mit
der nicht bedruckten Seite auf die Haut gelegt, mit dem
beigefügten Stück Guttaperchapapier bedeckt, stark angedrückt
und schließlich mit einer Lage Watte zugebunden. Die
Untersuchung der verschiedenen Lagen ergab, daß die obere
aber bedruckte ausschließlich aus reinem Filtrirpapier bestand,
das zusammen mit dem Guttaperchapapier bezweckte die
anderen Lagen gegen den Einfluß von Feuchtigkeit und
andere, eventuell Zersetzung verursachende Einflüsse der
Atmosphäre zu schützen. Die mittelste Lage enthält eine
Mischung von Jodkalium und jodsaurem Kali, während die
stark sauer reagirende unterste Lage saures Kaliumsulfat
enthält. Zur Bereitung eines Blattes von Gautier's Papier
sind nöthig:

340 Mgr. Kaliumsulfat und
340 » Jodkalium mit
85 » Kaliumjodat. Nach vollständiger
Umsetzung werden hieraus 318 Mgr. freies Jod entwickelt
Die Bereitung des Papieres ist übrigens einfach. Die für
die beiden Stücke Filtrirpapier benöthigte Menge der Salze
wird je in so viel Wasser aufgelöst, als genügend ist, um
die Lösung unter schwachem Druck gleichmäßig in dem ein
paar Mal doppelt gefalteten Papier zu vertheilen. Jedoch
muß auf einige Besonderheiten geachtet werden. So darf
die Temperatur, bei der das getränkte Papier getrocknet
wird, nicht zu hoch sein, da es sonst zu spröde wird und
leicht zerbröckelt. Bei einem zu hohen Gehalt an saurem
Sulfat, z. B. 0·5 Gr. pro Blatt, hat man zu befürchten,
daß selbst bei schwacher Erwärmung das Papier in Folge
Verkohlung schwarz wird. Durch vorsichtiges Trocknen bei
nicht so hohem Salzgehalt bleibt das Filtrirpapier vollkommen
intact. Das Kaliumjodat wird mit dem Jodkalium bei niederer
Temperatur in einem dunklen Raum, wo weder Kohlen=
säure noch andere flüchtige Säuren eindringen können, dem

Papier einverleibt, dann bleibt es farblos. Lange jedoch kann das Papier auch in trockenem Zustande nicht ohne Zersetzung bleiben, was sich durch Auftreten einer erst gelben und dann braunen Färbung in Folge frei gewordenem Jod bemerkbar macht. Es wäre daher angezeigt, der zur Lösung der Jodsalze benöthigten Menge Wasser einen geringen Zusatz von Natriumsulfat beizumischen. Am einfachsten wäre die Hinzufügung einiger Tropfen $1/_{10}$ Normalhyposulfitlösung. Eine eventuelle geringe Zersetzung wird dadurch unsichtbar und bei dem Gebrauch des Papieres kann solches höchstens einen Verlust von wenigen Milligramm Jod zur Folge haben. Die auf diese Weise präparirten trockenen und farblosen Stücke Filtrirpapier werden sodann mit einem oder dem anderen, in Wasser unlöslichen Klebemittel an einzelnen, möglichst kleinen Stellen aneinander befestigt, mit einem gleich großen Stück Filtrirpapier bedeckt und das Ganze, gut trocken, zwischen Guttaperchapapier in einem gut geklebten Couvert abgeliefert.

Marmorpapier.

Zur Bildung des nach bestimmten Mustern anzuordnenden Farbengemisches ist erforderlich, die betreffenden Farben in Tropfenform und einer gewissen Reihenfolge so auf den Grund zu werfen, daß ein gehöriges Treiben den erwünschten Erfolg herbeiführt. Was hierbei zunächst die Reihenfolge der Farben anbetrifft, so gilt, im Einklange mit dem Ansetzen, der Grundsatz, jede nachfolgende Farbe mit größerer Treibkraft auszustatten, damit sie im Stande ist, die vorher aufgebrachten Tropfen zusammenzutreiben und somit satter im Ton zu machen. Daraus folgt zugleich, daß in der Reihenfolge stets die leichteren, sowie helleren

Farben voranzugehen haben, weil sie zum Schwimmen am wenigsten Treibmittel nothwendig machen, und daß man bei gleich leichten und hellen Farben durch den Zusatz von Treibmitteln künstlich einen Unterschied erzeugt. Ferner ergiebt sich hieraus die Möglichkeit, durch passende Vertheilung in der Stärke der Treibmittel einzelne Farbtupfen so zusammenzudrängen, daß sie nur noch als Streifen erscheinen, welche vielfältig gewunden, die wahren Adern ausmachen, im Gegensatze zu den falschen oder lichten, die von ungedeckten Flächen des Grundes herrühren.

Da an einem in eine Flüssigkeit getauchten Stäbchen beim Herausziehen Tropfen hängen bleiben, deren Größe unter gleichen Umständen abhängt von der Tiefe des Eintauchens und der Dicke des Stäbchens, indem sich an dünnen Stäbchen nur kleine, an dickeren hingegen größere Tropfen anhängen, so ist zum Aufbringen der Farbetropfen auf dem Grunde nichts geeigneter, als ein Bündel von Stäbchen, welche je nach Größe der gewünschten Tropfen ausgewählt werden. Am zweckmäßigsten fertigt man solche Bündel aus feinen oder groben Borsten oder aus sonstigem Bürstenmaterial (Reisstroh, Piassava) in der Gestalt von Bürsten, Pinseln und Besen an, die außerdem, je nachdem die Borsten u. s. w. dicht oder weit eingesetzt sind, in Bezug auf die Tropfenbildung noch verschiedene Wirkungen hervorbringen.

Zum Gebrauche taucht man diese Besen in die gehörig umgerührte Farbe, schlägt sie über dem Papier gegen einen festen Gegenstand, oft nur gegen die Hand, gewöhnlich gegen einen in der Hand gehaltenen Stab, wodurch die aufgenommene Farbe in Tropfen aufgesprengt wird (daher auch der Name »gesprengtes Buntpapier«). Weil bei dem Aufsprengen die Gewalt und die Richtung, in welcher die Tropfen auffallen, die Gestaltung und die Höhe, aus welcher sie kommen, den Abstand zwischen denselben beeinflussen und bestimmen, so hat der Marmorirer in der richtigen Ausnützung und Beobachtung dieser Umstände neben der Farbenauswahl ausgiebige Mittel in der Hand, die große

Mannigfaltigkeit zu erzielen, welche die Marmorpapiere aus=
zeichnen. Die Bewegbarkeit der Tropfen auf dem Grunde,
in Verbindung mit einer verhältnißmäßig großen Zähigkeit
derselben, läßt noch bedeutend weitergehende Verschiebungen
und Formveränderungen durch mechanische Eingriffe zu,
deren ganzes Wesen in der Erscheinung besteht, daß die
Farbtropfen einem durch den Teppich hinziehenden Stäbchen
folgen und in der Weise nachschleppen, daß sie die Tupfen
in Streifen verwandeln. Zieht man daher mit einem oder
einer Anzahl von Stäbchen, welche kammartig an einem
Rücken befestigt sind (Kamm) durch den aufgesprengten
Marmor von einer Seite des Marmorirkastens zur anderen
hin und her, so verwandelt sich der Marmor in lauter
Farbstreifen, deren Verlauf mit der Richtung der Kamm=
bewegung zusammenfällt, also sowohl geradlinig als krumm,
wellenförmig u. s. w. sein kann. Wiederholt man darauf
mit demselben Werkzeuge eine Bewegung rechtwinkelig zu
den gebildeten Streifen, so werden diese durchfurcht, indem
die Kammzähne die einzelnen Farbstreifen fassen, spitz aus=
ziehen und zwischen sich mondsichelartige Figuren (Lunetten)
zurücklassen, welche im Zusammenhange als Federn den
Grundcharakter des bekannten Kammmarmors ausmachen.
Die Größe der Lunetten, d. h. ihre Breite sowohl, als die
Länge der Sichelspitzen (Federn) hängt ab von dem Ab=
stande (Bahnbreite) und der Dicke der Kammzähne, von
der Tiefe, mit welcher sie eintauchen, von der Geschwindig=
keit, mit welcher sie gezogen werden u. s. w., so daß sich
durch die hier gebotenen Verschiedenheiten bereits ein großer
Wechsel in der Figuration erreichen läßt.

Da nun ferner die Tropfen des Naturmarmors oder
die Streifen des gezogenen Musters den Kammzähnen auch
folgen, wenn sie, an beliebiger Stelle eingesetzt, so bewegt
werden, daß sie Kreise, Ellipsen, Schneckenlinien u. s. w.
beschreiben, so bietet diese Bewegung ein weiteres Mittel
zur Erzeugung eines großen Figurenreichthums (geschweifter
Marmor), der namentlich als Bouquet=, Büschel= und
Pfauenaugenmarmor geschätzt ist. Beabsichtigt man hierbei

eine große Regelmäßigkeit in den Figuren, so werden die Farben nicht aufgesprengt, sondern vermittelst Stäbchen aufgebracht, die im gleichen Abstand von einander an einem Rahmen von der Größe des Marmorkastens sitzen und so eine Egge bilden, die in die Farben getaucht und darauf behutsam mit den aufgenommenen Farben in den Grund= spiegel gesenkt wird, auf dem die Farbtropfen sich dann zu Tupfen von großer Regelmäßigkeit ausbilden. Selbst= verständlich kann man die Farben zur Darstellung des Eggenmarmors dadurch regelmäßig vertheilen, daß man die verschiedenen Stäbchen in einer gewissen Reihenfolge in besondere Farbnäpfchen eintaucht, die z. B. nach bei= stehendem Schema aufgestellt sind, wobei in dem Schema r roth, b braun und g gelb bedeutet.

b. r. b. r. b. r.

g. r. g. r. g.

b. r. b. r. b. r.

g. r. g. r. g.

Nachdem auf eine der vorher beschriebenen Arten das Muster auf dem Spiegel des Grundes gebildet und zur Ruhe gekommen ist, wird dasselbe dadurch auf Papier über= tragen (Abheben), daß man das Letztere ohne Verletzung des Farbengebildes auf den Marmor legt und wieder ab= nimmt, nachdem sich die Farben mit dem Papier verbunden haben. Um einerseits ein vollständiges Anschmiegen des Papieres an die Farbschicht, andererseits ein sicheres An= haften des letzteren ohne Verletzung und Verschiebung der Figuren zu erreichen, ist nicht nur ein vorsichtiges Auflegen des Papieres erforderlich, sondern letzteres auch in einen geschmeidigen, die Farbe leicht fassenden Zustand zu bringen.

Um beim Auflegen keine Luft zwischen Papier und Farbe einzuschließen, darf dieses nie mit der ganzen Fläche auf einmal, sondern nur nach und nach aufgebracht werden,

entweder in der Weise, daß man den Bogen an zwei
gegenüberliegenden Ecken hochhält, dann mit der Mitte erst
auflegt und nun die Ecken gleichmäßig nachsenkt, oder indem
man den Bogen erst mit einer Ecke auflegt und darauf
die andere Ecke behutsam und derart senkt, daß der Bogen
sich vollkommen anlegt. Unmittelbar nachdem die Senkung
stattgefunden, hebt man den Bogen dadurch ab, daß man
ihn an der zumeist gesenkten Ecke faßt und allmählich, ohne
die geringste Verschiebung, abrollt. Damit sich das Papier
leicht, geschmeidig, ohne Lücken und Blasen anlegt, ist nur
nothwendig, dasselbe zu feuchten. Weil zugleich dadurch das
Anhaften der Farbe gesichert wird, so muß das Papier
auch hier durch Feuchten vorbereitet werden.

Wenn zur veränderten Erhaltung des auf dem Grunde
liegenden Marmors das Abheben (Auflegen und Abziehen)
des Papieres ohne Schwanken zu geschehen hat, so kann
man umgekehrt durch gewisse Seitenbewegungen während
der Operation des Abhebens noch weitere Farbeneffecte ge=
winnen. Insbesondere wird auf solche Weise der sogenannte
griechische, gewässerte oder Wellenmarmor hervorgebracht,
der sich durch sanft verlaufende, schräg auf dem Bogen
liegende Parallelstreifen (Wellen) von abwechselnd helleren
und dunkleren Partien kennzeichnet. Zur Erzeugung desselben
wird der Bogen, wie oben angegeben, zuerst mit einer Ecke
auf den Farbteppich gebracht und die zweite Ecke nach=
gesenkt; während dies geschieht, d. h. von dem Augenblicke
an, in dem die erste Ecke die Farbe berührt, ertheilt der
Arbeiter dieser ersten Ecke ruckweise horizontale Schwankungen,
indem sich seine Hand kurz und sanft hin und her bewegt;
zugleich wird dann der Bogen mit jeder solchen Bewegung
um ein entsprechendes Stück, also ruckweise aufgelegt. Nach
dem darauffolgenden, in einem Zuge vorgenommenen Ab=
ziehen des Bogens erscheint das Farbenbild mit den be=
zeichneten Wellen. Diese Wellen lassen sich endlich kräuseln,
indem man während des Abhebens dem Marmorirkasten
eine Erschütterung ertheilt oder das Papier durch sogenannte
Kniffung, d. h. Bildung von Falten einmal von einer

Seite zur anderen und dann rechtwinkelig dazu vorbereitet. Wird endlich das Papier, wie früher bei der Bildung von Wellen, ruckweise gesenkt und dabei, aber ohne Schwankungen, jedesmal um 1—3 Cm. parallel einer Seite und dem gehobenen Ende zu vorgeschoben, so erhält man den Schleppmarmor mit länglich gezogenen Tupfen.

Vorrichtung zum Marmoriren von Papier.

Die Maschine zur Herstellung von Marmorpapier verrichtet alle dem Zweck dienlichen Arbeiten, welche bisher von der Hand ausgeführt wurden. Zu einer solchen Maschine gehört zunächst ein Behälter für die farbetragende Flüssigkeit, zweckmäßig eine Gummilösung, dann eine Vorrichtung zur Vertheilung der Farbe an der Oberfläche der Flüssigkeit, sowie eine Vorrichtung zur Zuführung der Bogen, welche der Reihe nach auf die farbige Flüssigkeit aufgelegt werden; ferner kann die Maschine auch noch eine Vorrichtung zum Abnehmen der Bogen enthalten.

In der Zeichnung sind Fig. 11—13 schaubildliche Ansichten; Fig. 11 zeigt den mittleren, Fig. 12 den hinteren und Fig. 13 den vorderen Theil derselben. Fig. 14 ist ein senkrechter Durchschnitt durch den Farbebehälter. Fig. 15—19 sind Längsschnitte in verschiedenen Arbeitsabschnitten.

Die Gummilösung a des Behälters A dient als Farbträger; B ist der Farbbehälter mit Vertheiler; C die Papierzuführung, bestehend aus einer Rolle, vor welcher sich Schlitten 1, 2 und 3 befinden. Der Schlitten 1 bewegt sich vorwärts über den Schlitten 2, indem er das an seiner Vorderseite festgehaltene Papier mitzieht bis zum Vorderende des Schlittens 2, worauf die Greifer des Schlittens 1 das Papier loslassen und die Greifer in der Vorderseite des Schlittens 2 dasselbe erfassen. Der Schlitten 1 läuft alsdann zurück. Eine Abschneidevorrichtung D zwischen den normalen Stellungen der Schlitten 1 und 2 schneidet darauf

Vorrichtung zum Marmoriren von Papier (Mittlerer Theil).

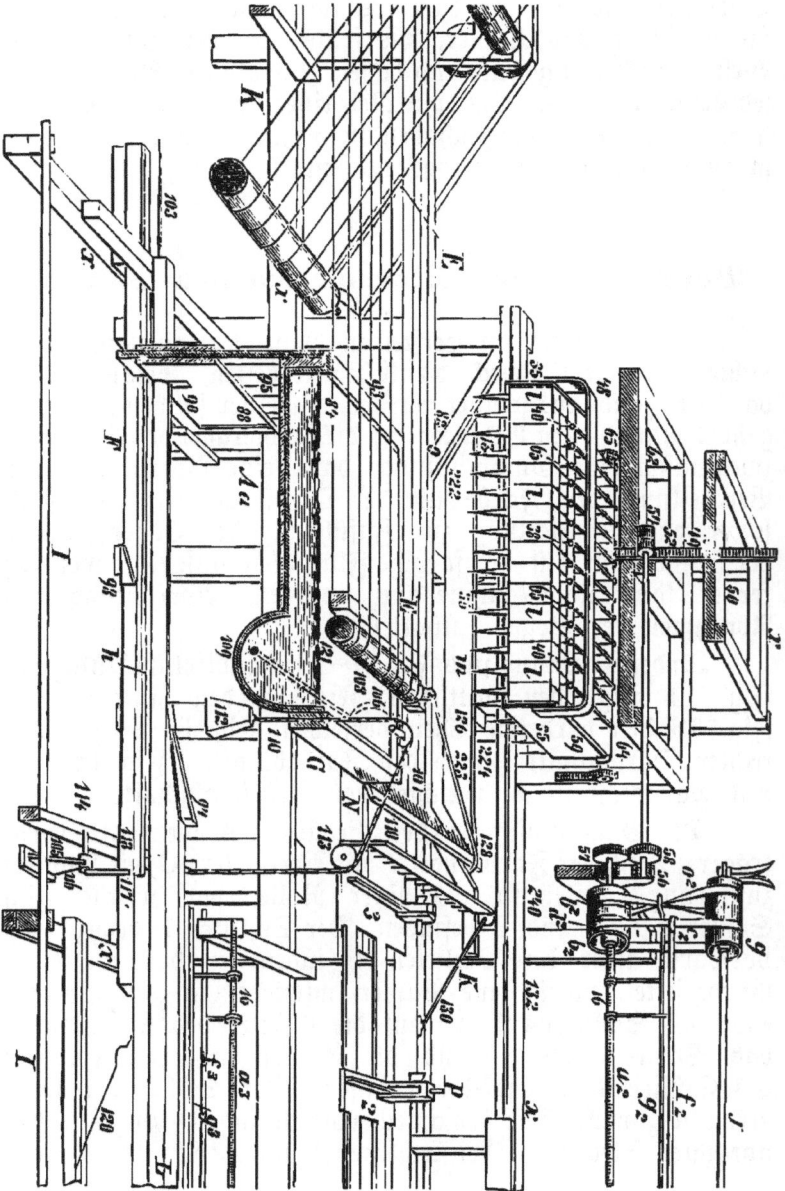

Fig. 11.

Fig. 12.

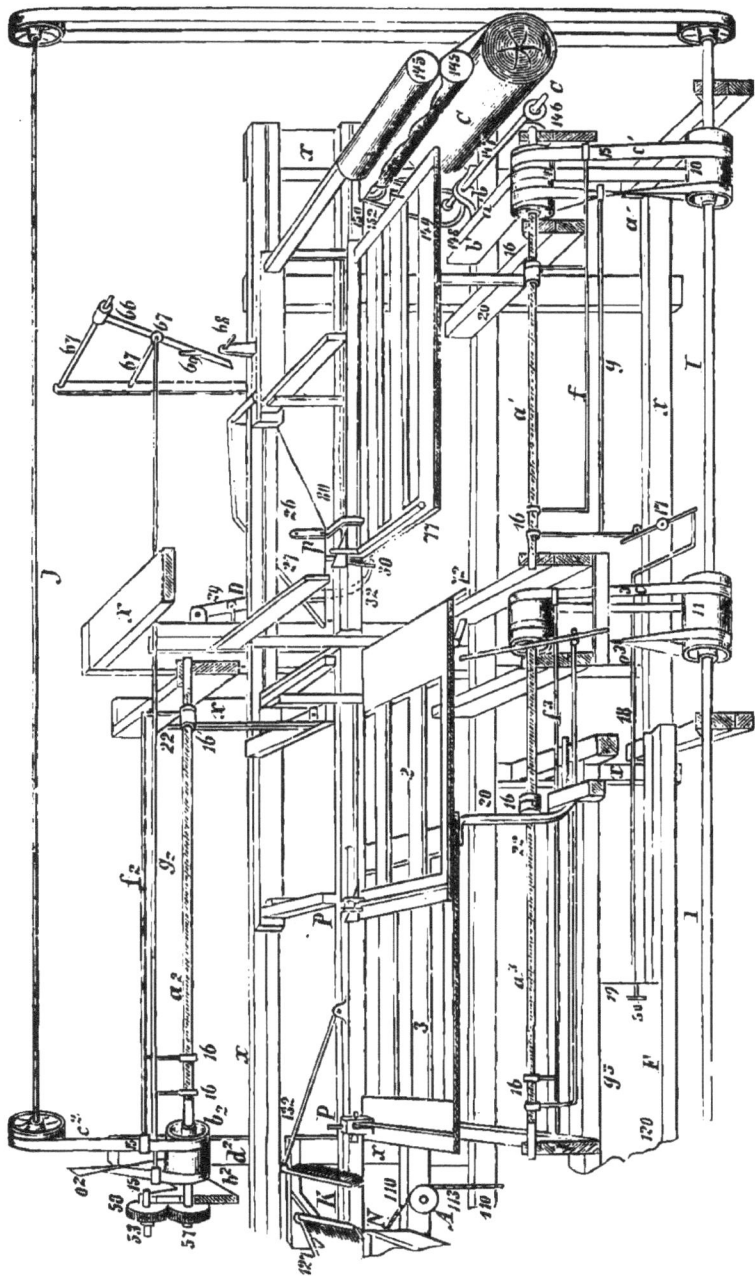

Vorrichtung zum Marmoriren von Papier (Hinterer Theil).

den auf dem Schlitten 2 liegenden Theil des Papieres
von der dahinter befindlichen Länge ab. Darauf bewegt sich
der Schlitten 2 vorwärts über den Schlitten 3. Das Blatt
wird von den Greifern vorn am Schlitten 2 freigegeben
und von den Greifern am Vorderende des Schlittens 3
erfaßt. Der Schlitten 2 läuft hiernach in seine normale
Stellung. Dann bewegt sich Schlitten 3 vorwärts über den
Behälter A, nachdem zuvor die Farbe auf die Oberfläche
der Gummilösung vertheilt war. Das Papier wird nun
von den Greifern des Schlittens 3 freigegeben und an
seinem vorderen Ende von den am Vorderende des Be=
hälters A angebrachten Greifern erfaßt. Danach geht auch
der Schlitten 3 in seine ursprüngliche Stellung zurück.

Vor dem Behälter A ist ein Rahmen E aus neben
einander liegenden Schnüren oder Fädchen ohne Ende an=
geordnet. Dieser Rahmen bewegt sich rückwärts über den
Behälter A, so daß sein hinteres Ende nahe an das hintere
Ende des Behälters A herantritt, Fig. 11. Umlagevorrichtungen
G heben den hinteren Theil des Papierbogens von der
Gummilösung ab und legen ihn umgekehrt auf den hinteren
Theil des Rahmens E. Bei der Wiedervorwärtsbewegung
des Rahmens erhalten die endlosen Schnüre desselben eine
beschleunigte Bewegung, welche das Papier von der Flüssig=
keit abzieht und mit der gefärbten Seite nach oben ganz
auf den Rahmen E legt. In der Maschine ist I die Haupt=
welle und J die Gegenwelle. Für die Schlitten 1, 2 und 3
sind Schraubenspindeln a^1 a^2 a^3 und für den Rahmen E
eine Schraubenspindel e angebracht. Diese Spindeln sind
in Lagern des Gestelles x drehbar. Jede hat einen festen
Arm 20 mit einer Mutter 22, welche auf der betreffenden
Spindel geführt wird. Auf jeder der Schraubenspindeln
a^1, a^2, a^3 und e sitzt lose ein Paar Riemenscheiben $b^1 b^1$,
$b^2 b^2$, $b^3 b^3$ und $e^1 e^1$; zwischen je einem Paar der Los=
scheiben sitzt eine feste Scheibe d^1, d^2, d^3 und e^2. Ueber den
Scheiben $b^2 b^2$ der Spindel a^2 ist eine Trommel q auf der
Gegenwelle J befestigt und unter den Riemenscheiben der
Spindeln sitzen auf der Hauptwelle I Trommeln 10, 11

und 12. Ueber die Trommeln 9, 10, 11 und 12 und die entsprechenden Riemenscheiben der Schraubenspindeln laufen offene Treibriemen c^1, c^2, c^3, c^4, sowie geschränkte o^1, o^2, o^3, o^4. Die offenen Riemen können von der einen Losscheibe auf die mittlere oder Festscheibe der Schraubenspindel gelegt werden, in der Richtung um eine Vorwärtsbewegung des Schlittens zu veranlassen. Befindet sich jedoch der offene Riemen auf der Festscheibe und der geschränkte Riemen auf der Losscheibe, so bewegt die Spindel den Schlitten zurück. Zeitweise werden auch beide Riemen zugleich auf ihre bezügliche Losscheibe geschoben, so daß Stillstand der Bewegung eintritt.

Die Aus= und Einrückung der Treibriemen geschieht durch Ausrückgabeln F^1, F^2, F^3, F^4 für die offenen und g^1, g^2, g^3, g^4 für die geschränkten Riemen. Diese Ausrück=vorrichtungen bestehen aus je einer Stange, deren eines Ende eine den Riemen umfassende Gabel 15 trägt und deren anderes Ende mit einer Zwinge 16 versehen ist. Diese Zwingen sind auf den Schraubenspindeln durch den An=schlag beweglicher Theile verschiebbar.

In der in Fig. 11 gezeigten Stellung befindet sich beispielsweise der Rahmen E über dem Behälter A, um einen Bogen des Papiers aufzunehmen und läuft dann zurück in die durch Fig. 16 gezeigte Stellung, die das Ende seiner Bahn angiebt. Mit dem Rahmen E bewegt sich zu=gleich der aus den Längsstangen h bestehende, mit dem Rahmen E starr verbundene Unterrahmen F. Unter der linksseitigen Zwinge 16 des Ausrückers g^1 befindet sich ein um einen Zapfen schwingender Hebel 17, dessen oberer Arm sich dicht an die linke Seite der Zwinge 16 anlegt, während sein anderer Arm mit einer Stange in Verbindung steht, die lose durch eine Führung 19 an der Rahmenstange h geht und einen Anschlag oder Querstift 5 trägt. Es ist darnach leicht ersichtlich, daß bei der Vorwärtsbewegung des Rahmens E, sobald der letztere am Ende seiner Bahn anlangt, die Oese 19 die Stange 18 vorwärts schieben und dadurch den Hebel 17 in Schwingung setzen wird, der

Fig. 13.

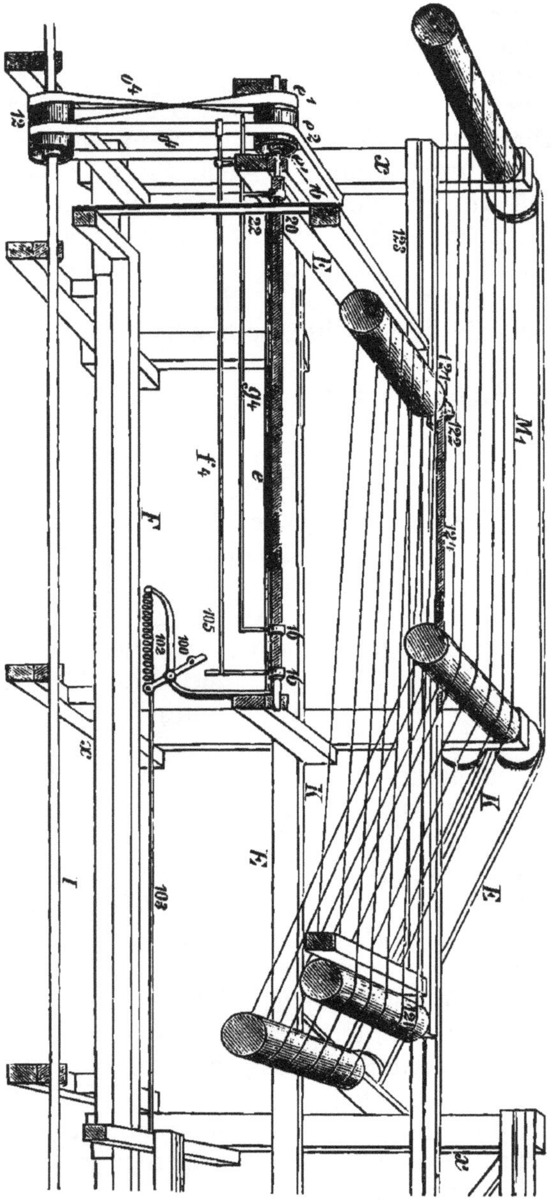

Vorrichtung zum Marmoriren von Papier (Vorderer Theil).

nun die Riemengabel g¹ vorschiebt und den geschränkten Riemen des Schlittens 1 auf die feste Riemenscheibe d¹ rückt, wonach die Schraubenspindel a¹ den Schlitten 1 vorbewegt und die Theile nun die durch Fig. 17 gezeigte Stellung einnehmen. Die Abschneidklinge D ist in der senkrechten Führung 25 beweglich; sie hat an beiden Seiten

Fig. 14.

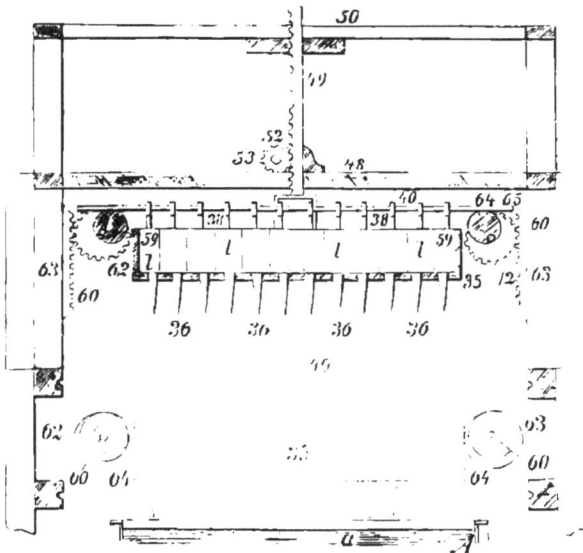

Vorrichtung zum Marmoriren von Papier (Senkrechter Querschnitt durch den Farbebehälter.)

über die Führung vorstehende Enden und an dem Schlitten 1 sind Seitenplatten 26 befestigt, deren schräge Flächen 27 das Messer, nachdem es niedergefallen ist, wieder erheben. In der oberen Stellung wird das Messer durch eine Verriegelung festgehalten, die aus dem schwingenden Hebel 28, dem das Messer tragenden Arm 29 und einem Anschlagstift 30 besteht. Wenn der Schlitten am vorderen Ende seiner Bahn anlangt, so trifft sein Anschlag 22 gegen die

10*

linksseitige Zwinge der Riemengabel f¹ für den offenen
Riemen C¹ und schiebt den letzteren auf die Festscheibe d¹
und da die linksseitige Zwinge 16 der Riemengabel g¹ zu
derselben Zeit sich unmittelbar links neben der linksseitigen
Zwinge der Riemengabel f¹ befindet, so wird die Gabel g¹
gleichzeitig vorwärts geschoben und der geschränkte Riemen
von der festen Scheibe d¹ abgeschoben. Da nun der offene

Fig. 15.

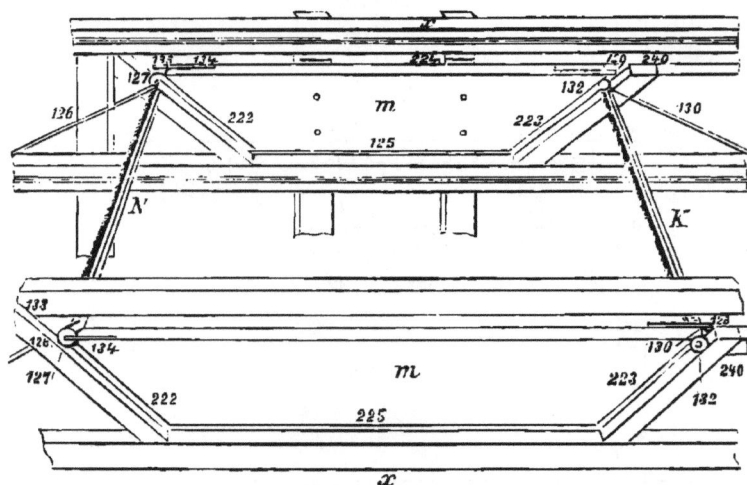

Vorrichtung zum Marmoriren von Papier. (Theile der Bürst= und
Kämmvorrichtungen.)

Riemen auf der festen Scheibe läuft, bewegt sich der Schlitten
zurück in seine normale Stellung und wenn er sich dem
Ende seiner Bahn nähert, treffen die Stifte 32 am Schlitten 1
gegen die Stifte 30 der Hebel 28 und heben dieselben an,
wodurch das Messer ausgelöst wird, herabfällt und das
Papier, das auf dem Schlitten 2 liegt, abschneidet.

    Die Vorrichtung B zum Vertheilen der Farbe tritt
während der Vorwärtsbewegung des Schlittens 2 in Thätig=
keit; sie besteht aus einem Kasten 35 mit einer Anzahl

Farbebehältern l welche mit einer Spitze unten durch den Boden des Kastens hindurchgehen. Die Spitze ist unten offen. Durch die Farbebehälter b geht im Lager 39 ein central geführter Stift 38, der unten aus einer Düse hervorsteht; das obere Ende dieses Stiftes hat einen Ring. Eine zwischen der auf dem Stift befestigten Scheibe und dem Deckel des Behälters um den Stift gelegte Spiralfeder hält den Stift hoch. Der obere Theil des Behälters ist mit der Spitze 45 durch eine Verschraubung verbunden. Der Kasten 35 wird über dem Behälter A mittelst eines geeigneten Rahmens oder Gestelles gehalten, an dem eine Zahnstange befestigt ist, die in einer Führung im Maschinengestell X auf- und niederbeweglich ist. In diese Zahnstange greift ein Treibrad 52 der Welle 53, die in Lagern ruht und zeitweise eine Schaukelbewegung empfängt, die von den ähnlichen Bewegungen der Schraubenspindel a² durch Zahnränder 57 und 58 Fig. 11 und 12 übertragen wird. In der Längenrichtung der Maschine sind waagrechte Wellen 60, 60 in Lagern 59 des Kastens 35 drehbar. Die Enden dieser Wellen tragen Getriebe 62, die mit feststehenden senkrechten Zahnstangen Eingriff haben. Jede dieser beiden Wellen ist zwischen ihren beiden Lagern excentrisch geformt oder mit Excentern versehen, die eine beträchtliche Länge haben. Durch die Ringe 40 jeder Reihe von Farbebehältern l führt eine Stange 65. Diese Stangen liegen mit ihren Enden auf den Excentern 64 auf. Wenn nun der die Farbenbehälter b tragende Kasten 35 durch Drehung der Welle 53 und des Triebes 52 niederbewegt wird, so wird auch das Triebrädchen 62 durch die feststehende Zahnstange 68 gedreht und demzufolge der Excenter 64 so gestellt, daß alle Stangen und die daran hängenden Stifte sich bewegen. Am unteren Theil der Stifte haftet Farbe an, die sich im Behälter b befindet und wenn der Kasten 35 weit genug herabgeführt wird, so werden die unteren vorstehenden Enden der Stifte 38 in die Flüssigkeit oder Gummilösung des Behälters A eintauchen und dort ihre anhaftende Farbe abgeben. In Fig. 14 ist sowohl die höchste, wie die tiefste

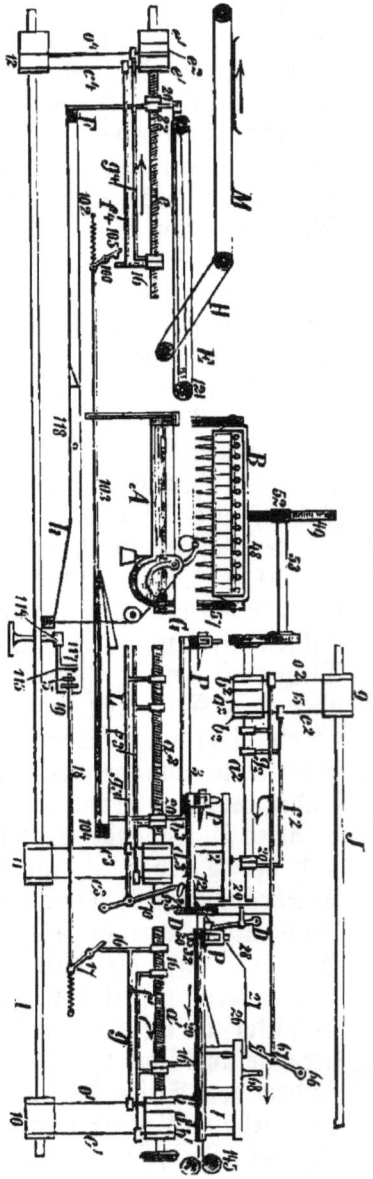

Vorrichtung zum Marmoriren von Papier. (Ende der Bahn des Papierbogens.)

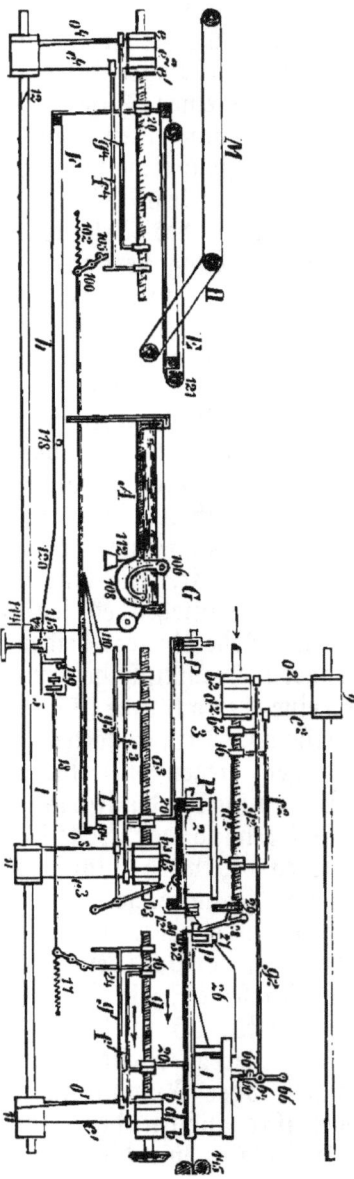

Fig. 17.

Vorrichtung zum Marmoriren von Papier.

Fig. 16.

Vorrichtung zum Marmoriren von Papier.

Stellung des Kastens 35 und der zugehörigen Theile an=
gegeben. Die Zahnstangen 63 haben nur geringe Längen,
so daß die Zahnrädchen 62 nur so viel Eingriff mit den=
selben haben, um eine Zurück= und Vorwärtsbewegung der
Stifte 38 bei jedem Auf= und Niedergange des Kastens 35
zu verursachen, die Stifte 38 können auch selbst mit den
Vorrichtungen zur Bewegung derselben aus den Farbe=
hältern 1 ganz fortgelassen werden. Die Farbe wird dann
aus letzteren einfach durch das Eintauchen der Eisenspitzen
in die Flüssigkeit abgegeben. Die Oeffnung dieser Spitze ist
so bemessen, daß ein langsames Heraussickern der Farbe
von selbst erfolgt.

Wenn der Schlitten 2 das vordere Ende seiner Bahn
erreicht hat, so stößt die Mutter 22 an denselben gegen die
vordere Zwinge der Riemengabel f^2 und schiebt den offenen
Riemen o^2 auf die feste Riemenscheibe. Die Zwinge der Riemengabel g^2, welche zu dieser Zeit dicht vor der Zwinge der
Gabel f^2 sich befindet, wird gleichfalls vorwärts geschoben,
so daß der geschränkte Riemen von der festen Scheibe ab=
gerückt wird, während der offene Riemen darauf geschoben
wird. Der Schlitten 2 läuft danach zurück, bis die Mutter 22
gegen die hintere Zwinge der Gabel f^2 trifft und der
Schlitten am hinteren Ende seiner Bahn zum Stillstand
kommt. Bei der Beendigung der Vorwärtsbewegung des
Schlittens 2 und bei der Vorwärtsbewegung der Ausrück=
gabel g^2 wird auch der Hebel 66 in seine normale Stellung
vorwärts geschwungen.

Damit kein zu starker Zug auf das Papier ausgeübt
wird, wenn derselbe vom Greifer des Schlittens 2 erfaßt
und von der Rolle abgezogen wird, sind Vorkehrungen ge=
troffen, um so viel Papier von der Rolle C abzuwickeln,
als der Länge einer Vorwärtsbewegung des Schlittens ent=
spricht. Beim Eintreffen des Rahmens E am hinteren Ende
seiner Bahn trifft die Mutter 22 dieses Rahmens gegen
die hintere Zwinge der Riemenausrückung g^4, welche zu
dieser Zeit dicht vor der Zwinge der Ausrückung f^4 liegt
und indem beide Zwingen gleichzeitig verschoben werden,

wird der offene Riemen von der festen Scheibe abgestreift
und der geschränkte Riemen auf dieselbe aufgeschoben, wo=
nach die Rückzugsbewegung des Rahmens E beginnt, bis
derselbe in seine normale Stellung zurückgekehrt ist, wobei
dann ein Ansatz am Rahmen die Ausrückung f¹ trifft und
und den geschränkten Riemen o¹ auf seine Losscheibe schiebt.
Wie aus Fig. 13 ersichtlich, trägt die vordere der die
Rahmenschnüre tragenden Rollen 121 auf ihren beiden
Enden Zahnrädchen 122, und ein entsprechender Theil der
Laufschienen 124 am Maschinengestell X, auf denen die
Zahnrädchen während der ersten Hälfte der Vorwärtsbe=
wegung des Rahmens E laufen, ist als Zahnstange aus=
gebildet. Bei der Rückwärtsbewegung des Rahmens E
während der zweiten Hälfte seines Laufes, wird die Rolle 121
durch die Zahnrädchen in rückwärts drehende Bewegung
versetzt und die Schnüre erhalten eine ganz umgekehrte Be=
wegungsrichtung. Da zu dieser Zeit kein Papier auf den
Schnüren liegt, so entsteht durch diese umgekehrte Bewegung
keinerlei Nachtheil. Nachdem jedoch das hintere Ende des
Papierbogens von der Flüssigkeit abgehoben, gewendet und
auf das hintere Ende des Rahmens aufgelegt ist, erhalten
die Schnüre bei der Wiedervorwärtsbewegung des Rahmens
eine unabhängige Vorwärtsbewegung, welche des Abziehen
des Papieres von der Flüssigkeit beschleunigt.

Bei der Wendung, des Rahmen E, Aufnahme und
Abführung eines Bogens von der Flüssigkeit im Be=
hälter A ist das Papier etwa zur Hälfte auf den
Rahmen aufgenommen und wird bei der Vorwärtsbewegung
des Rahmens E von der Oberfläche der Flüssigkeit ge=
wissermaßen abgeschält. Wenn das Papier, auf den Schnüren
fortbewegt, die schräg in seine Bewegungsebene eintretenden
Schnüre H erreicht hat, geht es auf die Fläche derselben
über und wird auf denselben aus der Maschine heraus=
geführt, indem sich an die schrägstehende Schnurreihe H
eine sich nach hinten fortsetzende wagrechte Schnurreihe an=
schließt, die so lang sein kann, daß sie zugleich eine Trocken=
vorrichtung bildet.

Um ein gleichmä=
ßiges Auflegen der Pa=
pierbogen auf die farbige
Flüssigkeit zu erzielen,
damit die Unterseite des
Papiers überall gefärbt
wird, ist eine Streich=
bürste angeordnet (Fig.
11 und 12). Die beiden
Seitenwände des Ma=
schinengestelles X sind
neben und über dem
Behälter A mit einem
Brett m bekleidet, in
welches ein Paar Füh=
rungsnuthen eingearbei=
tet sind. Die Nuten 222
am vorderen Ende des
Brettes sind nach vorne
und aufwärts ansteigend,
während die beiden hin=
teren Nuthen 229 ent=
gegengesetzt nach hinten
ansteigen. Die vorderen
und hinteren schrägen
Führungsnuthen gehen
in die obere und untere
Führungsbahn über. Am
hinteren Ende des Rah=
mens E ist zu beiden
Seiten eine Stange 126
drehbar und dieses Stan=
genpaar stützt, nach hinten
vorstehend, eine wagrechte
quer zum Behälter A lie=
gende Bürste N. Die Vor=
richtung zum »Kämmen

Fig. 18.

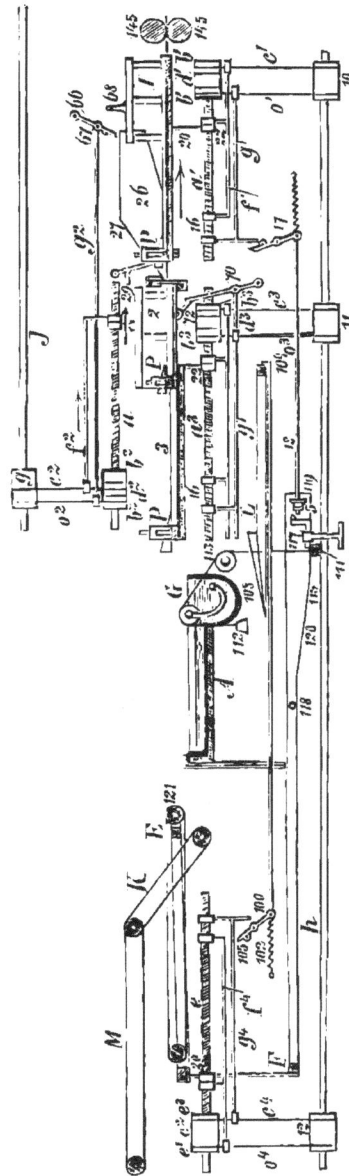

Vorrichtung zum Marmoriren von Papier.

ober Wolkigfärben« der Flüssigkeit und Farbe ist ebenfalls aus
Fig. 11 und 15 ersichtlich. An beiden Seiten des Schlittens 3
sind die Enden der Stangen 130 gelenkig befestigt, die
nach vorne vorstehen und an ihren vorderen Enden einen
Kamm K tragen, der sich über die Breite des Behälters A
erstreckt. An den Enden des Kammträgers sind Reib=
röllchen 132 angebracht, welche sich gleichfalls in den Nuthen
oder Führungen 222, 223, 224, 225 bewegen, aber eine
etwas breitere Spur haben als die Rädchen der Bürste 127.
Wenn nun der Schlitten 3 mit dem Papier sich vorwärts
bewegt, so wird auch der Kamm k durch die Stangen 130
vor ihm hergeschoben. Die normale Stellung des Kammes
ist in Fig. 11 gezeigt. Bei der Vorwärtsbewegung des
Schlitten 3 gleiten die Rollen 132 in den schrägen Nuthen 223
hinab und dann auf der unteren wagrechten Führung 225
vorwärts; während dieser letzteren Bewegung werden die
Kammzinken in die Gummilösung getaucht und bewegen
sich in derselben vorwärts, so daß die Farbe in der Flüssig=
keit vertheilt wird. Sobald der Schlitten 3 seine Vorwärts=
bewegung nahezu vollendet hat, laufen die Rollen auf den
schrägen Flächen 223 aufwärts und der Kamm wird aus
der Flüssigkeit ausgehoben. Die Rollen 132 treten aus den
Nuthen 222 ebenfalls aus, unter Zurückbiegung der federn=
den Zunge 134 und können, wenn der Schlitten sich noch
weiter vorbewegt, auf den die Fortsetzung der Nuth 222
bildenden schrägen Flächen weiter ansteigen. Bei der Zurück=
bewegung des Schlittens 3 verhindern dann die Zungen 134
das Wiedereintreten der Rollen in die Nuthen 222 und
leiten die Rollen in die obere Führung 224. Da die Rollen
und federnden Zungen der Bürste und des Kammes ver=
schiedene Spurweite haben, so sind diese beiden in den=
selben Führungen beweglichen Vorrichtungen einander nicht
hinderlich.

Apparat zum Sprenkeln von Papier.

Das Sprenkeln von Papier, Pappen, Geweben u. s. w.
besteht in dem Bespritzen von Farbe mittelst rotirender

Fig. 19.

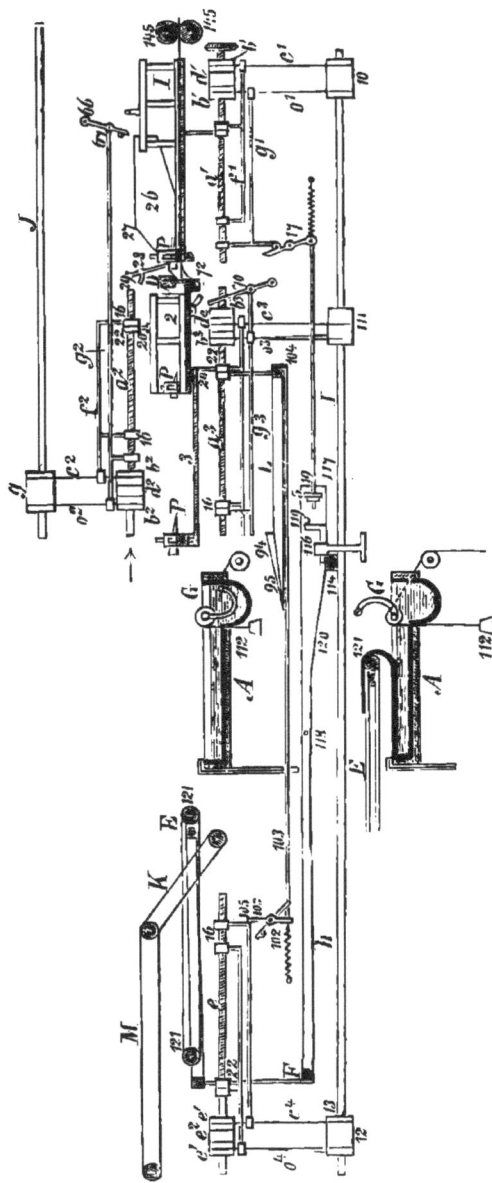

Vorrichtung zum Marmoriren von Papier.

Bürsten auf das rasch vorübergeführte Papier u. s. w. Dasselbe muß sich dabei im Zustande einer gewissen Feuchtigkeit befinden, damit die Farbe rasch aufgenommen wird und nicht verlaufen kann.

Der Apparat wird an der Papier- oder Pappenmaschine selbst angebracht und findet am besten seine An-

Fig. 20.

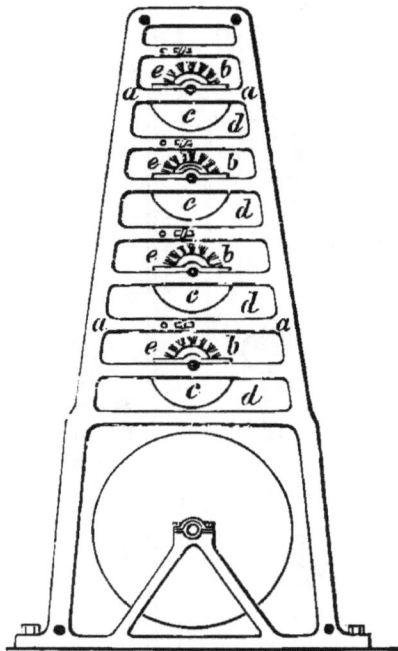

Apparat zum Sprenkeln von Papier.

stellung hinter der Gautschwalze. Bei der gewöhnlichen Papiermaschine ist er, wie auf beiliegender Zeichnung dargestellt, auf die Rahmen des Trockencylinders aufgeschraubt. In dem Rahmengestell a liegen eine beliebige Anzahl Bürsten b, welche mit Zapfen versehen sind und durch Zahnradübersetzung oder sonstigen Antrieb in Umdrehung geſetzt werden. Unter jeder Bürſte iſt ein Behälter c von halbkreisförmigem Querſchnitt angebracht, welcher die Farbe aufnimmt, die ihm durch das mit feinen Oeffnungen ver=ſehene Rohr d zugeführt wird. Die rotirende Bürſte b

Fig. 21.

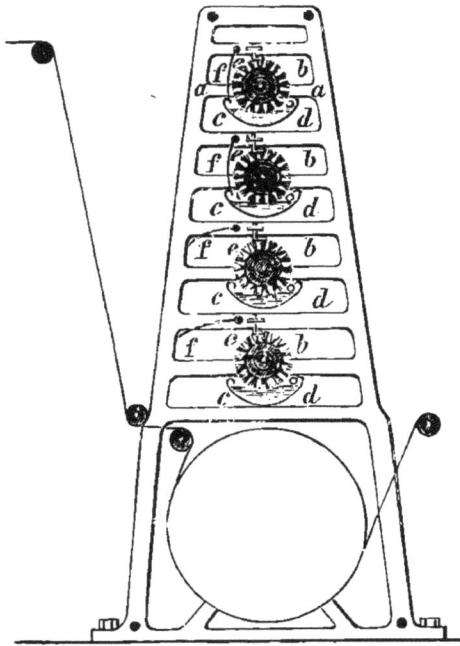

Apparat zum Sprenkeln von Papier.

ſtreift an einem in horizontaler Richtung verſtellbaren Winkeleiſen e, wobei durch das mehr oder weniger ſtarke Zurückbiegen der Bürſte die Farbe gegen das in ſchräger Richtung raſch vorbeigeführte Papier abgeſpritzt wird. So=bald man die eine oder die andere Bürſte ausſchalten will, läßt man den über jeder Bürſte angebrachten Deckel f nie=der, der ſo lang iſt, daß er noch in den Behälter c hin=

einreicht, Die nunmehr gegen den Deckel f gespritzte Farbe
läuft an demselben nach dem Behälter c zurück. Um bei
gleichzeitiger Auftragung von mehreren Farben zu ver=
meiden, daß mehrere derselben auf dieselbe Stelle gespritzt

Fig. 22.

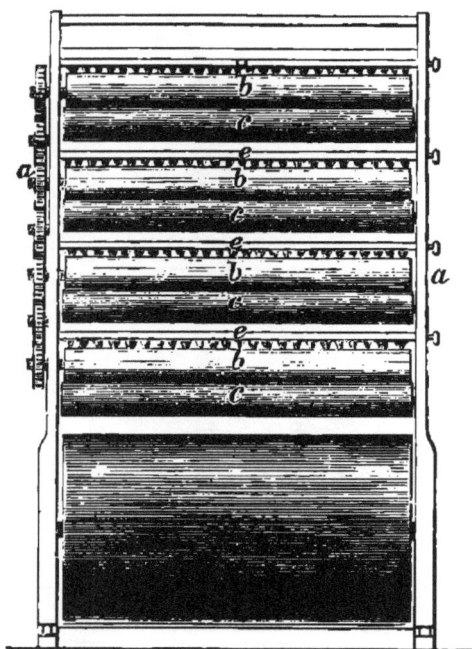

Apparat zum Sprenkeln von Papier.

werden, sind die Winkeleisen e mit Einschnitten versehen,
die sich bei Anordnung von mehreren unter einander decken,
so daß an den Stellen, wo sich ein Einschnitt im Winkel=
eisen e befindet, die Bürste ohne Farbe abzuspritzen, vorbei=
geht. Bei besonders feiner Vertheilung der einzelnen Farben
nehmen die Winkeleisen e die Gestalt von Kämmen an und
werden in diesem Falle aus federndem Stahl hergestellt.

Die Sprenkelung des Papieres ꝛc. kann natürlich auch
von beiden Seiten durch Anordnung eines zweiten Appa=
rates auf der anderen Seite des vorbeigeführten Papieres
erfolgen.

Pauspapier, Copirpapier.

Zum Copiren oder Durchzeichnen von Plänen, Ma=
schinen= und sonstigen Zeichnungen, Dessins für Weberei
und Stickerei u. s. w., wird meistentheils das sogenannte
Kalkirpapier — Papier à calquer — angewendet, welches
entweder aus gehecheltem Flachs oder ganz schäbefreiem
Werg oder aus Stroh nach den gewöhnlichen Verfahrungs=
weisen hergestellt wird. Es ist gelblichgrau oder bräunlich=
gelb, dünn, stark durchscheinend und von Natur (ohne Leim)
ziemlich steif und dicht, wie halb geleimt, so daß die mit
Tusche darauf gezogenen Linien wenig auseinanderlaufen.
Seine Bereitung ist mühsam, da es nicht nur in großen
Bogen gefordert wird (die bei der sehr geringen Dicke nicht
leicht fehlerfrei herzustellen sind), sondern auch die Eigen=
schaft hat, beim Trocknen in freier Luft runzelig zu werden,
weshalb man es bogenweise mit (öfters erneuertem) Lösch=
papier geschichtet, in der Presse trocknen läßt. Andere Arten
Pauspapier erhält man aus dünnem weißen Velinbrief=
papier oder recht gutem Seidenpapier durch Bestreichen mit
Baum=, Nuß=, Mohn= oder Mandelöl, mit Leinölfirniß,
mit verschieden zusammengesetztem Firniß u. s. w. Das
vermöge solcher Mittel durchscheinend gemachte Papier wird
auch, da es ein Surrogat des aus Stroh bereiteten Papieres
abgiebt, Strohpapier genannt; sonst führt es die Namen
Oel=, Firniß=, Glaspapier. Was die Franzosen papier

glace oder papier gelatine nennen, ist nicht Papier, sondern Hausenblasenfolie, d. h. Hausenblasenleim in papierdünnen, durchsichtigen Blättern, welche dadurch erhalten werden, daß man eine Auflösung von Hausenblase warm auf eine schwachgeölte Spiegelglastafel gießt, eine zweite solche Tafel darauf legt und nach dem Erkalten das Ganze auseinander nimmt.

Hinsichtlich der durch Oel, Fett u. s. w. hergestellten Pauspapiere ist folgendes zu bemerken:

Die Aufnahmsfähigkeit der Papierfaser für Fett ist begrenzt und jeder Ueberschuß wird von dem Papier wiedergegeben, ohne daß das transparente Aussehen desselben vergrößert wird. Ein weiteres Erforderniß ist, daß das zur Tränkung verwendete Oel das Papier nicht gelb färbt, was sehr häufig der Fall ist, besonders an den Rändern des Papiers, wo die Luft am meisten auf das Fett wirken kann. Eine weitere Eigenschaft, die mit dem Oxydiren des Fettes in enger Beziehung steht, ist der Geruch, welchen das Oel, sowie auch das damit behandelte Papier annehmen. Es ist derselbe, welchen ranziges Fett ausströmt. Er nimmt auch mit dem Alter des Papieres immer mehr zu und macht dessen Benützung immer unangenehmer. Eine wichtige Forderung, deren Erfüllung durch Verwendung ungeeigneter Fette vereitelt werden kann, besteht darin, daß es nicht hart und brüchig wird. Die meisten Fette verharzen nach dem Trocknen, werden hart und theilen diese Eigenschaften auch dem damit behandelten Papiere mit.

Die Herstellung des Pauspapieres bestand und besteht auch heute noch vielfach darin, daß das in Rollen aus der Papierfabrik bezogene Papier mit dem entsprechenden Fett oder Oel eingerieben und dann zum Trocknen an der Luft aufgehängt wurde. Eine Aenderung in der Herstellungsart ist in so weit eingetreten, als das Einreiben des Papieres mit Oel oder Fett, welches früher mit der Hand, mit der Bürste oder Schwamm geschah, jetzt mittelst Maschine bewirkt wird. Das Trocknen des Pauspapieres darf nur in der Luft geschehen, mit Ausschluß künstlicher Wärme

da diese das Ranzigwerden des Oeles befördert. Die Be=
nützung rasch trocknender Firnisse ist deshalb ausgeschlossen,
weil sie das Papier brüchig machen würden, ebenso dürfen
die sogenannten Siccative keine Anwendung finden. Es
handelt sich also bei der Fabrikation hauptsächlich darum,
dasjenige Fett oder Oel zu treffen, welches bei gewöhnlicher
Temperatur am flüssigsten ist, damit dasselbe möglichst
leicht und nur gerade in denjenigen Mengen auf das Papier
kommt, welche erforderlich sind, um dasselbe transparent
zu machen; ferner darum, daß diese geringe Menge auch
möglichst rasch und vollständig trocknet. Von den Oelen,
welche diese Eigenschaften zeigen, entspricht das Mohnöl
den Anforderungen am besten. Wird dasselbe auf gewöhn=
liche Art aus dem indischen Mohn gewonnen, so gehört es
zu den rasch trocknenden Oelen. Es nimmt jedoch bald
eine stark gelbliche Farbe an, so daß es für besseres Paus=
papier gebleicht werden muß. Auch nimmt es beim Trocknen
ranzigen Geruch an und überträgt denselben auf das Papier.
Um diese Nachtheile zu beseitigen, wird der Mohnsamen
kalt geschlagen; das zuerst abgelaufene Oel, welches bei
geringer Pressung erhalten wird, zeigt hellgelbe Farbe, ist
sehr dünnflüssig und oxydirt weniger. Aehnliche Eigen=
schaften wie Mohnöl hat auch Ricinusöl, welches für den
gleichen Zweck Verwendung findet.

An Stelle von Pauspapier wird vielfach P e r g a m y n =
p a p i e r verwendet. Wird nämlich aus Sulfitzellstoff ein
Papier von etwa 15 Gr. pro Quadratmeter gefertigt, so
erhält dieses ein stark transparentes Aussehen, welches durch
scharfes Satiniren vergrößert werden kann. Dieses Papier
besitzt eine größere Festigkeit, als getränktes Pauspapier,
ist völlig geruchlos und nimmt die aufgetragenen Farben
und Linien ohne Anstand an, während bei Pauspapier
wegen des Fettes es nur dann der Fall ist, wenn die
Farben einen Zusatz von Soda erhielten. Der einzige
Nachtheil, welchen das Pergamynpapier gegenüber dem
Pauspapier aufweist, ist seine bräunlichgelbe Farbe, während
diejenige der besseren Pauspapiere bläulichweiß ist.

Bei den zu photochemischer Wiedergabe bestimmten Pausen kann der gelblichbraune Ton des Pergamynpapieres stören; man wähle für solche Zwecke bläuliche Pauspapiere. Der Preis des Pergamynpapieres ist bedeutend billiger als der des mit Oel behandelten Papieres und es unterliegt keinem Zweifel, daß die Verwendung des Pergamynpapieres zu Zeichenzwecken immer mehr zunehmen wird.

Eine etwaige Befürchtung, daß das aus Sulfitzellstoff gefertigte Pauspapier weniger dauerhaft sei, als das mit Oel behandelte Lumpenpapier kann als unerheblich außer Acht gelassen werden. Selbst in den Fällen, in denen wirklich Pausen nach zehn Jahren verwendet werden sollten, ist anzunehmen, daß Pauspapier aus Sulfitzellstoff besser erhalten bleibt, als das mit Oel behandelte Papier, welches durch die Veränderung des Oeles hart und brüchig wird.

Vorschriften für Herstellung von Oel= oder Firnißpapier.

1. Man bestreicht das Papier mit dünnem Dammarlack und läßt trocknen. (Dieses Papier klebt in der Handwärme und wird sehr bald brüchig.)

2. Man vermischt 1½ Liter Terpentinöl mit ½ Liter Leinölfirniß, löst darin durch Wärme 150 Gr. Colophonium 100 Gr. venetianischen Terpentin und 35 Gr. weißes Wachs auf. Diese Menge reicht auf ein Buch Seidenpapier hin, welches 40 Qm. Fläche enthält.

3. Reines helles Mohnöl oder Leinölfirniß, ohne Kochen bereitet, allenfalls mit wenig Terpentinöl versetzt, wird auf das Papier gestrichen und letzteres bald nachher durch ein feines Sieb mit Tannensägespänen bestreut, welche man ohne Verzug mittelst eines feinen Pinsels wieder wegfegt. Auf diese Weise wird der Ueberfluß an Firniß oder Oel weggenommen, welcher sonst eine glänzende Kruste

bilden würde. (Das so dargestellte Papier nimmt nach längerer Zeit eine unangenehme dunkle Färbung an.

4. Man löst 37 Gr. feingepulvertes Dammarharz in 200 Gr. Terpentinöl durch Umschütteln, klärt durch Ab= sitzen oder Filtriren, setzt 130 Gr. hellen Mohnölfirniß zu, streicht damit das Papier an und behandelt es dann mit Sägespänen wie vorstehend. (Dieses Papier behält für immer seine helle Farbe und vollkommene Klarheit.)

5. Man mischt

> 8 Theile Terpentinöl,
> 8 » Ricinusöl,
> 2 » Canadabalsam und
> 1 » Copaivabalsam,

trägt diese Mischung gleichförmig auf ein dünnes, unge= leimtes Papier, und entfernt von der Oberfläche den Ueber= schuß mittelst eines Tuchlappens. Dann hängt man zum Trocknen auf, reibt nach 30 Stunden nochmals mit einem reinen wollenen Lappen und läßt das Papier nun voll= kommen austrocknen.

6. Eßlinger benützt zum Durchsichtigmachen eine Lösung von

> 15 Theilen gebleichtem Schellack,
> 5 » Mastix und
> 100 Theil stärkstem Alkohol.

Die Bogen werden mit der geklärten Lösung bestrichen, an horizontal gespannten Fäden aufgehängt und bleiben so lange hängen, bis das Papier alle Feuchtigkeit und Klebrig= keit verloren hat. Derartiges Pauspapier behält immer einen genügenden Grad von Durchsichtigkeit, und eignet sich ganz besonders für Zeichnungen, welche colorirt werden sollen. Will man Zeichnungen, welche auf solchem Papiere ausgeführt sind, coloriren, so ist es nothwendig, die Farben, damit sie haften, mit starkem Alkohol anstatt mit Wasser zu versetzen.

11*

Wachs=Pauspapier.

Man kann auch mittelst Wachs Pauspapier herstellen, welches vor dem mit anderen Mitteln, namentlich Harz= lösungen hergestellten den Vorzug hat, nicht brüchig zu sein. Zur Anfertigung dieser Art von Pauspapier verwendet man

> 10 Theile gebleichtes Bienenwachs,
> 30   »   stärksten Alkohol,
> 5   »   Aether.

Diese Substanzen werden in eine Glasflasche gebracht und diese wohl verschlossen durch einige Tage an einem mäßig warmen Orte unter wiederholtem Umschütteln stehen gelassen. Die klare Lösung wird in eine andere Flasche gegossen und zum Bestreichen des Papieres benützt; die Bogen werden dann zum Trocknen aufgehängt und nach dem Trocknen wohl geglättet. Will man eine Bleistiftzeichnung, welche auf solchem Papiere angefertigt ist, unverwaschbar machen, so überfährt man sie leicht mit starkem Alkohol oder mit derselben Lösung, die man zur Anfertigung des Papieres selbst verwendet hat. Die ungemein dünne, ganz farblose Wachsschichte, welche in diesem Falle entsteht, deckt die Zeichnung so vollkommen, daß man solche nach dem Trocknen sogar waschen kann, ohne daß die Linien verwischt werden können.

Pauspapier, welches seine Durchsichtigkeit nach längerer Zeit verliert.

Um Papier für eine gewisse Zeit durchscheinend zu machen, giebt es kein einfacheres Mittel, als solches mit Petroleum zu tränken. Das Petroleum dringt sehr leicht in die Poren des Papieres ein und macht dasselbe so durchscheinend, daß es, auf eine Zeichnung oder Schrift ge=

legt die feinsten Details ohne Mühe erkennen läßt. Die Menge, welche erforderlich ist, um selbst dickes Zeichenpapier genügend durchscheinend zu machen, ist immer eine sehr geringe und ist bei der Anfertigung des Pauspapiers hierauf genügend Rücksicht zu nehmen.

Man stellt dieses Pauspapier in der Weise dar, daß man den Papierbogen auf einer recht ebenen Unterlage, am besten auf einer geschliffenen Glasplatte ausbreitet und mit einem weichen Schwamme, den man in Petroleum getaucht und wohl ausgepreßt hat, unter starkem Drucke überfährt. Das Papier wird sofort durchsichtig und ist dann richtig hergestellt, wenn man nur so wenig Petroleum angewendet hat, daß das Papier nach wenigen Minuten ganz trocken erscheint und sogleich zum Copiren gebraucht werden kann. Nachdem das Petroleum nur bis zu einer gewissen Tiefe in das Papier eindringt, so wendet man starkes Zeichenpapier, nachdem die eine Fläche bestrichen ist, um und bestreicht die andere Fläche in gleicher Weise, wie die erste; es ist aber für die zweite Fläche gewöhnlich noch weniger Petroleum erforderlich, als für den ersten Anstrich. Nachdem das Petroleum eine flüchtige Flüssigkeit ist, so verliert das Papier seine Durchsichtigkeit nach einigen Wochen wieder vollständig. Man kann es aber durch lange Zeit durchsichtig erhalten, wenn man den Bogen in eine Schachtel legt, welche einen gut passenden Deckel besitzt. Die Verdunstung des Petroleums findet in diesem Falle so langsam statt, daß man Pauspapier auf diese Weise jahrelang aufbewahren kann, ohne daß es unbrauchbar wird.

Victoria-Pauspapier

ist ein thierisch geleimtes Pergamentpapier, das weit durchsichtiger sein soll, als jedes ähnliche Fabrikat, eine fettfreie Oberfläche besitzen, geruchlos sein, Correcturen durch einfaches Abwaschen mit dem feuchten Pinsel gestatten, beim

Bearbeiten mit Tusch= und Wasserfarben sich nicht zusammen=
ziehen und endlich nicht verziehen soll.

Zu seiner Herstellung wird bestes, vollkommen trockenes
Pergamentpapier in Rollen in einem Trog durch sechs
Leitwalzen auf einem Weg von 5 ¹/₂ M. in wasserheller,
schwacher Leimlösung geführt und am Ende des Troges
durch zwei kupferne Preßwalzen von der überschüssigen
Leimlösung befreit; hinter der Presse wird das Papier
feucht aufgerollt und dann in freier Luft ohne Anwendung
von Dampf langsam getrocknet.

Farbige Copirpapiere.

Zu den Copirpapieren gehören auch jene auf einer oder
auf beiden Seiten mit einem leicht abfärbenden Farben=
überzug versehenen Papiere, welche benützt werden, um
Zeichnungen auf ein weißes Papier in der Weise zu copiren,
daß man zwischen die zu copirende Zeichnung und das weiße
Papier ein farbiges Copirpapier legt, die Linien der Zeich=
nung nachfährt und nun auf diese Weise eine Wiedergabe
dieser erhält. Wird ein auf beiden Seiten bestrichenes Copir=
papier angewendet, so legt man unter dasselbe ein weißes
stärkeres Papier, oben hingegen einen Bogen Seidenpapier;
schreibt man dann auf letzterem mit einem stumpfen elfen=
beinernen Griffel, so erzeugt sich auf dem unteren Blatte
die Schrift direct lesbar, auf der Rückseite des oberen Blattes
eine verkehrte Copie derselben, welche aber sehr leserlich
durchscheint. Dieses Verfahren benützt man zur Herstellung
von Schriften, Copirbüchern, in welchem die Copien gleich=
zeitig mit dem Original entstehen. Die Schrift sieht
schwärzer aus, als Bleistiftschrift und ist nicht leicht zu
verwischen.

Zur Herstellung von farbigem Copirpapier nimmt man
feinen Ruß oder Elfenbeinschwarz, Indigocarmin oder Ultra=
marin, Pariserblau, vermengt den einen oder den anderen

dieſer Farbſtoffe innig mit grüner Seife und reibt die auf
die Weiſe hergeſtellte Maſſe mittelſt einer ſteifen Bürſte auf
dünnes aber feſtes Papier ein.

Auch können fette Oele (Leinöl, Ricinusöl u. ſ. w.)
zum Anmachen der Farben benützt werden, doch verdient
die Seife den Vorzug.

Graphitpapier.

Das Graphitpapier wird dadurch hergeſtellt, daß man
ſchwaches Papier (Seiden= oder Poſtpapier) mit feinem
Graphitpulver mittelſt eines Baumwollbäuſchchens ſo lange
beſtreicht und gehörig verreibt, bis ein leichter grauer Ton
das Papier gleichmäßig bedeckt. Nach mehrmaligem Ueber=
wiſchen mit einem zweiten, ganz reinen Bäuſchchen, womit
man alles überflüſſige Graphitpulver entfernt, kann man
das Papier benützen und zwar legt man zu dieſem Zwecke
das Graphitpapier mit der geſtrichenen Seite auf ein reines
Blatt Papier und oben auf die Zeichnung, welche copirt
werden ſoll. Zum Zeichnen eignet ſich eine fein zuge=
ſpitzte, jedoch an der Spitze wieder coniſch polirte Gravir=
nadel.

Doppelcopirblätter zur gleichzeitigen Herſtellung einer einfachen poſitiven und einer unmittelbar zu vervielfältigenden negativen Copie.

Die Erfindung betrifft die Herſtellung von Blättern
und Platten zum Copiren, durch welche es ermöglicht wird,
gleichzeitig mittelſt eines Originales eine unvergängliche,
nicht zu vervielfältigende Copie und ein vervielfältigungs=
fähiges Negativ herzuſtellen, von welchem durch einfaches
Befeuchten und Aufdrucken von zur Aufnahme der Copien
beſtimmtem Papier Abzüge erzeu t werden können.

Zu diesem Zwecke werden Copirblätter verwendet, die auf einer Seite mit einer vervielfältigungsfähigen Masse überzogen sind. Ein solches Blatt wird zwischen zwei Seiden=papierblätter so gelegt, daß die vervielfältigungsfähige Seite nach oben kommt. Schreibt man nun auf das obere Seiden=papierblatt oder auf ein auf dasselbe gelegtes anderes Blatt Papier, so wird auf der unteren Seite des oberen Seiden=papierblattes ein positiver Abdruck entstehen. Letzterer ist nicht vervielfältigungsfähig; ersteres giebt, wenn dasselbe auf befeuchtete Papierblätter aufgelegt, mit der Hand an letztere glatt gepreßt wird, 40—50 und mehr Abdrücke und zwar in schwarzer, rother, violetter oder blauer Farbe, je nachdem der Masse gegebenen Zusatz. Zur Herstellung der vervielfältigungsfähigen Masse werden circa

  5 Theile   Druckerschwärze mit
40 Theilen   Terpentingeist

verdünnt und derselben sodann ein Gemenge aus circa

40 Theilen   Talg und
 5   »   Stearin

in geschmolzenem Zustande zugesetzt und mit der verdünnten Farbe innig vermengt. In die so erhaltene breiige Masse werden, wenn man schwarze Abdrücke haben will,

30 Theile feinst gepulvertes Eisenoxydul, das mit
15 Theilen Pyrogallussäure und circa
 5   »   Gallussäure

vermengt wurde, beigefügt und verrührt.

Will man rothe, violette oder blaue Abzüge, so setzt man der Masse entweder

30 Theile Fuchsin oder
30   »   Methylviolett oder
30   »   Indigotin,

in jeden der drei Fälle aber auch noch

20 Theile kohlensaure Magnesia

statt des Eisenoxyduls, der Pyrogallussäure und Gallussäure hinzu. Die nicht vervielfältigungsfähige Masse wird auf folgende Weise bereitet:

  5 Theile   Druckerschwärze werden mit
 40 Theilen Terpentingeist verdünnt und mit
 30 »   geschmolzenem Talg,
  3 »   Wachs und
  2 »   »   Colophonium verrührt.

Auch hier können die vier letztgenannten Bestandtheile mit einander vermengt oder jeder für sich eingebracht werden. Der so erhaltenen Masse werden circa 20 Theile Ruß hinzugefügt. Bestreicht man statt des Papierblattes eine Stein=, Porzellan=, Hartgummi=, Glasplatte oder überhaupt eine Platte aus hartem Material mit glatter Oberfläche mit der vervielfältigungsfähigen Masse, so kann diese Platte als Unterlage benützt werden, auf welche man ein Blatt Papier legt und entweder direct auf letzteres oder auch auf dasselbe gelegte Schreibpapier schreibt. Man erzeugt so gleichzeitig ein Negativ, von welchem durch Auflegen von befeuchtetem Papier und Ueberstreichen oder Drücken mit der Hand, einer Walze, Abdrücke erzeugt werden können.

Copirpapier für Tinte, um Schriften auf dickeres Papier zu übertragen.

Man nimmt gewöhnliches Papier, bestreicht solches auf beiden Seiten mit einer dicklichen Lösung von gleichen Theilen arabischem Gummi oder Dextrin und Traganth und läßt es wieder trocken werden. Auf das so präparirte Papier legt man nun ein Blatt gewöhnliches dünnes Seiden= papier, auf welchem eine Copie gemacht ist. (Die Seite, auf welcher die Schrift in rechter Lage zu sehen ist, nach oben) und zwar in noch feuchtem Zustande, oder, nachdem man es wieder (durch Auflegen der lesbaren Seite auf ein anderes, gleichfalls feuchtes Papier) befeuchtet hat. Beide Blätter legt man nun genau zwischen zwei Metallplatten und setzt das Ganze in einer Presse einem angemessenen Drucke aus, wodurch die beiden Blätter zusammenkleben und sich zu einem einzigen Blatte vereinen. Auf der anderen Seite des präparirten Papieres kann gleichzeitig oder später ein anderes mit der Copie einer Schrift versehenes Blatt Copirpapier angebracht werden. Jedenfalls ist es gut, beide Seiten des Papieres mit der Gummilösung zu überziehen, weil dasselbe infolge der Zusammenziehung beim Trocknen sich leicht wirft. Das in beschriebener Weise auf einem anderen Copirblatt aufgeklebte Copirpapier kann durch Bestreichen mit gewöhnlichem Papierleim oder Behandeln mit Sandaracpulver und Pressen dazu vorgerichtet werden, daß man darauf schreiben kann.

Copierpapier mit Eisensalz.

Da gute Copirtinten meist das Unangenehme haben, daß sie mehr oder weniger dickflüssig sind, so lag es nahe, das Papier so vorzubereiten, daß es von mit gewöhnlicher Schreibtinte gefertigter Schrift Copien liefere.

Herzog verfertigt ein Copirpapier mit Zusatz von Eisenvitriol oder einem anderen Eisensalz, indem er diese Salze entweder schon bei der Verfertigung des Papieres zufügt oder das fertige Papier, z. B. durch mit Filz überzogene Walzen, mit dem Eisensalz imprägnirt. Ein mit gewöhnlicher, aus Galläpfeln bereiteter oder überhaupt Gerbstoff enthaltender Tinte geschriebener Brief giebt eine Copie, wenn ein feuchter Bogen dieses Copirpapieres daraufgelegt und das Ganze sodann in der Copirpresse gepreßt wird. Ein mit einer solchen Tinte geschriebener Brief giebt schon ohne Hilfe der Copirpresse eine gute Copie, wenn ein feuchtes Blatt dieses Copirpapieres daraufgelegt und einfach durch

Ueberreiben mit der Hand, nachdem man zuvor ein Blatt Löschpapier daraufgelegt hat, gut angedrückt wird.

Schnell stellt ein Copirpapier her durch Kreidezusatz, wodurch dasselbe die Eigenschaft erhält, daß mit blasser Tinte daraufgeschriebene Schriftzüge schnell nachdunkeln und leserlich werden und zugleich sich gute Copien davon ab= nehmen lassen.

Ein solches Papier wird auf folgende Weise hergestellt. Gewöhnliches Schreibpapier wird 2—3 Minuten in eine rahmartige Mischung von fein zertheilter Kreide und Wasser eingetaucht, hierauf in reinem Wasser gewaschen, getrocknet und ferner wie gewöhnliches Schreibpapier zugerichtet. Der gleiche Zweck wird erreicht, wenn bei der Fabrikation des Papieres auf 400 Kgr. Papierzeug 5 Kgr. Kreide hinzu= gesetzt werden, auch kann die Kreide dem Leim beim Leimen des Papieres zugefügt werden.

Perlmutter-Papiere.

1. Nach Reinisch.

Es werden

2 Theile Copal,
2 » Sandarac,
4 » Dammarharz

in gleichviel absolutem Alkohol aufgelöst, die Hälfte ihres Volumens Bergamotte= oder Rosmarinöl hinzugemischt und die Mischung in einer Retorte mit Vorlage destillirt, bis der Rückstand die Dicke von Ricinusöl erhält. Dieser Rück= stand wird mit einem Pinsel in ganz dünner Schicht auf Wasser von 18 Grad R., dem 5 Procent Leimlösung zu=

gegeben sind, ausgebreitet. Es bildet sich hier eine prachtvoll
irisirende Haut, die man auf Papier auffängt und dann
trocknen läßt. Um die verschiedenen Zeichnungen zu erhalten,
bedient man sich der in der Buntpapierfabrikation gebräuch=
lichen Mittel.

2. Perlmutterpapier zu Visitkarten u. s. w. nach Puscher.

Dieses beliebte Papier stellt man her, indem man

16 Gewichtstheile Bleizucker in
16 Gewichtstheilen kochendem Wasser löst und eine Lösung von
 1 Gewichtstheil arabischem Gummi in
 3 Gewichtstheilen Wasser hinzufügt.

Mit der warm zu erhaltenden Flüssigkeit bestreicht man
weißes Papier mittelst eines weichen Haarpinsels; das Papier
liegt auf einer kalten Tischplatte. Bei der rasch erfolgenden
Abkühlung erscheint der Anstrich als ein feiner weißer
Krystallbrei. Nun wird das Papier sogleich auf eine auf
mindestens 100 Grad erwärmte Metallplatte gelegt, bis
die Krystalle wieder zu einer klaren Lösung geschmolzen sind,
worauf das Blatt in einem warmen Raume auf eine ebene
Tischplatte ausgebreitet wird. Haben sich während des Er=
wärmens trockene Stellen auf dem Papier gebildet, so werden
diese noch vor dem Abnehmen mit dem in vorgenannter
Lösung getauchten Pinsel überfahren.

Will man farbige Papiere herstellen, so fügt man zu
der Lösung Anilinblau, Fuchsin, Indigocarmin, Anilingelb
oder pikrinsaures Ammoniak. Nach dem Trocknen überzieht
man mit einem Firniß aus

1 Theil geschmolzenem Dammarharz in
6 Theilen Petroleumäther.

In einer späteren Anweisung ersetzt Puscher den
gesundheitsschädlichen Bleizucker durch Bittersalz. Gleiche
Theile krystallisirtes Bittersalz, Wasser und Dextrinschleim,
dem $1/24$ Glycerin zugesetzt ist, werden zum Sieden erhitzt

und die etwas abgekühlte Flüſſigkeit wird auf die vorher
mit Leim= oder Gelatineüberzug verſehenen Papiere ge=
ſtrichen. Die Kryſtalliſation erfolgt nach 10—15 Minuten.

3. Dieſes Papier, als Erſatz der echten Perlmutter,
zu Einlagearbeiten, ahmt ſehr natürlich den eigenthümlichen
Schiller der echten Perlen nach und iſt deshalb zu mancher
Verwendung geeignet. Als Unterlage dient ein blaßgraues,
feines gut geleimtes Papier, auf welches dann folgende
Maſſe aufgetragen wird.

Mittelſt eines feinen rotirenden Schleifſteines wird die
perlmutterartig glänzende innerſte Schichte von Auſtern=
ſchalen und anderen Muſcheln abgelöſt und abgeſchliffen,
alsdann auf einem Reibſtein noch zu äußerſter Feinheit ab=
gerieben und mit einer Auflöſung von Hauſenblaſe in
Spiritus vermengt. Dieſe Miſchung wird mit Hilfe eines
breiten Pinſels gleichmäßig auf dem blaßgrauen Grund=
papier verrieben und wenn nöthig das Einreiben mehrmals
wiederholt, bis der graue Papiergrund nicht mehr hindurch=
ſticht. Das ſo erhaltene Papier muß noch gut geglättet und
dann ſatinirt werden. Der Perlenglanz wird übrigens be=
deutend erhöht, wenn der aus den Muſcheln erhaltenen
Maſſe noch eine ganz geringe Menge feinſter Graphit oder
Silberbronzepulver beigemiſcht wird.

Perlmutter=Papier.

Zur Herſtellung einer Perlmutter = Imitation wird
folgendes Verfahren angegeben:

Wenn Nitrocelluloſe, in Alkohol und Aether oder in
Kali= oder Natronwaſſerglas gelöſt, über eine Fläche aus
Holz, Papier, Porzellan, Glas oder Metall verſprengt oder
verſtaubt wird, ſo bleibt auf der behandelten Fläche ein
Ueberzug von perlmutterartigem Ausſehen zurück. Am zweck=
mäßigſten ſoll es ſein, auf 1 Theil Nitrocelluloſe 78 Theile
90—100procentigen Alkohol und 21 Theile Aether zu
nehmen oder eine Löſung von 10 Theilen Waſſerglas in

90 Theilen Wasser. In ersterem Falle nimmt man Aethyl= oder Methylalkohol und Schwefel= oder Essigäther. Die Nitrocellulose kann in rohem Zustande oder in verschiedenen Nitrirungsgraden verwendet werden, wodurch verschiedene Effecte erzielt werden können. Ebenso kann man durch Hin= zufügung von 25 Theilen Schwefelkohlenstoff zu 100 Theilen der angegebenen Lösung oder durch Hinzufügung von Benzin den Glanz und die Farbenfolge der irisirenden Schichte willkürlich beeinflussen.

Photographische Papiere.

Albuminpapier.

Man setzt zu 8 Theilen Eiweiß 2 Theile einer Lösung von 10 Theilen Chlorammonium in 100 Theilen Wasser, schlägt die Masse zu Schnee oder schüttelt sie und läßt sie dann einige Stunden abklären. Es scheidet sich hierbei das im Eiweiß enthaltene Fibrin, welches auf dem Papier leicht bronzeartige Streifen erzeugt, ab. Das geklärte Eiweiß gießt man in eine flache Schale und legt alsdann Rohpapier mit der geleimten Seite darauf, läßt es $1^1/_2$ Minuten darauf schwimmen, hebt es dann ab und hängt es zum Trocknen auf. Sollten Luftblasen entstehen oder haften ge= blieben sein, so muß man noch einmal auflegen.

Eine andere Mischung besteht aus

900 Gr. Eiweiß,
30 » Wasser und
20 » Chlorammonium.

Die Hauptschwierigkeit besteht in der Vermeidung streifiger Linien, die nachher stark bronzeartig werden. Um

dieſe zu vermeiden, legt man das Papier in gleichmäßiger
Bewegung auf. Bei Papieren, welche die Albuminlöſung
nur langſam aufnehmen, weil ſie zu fett ſind, ſetzt man

32 Theilen Eiweiß,
2 Theile Weingeiſt

zu oder einige Tropfen einer Löſung von Ochſengalle in
Alkohol. Nach dem Abheben hängt man den Bogen mit
zwei Klammern an zwei Enden auf, läßt das Eiweiß ab=
laufen und dann trocknet man ihn an einem warmen Orte,
indem man alle vier Ecken feſtklemmt. Schließlich preßt
man die Bogen und bewahrt ſie an einem mäßig trockenen
Orte auf.

Nach verſchiedenen Angaben.

Bott ſtellt Albuminpapier her, indem er das Papier
zunächſt mit einer waſſerdichten Schichte von Baryumſulfat
und dann mit einer Schichte Albumin überzieht.

King ſtellt ein haltbares geſilbertes Albuminpapier
wie folgt her:

Es werden zwei Löſungen bereitet:

1. 3600 Cbcm. deſtillirtes Waſſer,
300 Gr.   Silbernitrat,
250 »   reines Natriumnitrat,
15 »   Zucker;

ſetzt man etwas Caolin hinzu, ſo erhält ſich die Löſung klar.

2. 300 Cbcm. Waſſer,
30 Gr.   reines Natriumnitrat,
60 »   Silbernitrat,
7 »   Zucker.

Man giebt 60 Cbcm. der Löſung 2 zu Löſung 1, läßt
das Papier darauf ſchwimmen, zieht es ab und trocknet im
Dunkeln. Nach je vier Bogen ſetzt man wieder 30 Cbcm.
Löſung Nr. 2 zu. In einer Chlorcalciumbüchſe läßt ſich

dieses Papier 10—14 Tage aufbewahren. Unbegrenzt lange hält es sich, wenn man es mit der Rückseite eine halbe Minute auf einer Lösung von 105 Gr. Citronensäure in 3 Liter Wasser schwimmen läßt, abzieht und trocknet. Das Bad muß von Zeit zu Zeit auf seinen Silbergehalt geprüft werden.

Abney empfahl Kaliumnitrit zum Zwecke der Halt=barmachung. Das mehrmals durch reines Wasser gezogene gesilberte Papier, welches nur eine Minute lang auf dem Silberbad verweilen durfte, wird nach dem Abtropfen mit der Rückseite auf ein Bad gelegt, bestehend aus einer 5procentigen Lösung von Kaliumnitrit und alsdann ge=trocknet. Nachher bewahrt man dieses Papier in einer luft=dicht verschlossenen Zinkbüchse auf.

Bromkalium=Albuminpapier für Vergröße=rungen.

Legt man gewöhnliches Albuminpapier in eine 3= bis 5procentige Bromkaliumlösung und läßt es dann 15 Mi=nuten auf dem Silberbade schwimmen, so wird das Papier nach dem Trocken ebenso empfindlich wie Alphapapier.

Bromsilber=Papier.

12 Gr.	Gelatine werden in einem Steinkrug mit	
240 Cbcm.	Wasser übergossen, dann	
5 Gr.	Bromkalium,	
0·13 »	Citronensäure,	
0·13 »	Chromalaun	

hinzugefügt. Man verschließt luftdicht, schüttelt gut um und erhitzt im Wasserbade bis 100 Grad. C. 10 Minuten lang unter öfterem Umschütteln. In der Dunkelkammer wirft man noch 7 Gr. Silbernitrat in die Lösung. Durch 5 Minuten langes starkes Schütteln wird die Emulsionsbildung vollendet und das Ganze dann zum Absitzen ruhig hingestellt. In der Dunkelkammer gießt man den noch flüssigen Inhalt in einen großen Porzellanteller und quetscht die erstarrte Masse durch Canevas in kaltes Wasser, welches wenigstens sechsmal gewechselt werden muß, behufs des Auswaschens. Dann läßt man abtropfen, schmilzt, setzt 25 Cbcm. Alkohol hinzu. Zuletzt wird soviel heißes Wasser (destillirtes) zugegeben, daß das Ganze 300 Cbcm. beträgt. Damit übergießt man coagulirtes feuchtes Albuminpapier, welches auf Glasplatten aufliegt.

Collodiumpapier für Photographie nach Zitterow.

150 Cbcm. Salpetersäure von   1·4 specifischem Gewicht,
150   »   Schwefelsäure   »   1·845   »   »

werden zusammengemischt, in die Mischung bei 55 Grad C. 18 Gr. Seidenpapier in Streifen geschnitten eingetragen, eine halbe Stunde in der Flüssigkeit belassen, herausgenommen, gewaschen und getrocknet.

Eisen-Gummipapier.

Um dieses lichtempfindliche Papier herzustellen, bedient man sich einer Lösung von Eisenchlorid, welcher man vorsichtig unter stetem Umrühren Ammoniak hinzusetzt, bis die Mischung in anhaltende Wallung kommt. Hierauf filtrirt man die Flüssigkeit, tränkt das Papier mit der Lösung und läßt es dann im Dunkeln trocknen. Alsdann giebt man dem so getränkten und getrockneten Papier eine ziemlich dicke Lage von Gummi arabicum, worauf sich sofort Eisengummi

bildet. Wenn das mit der Eisenlösung getränkte Papier mit
der Gummischichte überkleidet ist, so wechselt es nicht augen=
blicklich die Farbe, sondern wird erst mit der Zeit intensiv
gelb. Es bleibt, wenn es trocken ist, lange sehr biegsam
und besitzt schönen Glanz.

Gelatinepapier für Photo=Zinkographie.

Bei öfterem Gebrauch von lichtempfindlichem Papier
empfiehlt es sich, dasselbe nur fertig gelatinirt in Vorrath
zu halten und erst am Tage vor dem Gebrauch lichtem=
pfindlich zu machen.

Zur Herstellung des Gelatine=Papieres läßt man
1 Theil Gelatine auf dem Wasserbad in 30 Theilen Wasser
zergehen, preßt in ein flaches Porzellan= oder Glasgefäß,
zieht die Papierblätter mit einer Seite unter Vermeidung
von Luftblasen über die Gelatinefläche, läßt den Ueberschuß
an einer Ecke abtropfen und hängt es an einem luftigen
staubfreien Ort zum Trocknen auf.

Ebenso sicher kann auch gelatinirt werden, wenn man
die Papierblätter auf reine Glasplatten legt und diese dann
in kaltes Wasser während einiger Minuten eintaucht; dann
hebt man heraus, überstreicht mit Fließpapier, biegt die
vier Seiten des Papieres etwa 1 Cm. hoch auf und erhält
sie in dieser Lage durch seitwärts angelegte Holz= oder
Metallstege. Die Gelatine wird nun, wenn sie noch mäßig
warm, auf das Papier ausgegossen, gleichmäßig vertheilt
und getrocknet. Nach dem vollständigen Trocknen (ohne Aus=
schluß des Tageslichtes) werden die Ränder beschnitten und
das Papier aufbewahrt. Man kann auf die Gelatineschicht
noch eine Albuminschicht aufstreichen und hat diese den
Vortheil, daß eine photo=chemische Zeichnung sich von unge=
übten Händen leichter auf die Metallplatte übertragen läßt,
als von der Gelatineschichte allein.

Das Lichtempfindlichmachen des Gelatinepapieres ge=
schieht wie folgt: 1 Theil doppeltchromsaures Ammoniak
wird in 13 Theilen Wasser aufgelöst, die Lösung filtrirt
und in eine flache Porzellantasse gefüllt. Die Gelatine=
papierblätter werden, mit der Gelatineseite nach oben, zwei
Minuten in die Tasse gelegt, nöthigenfalls mit Glasstäben
darin flach niedergehalten, abtropfen gelassen und im Dunkeln
zum Trocknen aufgehängt. Nach dem Trocknen sind die
Blätter lichtempfindlich und ohne Weiteres verwendungs=
fähig. Diese lichtempfindliche Lösung bleibt in Flaschen ge=
füllt, gut verkorkt und im Dunkeln aufbewahrt, längere
Zeit haltbar, wenn man ihr ungefähr den vierten Theil
Alkohol und so viel Salmiakgeist zusetzt, daß die röthliche
Lösung hell weingelb wird und nach Ammoniak riecht. Der
Alkohol erfüllt hierbei auch noch den Zweck, die lichtem=
pfindlich gemachte Gelatineschichte am Papier rascher trocknen
zu machen.

Besondere Glätte der Gelatineschichte und Feinheit der
Reproduction wird erzielt, wenn man die aus dem Chrom=
bad gehobenen und gut abgetropften Blätter mit der Gela=
tineseite nach unten auf eine mit Wachsbenzinlösung abge=
riebene Glasplatte legt, ein reines glattes Papierblatt
darüber breitet und Feuchtigkeit sammt Luftblasen zwischen
Gelatineschicht und Glasplatte mittelst eines Kautschuk=
streifens gut auspreßt. Die Luftblasen sind deutlich wahr=
zunehmen und leicht zu entfernen, wenn man die Gelatine=
schichte durch die Glasseite besichtigt. Die Gelatineblätter
läßt man entweder am Glas antrocknen oder man kann sie
auch gleich abziehen und zum Trocknen aufhängen. Die
lichtempfindliche Schichte ist dann spiegelblank und glatter,
als wenn sie durch eine Satinirpresse gezogen worden wäre.

Glanzloses Eiweißpapier.

Starkes Papier, auch rauhes Zeichenpapier wird einige
Minuten in eine Lösung von

7 Gr. Alaun,
2 » Gummi in
200 » Wasser

eingetaucht, abtropfen gelassen, zwischen Fließpapier ausge=
drückt und so lange es noch feucht ist, auf einem Bade aus

20 Gr. Ammoniak,
100 » Eiweiß

15—20 Secunden schwimmen gelassen, worauf man es zum
Trocknen aufhängt.

Haltbar gesilbertes Papier.

30 Gr. Citronensäure werden in
450 » destillirtem Wasser gelöst. Das Albuminpapier
wird wie gewöhnlich gesilbert, etwa auf einem Bade von
1 : 10 und zum Trocknen aufgehängt. Ist es oberflächlich
trocken, dann trocknet man die Ränder mit Löschpapier ab
und läßt das Papier mit der nicht albumirten Seite etwa
10 Secunden lang auf dem Citronensäurebad schwimmen und
hängt es dann zum Trocknen auf. In trockenem Zustande
und vollständig vor der Einwirkung des Lichtes geschützt,
hält es sich 2—3 Monate.

Man kommt oft in den Fall, gewöhnliches Silberpapier
mehrere Tage oder noch länger aufbewahren zu müssen, bei=
spielsweise wenn es wegen schlechten Wetters oder aus anderen
Gründen nicht verwendet werden kann und dann verdirbt es
bekanntlich mehr oder weniger. Solches Papier kann man
nur retten, wenn man es mit einem Schwamm auf der
Rückseite mit Citronensäure bestreicht. Es hält sich dann
weiß und da die Citronensäure nicht direct mit dem Silber
in Berührung kommt, auch beim Wässern wieder abge=
waschen wird, so schadet sie den Bildern nicht und die
Papiere tönen auch nicht langsam, wie es dann geschieht,
wenn man die Citronensäure auf die Vorderseite bringt.
Man kann dieses Verfahren leicht ausprobiren, indem man

ein Stück gesilbertes Papier auf der Rückseite zur Hälfte mit Citronensäure bestreicht, es eine Woche lang aufbewahrt und dann ein Bild darauf copirt. Zeigt sich ein Unter= schied, so ist sicher die mit Citronensäure bestrichene Hälfte die bessere, sie hält sich am besten und tönt schneller und besser.

Oder man löst

15 Gr. Silbernitrat in
100 » Wasser, in einer anderen Flasche
5 » citronensaures Natron in
100 » Wasser

und mischt beide Lösungen. Es bildet sich sofort ein dicker weißer Niederschlag. Zu der Mischung setzt man unter Um= rühren soviel Tropfen chemisch=reiner Salpetersäure, daß der Niederschlag sich wieder auflöst. Das auf diesem Bad ge= silberte Papier hält sich mehrere Wochen ganz unverändert. Das Bild erscheint im Copirrahmen rothbraun und läßt sich leicht in jedem guten Goldbad tönen. Oder:

Man löst in

180 Gr. Wasser,
30—40 » Silbernitrat und
2 » Citronensäure.

Hierzu giebt man Ammoniak bis sich kein citronensaures Silber mehr niederschlägt. Diesen Niederschlag löst man durch Zusatz von etwas Salpetersäure. Man setzt die Sal= petersäure sehr vorsichtig zu, damit das Bad nicht zu sauer wird. Das Papier wird wie gewöhnlich gesilbert und nach dem Trocknen zwischen Fließpapier aufbewahrt. Das Papier hält sich fünf Tage ganz unverändert, die Albuminschicht bleibt bei diesem Verfahren äußerst brillant.

Nach Laborde behält das gesilberte Papier lange Zeit seine Weiße, wenn man dem Silberbad salpeter= saure Thonerde zusetzt; es nimmt auch nie jene gelbe Färbung an, die das mit Silberlösung allein präparirte Papier leicht erhält. Man kann ebensoviel salpetersaure Thonerde, wie salpetersaures Silber nehmen oder halb so

viel. Die salpetersaure Thonerde coagulirt das Eiweiß, des=
halb bleibt die Schicht glänzender, wird beim Trocknen
nicht so hart und das Silberbad bleibt immer farblos. Der
einzige Umstand und Uebelstand ist, daß die Bilder nicht
so gut tonen und kräftigere Tonbäder erfordern.

Heliochromiepapier.

Papier von sehr feinem Korn wird in ein Bad ge=
taucht aus

20 Theilen Silbersalz,
20   Wasser,
100   »   Alkohol,
10   »   Salpetersäure

und nach erfolgter Behandlung getrocknet, worauf man es
in eine Lösung von

1 Theil Urannitrat,
50 Theilen Alkohol,
50   »   Salzsäure,

in der man vorher etwas Zinkweiß aufgelöst hat, bringt.
Das Papier wird dann getrocknet und kurze Zeit dem
Sonnenlicht ausgesetzt, bis es blauviolett ist. Hiernach bringt
man es wieder in die Silberlösung, dann nach dem Trocknen
in das zweite Bad, trocknet, belichtet wieder und setzt diese
Manipulation so lange fort, bis man endlich eine sehr in=
tensiv blaue Farbe erreicht. Schließlich wird das Papier,
ehe es ganz trocken ist, in eine Lösung getaucht, die man
erhält, wenn man einige Tropfen einer Lösung von Queck=
silber in Salpetersäure zu destillirtem Wasser fügt. Hierin
läßt man das Papier 5—10 Minuten, dann trocknet man
mit Fließpapier. Man exponirt unter einem fertigen Negativ
20—30 Secunden in directem Sonnenlicht und erhält so
ein Bild auf weißem Grund mit allen Farben des Origi=
nals (?).

Lichtempfindliches Papier für Photo-Zinkographie.

Wird doppeltchromsaures Kali oder doppeltchromsaures Ammoniak mit einem Klebstoff, wie Leim, Gelatine, Eiweiß, Gummi arabicum, Dextrin u. s. w. vermengt, auf Papier oder eine andere ebene und glatte Fläche aufgetragen und nach dem Trocknen dem Licht ausgesetzt, so wird die Schichte unter gleichzeitigem Nachdunkeln unauflöslich auf ihre Unterlage gebunden und schwillt in der Feuchtigkeit auf. Ueberzieht man demnach mit dieser Masse ein Papierblatt und setzt dasselbe unter einer Zeichnung dem Lichte aus, so werden alle durch die lichten (durchsichtigen) Stellen der Zeichnung hindurch vom Licht getroffenen Theile der präparirten Fläche unlöslich und stoßen die Feuchtigkeit und Farbe ab; die nicht vom Lichte berührten Stellen nehmen dagegen Feuchtigkeit und Farbe an. Auf dieser Einwirkung des Lichtes auf Klebstoffe in Verbindung mit Doppelchromaten beruhen eine ganze Reihe neuer Vervielfältigungsverfahren.

Zur Herstellung des lichtempfindlichen Papieres für Photozinkographie wird feinste weiße Gelatine, sogenannte »Lichtdruck-Gelatine« benützt, welche in 4 : 100 Wasser bei 25—31 Grad C. sich vollständig löst, bei 16—23 Grad C. aber wieder zu einer gallertartigen Masse erstarrt. Mit der Steigerung des Gelatinegehaltes in einer Lösung schmilzt dieselbe auch bei einer höheren Temperatur, so daß bei einer 10procentigen Gelatinelösung der Schmelzpunkt um 8 bis 10 Grad C. höher liegen wird, als der Erstarrungspunkt.

Bei andauerndem Erhitzen der Gelatinelösung auf 30—50 Grad C. nimmt das Erstarrungsvermögen, also die Kleb- oder Bindekraft derselben ab. Es tritt hierbei eine Spaltung der Gelatine ein in Semiglutin, welches durch Platinchlorid fällbar und in Alkohol unlöslich ist. Diese Spaltung bedeutet noch keine Fäulniß der Gelatine, aber sie mindert, wie gesagt, das Erstarrungsvermögen derselben.

Unter längerem Erhitzen ist dabei ein mehrtägiges, an=
dauerndes Erwärmen zu verstehen. Beim Erwärmen während
einer Stunde oder auch kurz darüber verflüssigt sich die
Gelatine noch nicht dauernd. Für die Herstellung des
Papieres ergiebt sich hieraus, daß die Gelatine allein oder
in Verbindung mit Chromsalzen nicht über 35 Grad R.
erwärmt oder gar andauernd in oder über dieser Tempe=
ratur erhalten werden darf. Am Vortheilhaftesten ist es,
die Gelatinelösung, nachdem sie unter Umrühren völlig
flüssig geworden ist, wieder auf beiläufig 25 Grad erkalten
zu lassen und dann erst auf die zu sensibilisirenden Flächen
aufzutragen. Nachdem die Gelatineschicht völlig erstarrt und
angetrocknet ist, soll dieselbe in der Chromatlösung lichtem=
pfindlich gemacht werden. Die Chromatlösung selbst muß
möglichst kalt erhalten werden, im Sommer allenfalls durch
Hineinlegen von Eisstückchen.

Die Bereitung der lichtempfindlichen Masse geschieht
folgendermaßen:

1. In ein Kochglas werden 1 Theil feinste, gut
zerkleinerte Gelatine, 1 Theil doppeltchromsaures Ammoniak
und 30 Theile Wasser gegeben und häufig mit einem Glas=
stab durchgerührt, bis die Gelatine im Wasser aufzuquellen
und das Salz sich zu lösen beginnt. Die Mischung wird
im Wasserbad bis zur völligen Auflösung der Gelatine er=
wärmt. Die Chromgelatine wird nach erfolgter Auflösung
filtrirt und sodann auf das Papier aufgetragen.

Das Auftragen geschieht wie folgt: Gutes, doppeltge=
leimtes, recht glattes Postpapier wird auf eine reine Glas=
platte gelegt und mit dieser in kaltes Wasser eingetaucht.
Die Glasplatte wird sammt dem Papier aus dem Wasser
gehoben, abtropfen gelassen und reines Fließpapier darüber
gestrichen, um die überschüssige Feuchtigkeit sowie die Luft=
blasen zwischen Papier und Glas zu entfernen. Glasplatte
und Papier adhäriren an einander. Man legt dieselben
wagrecht, nivellirt sie mit einer Wasserwage, schüttet die
beiläufig erforderliche Menge Chromgelatine auf das Papier
und breitet sie mit einem breiten Dachshaarpinsel gleich=

mäßig über das Papierblatt aus. Wenn die Chromgelatine so weit erstarrt ist, daß sie sich unter dem Drucke des Fingers nicht mehr zerquetschen läßt, wird das präparirte Papierblatt von der Glasplatte abgezogen und mittelst Klammer auf einer gespannten Schnur zum Trocknen aufgehängt. Das Präpariren und Trocknen muß im dunklen Zimmer, allenfalls abends bei Kerzenbeleuchtung erfolgen. Dieses Papier bleibt nur 2—3 Tage haltbar und ist in einem mit schwarzem Papier ausgeklebten Carton an nicht warmer Stelle im Dunklen aufzubewahren.

Momentpositivpapier.

Man läßt Papier auf einer gesättigten Lösung von Quecksilberchlorid schwimmen, trocknet es und macht es durch eine Lösung von Silbernitrat (1:12) im Dunkelzimmer lichtempfindlich. Es bedarf je nach der Jahreszeit nur einer sehr kurzen Belichtungsdauer unter einem Negativ im Copirrahmen von 2 Secunden bis zu einer Minute. Das sehr schwach sichtbare Bild wird durch eine Lösung von Eisenvitriol in destillirtem Wasser (1:30) nebst 10% Eisessig entwickelt. Nach dem Fixiren mit Natriumhyposulfitlösung besitzt es einen sehr schönen schwarzen Ton.

Photographisches Papier.
Nach Halleur.

Eine gesättigte Lösung von schwefelsaurem Kupferoxyd (Kupfervitriol) wird mit ebensoviel doppeltchromsaurem Kali in Wasser gelöst, vermischt, und damit gutes festes Papier getränkt und unter Lichtausschluß getrocknet und ebenso aufbewahrt. Dem Lichte ausgesetzt wird das Papier zuerst braun, dann heller und mittelst salpetersaurem Silber fixirt und hierauf in reinem Waſſer gewaſchen. Wenn man dem Waſſer ein Chlorid oder Kochſalz zuſetzt, ſo ver= ſchwindet das Bild, erſcheint aber beim Trocknen in der Sonne wieder.

Photolithographiſches Papier.

Man nimmt das Weiße von vier Eiern und ſchlägt es zu Schnee, um es abſtehen zu laſſen; oder man nimmt Bluteiweiß (Blutſerum) im gleichen Volumen. In einem anderen Gefäß löſt man

20 Gr. Dextrin in
300 » Waſſer, vermiſcht die Löſung mit dem Eiweiß und filtrirt.

Dann werden die Papiere, welche eine gleichmäßige Oberfläche haben, mit der glatten Seite (nicht Siebſeite) in der Löſung gebadet oder man kann die Löſung mit einem großen, weichen Haarpinſel aufſtreichen und gut ver= theilen. Die beſte und gleichmäßigſte Papierſorte iſt das Rivespapier, welches auch zum Albuminiren für Silbercopien benützt wird.

Man nimmt jeden Bogen an zwei entgegengeſetzten Seiten in die Hand, legt die Mitte desſelben auf die Oberfläche der Löſung und breitet langſam, unter Ver= meidung von Luftblaſen, die beiden Hälften des Papiers auseinander. Man wartet nun einige Secunden ab, bis das Papier ſich zuſammenzurollen aufgehört hat, hebt es dann auf und hängt es an einem ſtaubfreien Orte zum Trocknen auf.

Dieſe Papiere ſind ein Jahr lang haltbar.

Will man das Papier verwenden, ſo muß es in einem Chromſalzbad ſenſibiliſirt werden.

Man bereitet zu dieſem Zwecke ein Bad aus

100 Gr. doppeltchromſaurem Ammonium,
120 Cbcm. Waſſer,
40 » Alkohol und ſetzt ſo viel Aetzammoniak

hinzu, bis die röthliche Farbe ins Gelbliche übergeht. Man filtrirt diese Lösung, gießt solche in ein flaches Gefäß aus und taucht ein solches Papier mit der präparirten Seite nach oben unter die Flüssigkeit, wobei man die Vorsicht gebrauchen muß, das nasse Papier nicht mit dem Händen zu berühren, wodurch die Dextrin- und Eiweißschichte verletzt werden müßte. Nach einer halben Minute wird das Papier herausgenommen und nach dem Abtropfen an einem finsteren Ort zum Trocknen aufgehängt. Das trockene Papier hält sich 3—4 Tage brauchbar. Die zu diesem Verfahren erforderlichen Negative müssen nach linealen Bildern gemacht werden. Man exponirt 1—3 Minuten in der Sonne, oder 10—20 Minuten im zerstreuten Licht, bis alle Details deutlich entwickelt sind. Sodann wird die Copie auf der Rückseite öfters mit einem Wasserschwamm benetzt und zwar mit der Vorsicht, daß kein Wasser unterlaufen kann. Findet man nach einiger Zeit, daß die weißen Stellen auf dem Bilde feuchten Glanz zeigen und das Papier auf diesen Stellen klebt, so wird die Copie auf einen größeren befeuchteten Bogen von starkem Papier mit einer Nadel aufgespießt und mit der Bildseite auf einen vorbereiteten Stein aufgelegt.

Pigment-Druckpapier für Heliographie.

Im Militär-Geographischen Institut in Wien stehen nach Hofrath Volkmer zwei Arten, das Papier für den Pigmentdruck zu präpariren, in Ausübung und zwar das Verfahren

    1. des Streichens und

    2. des Stäubens; ersteres für Strichzeichnungen und minder zarte Halbtöne, letzteres ausschließlich für sehr zarte Halbtöne, wie Naturaufnahmen von Porträts, Landschaften u. s. w.

Das Papier wird für beide Arten vorbereitet, indem es langsam durch eine Gelatinelösung 1 : 60 gezogen und

hierauf getrocknet wird. Das so verarbeitete Papier wird
bei der Manier des Streichens mittelst eines breit gebun=
denen Dachspinsels mit folgender Mischung möglichst dünn
überstrichen:

22 Gr. Engelroth,
  8 » Indigo (vorher zerkleinert, mit Alkohol
       übergossen und angezündet),
  4 » Rebenschwarz,
16 » Gummi arabicum,
18 » weißer Zucker,
12 » doppeltchromsaures Kali,
400 » destillirtes Wasser,
15 » Ammoniak,
  4 » Chromsäure,
30 Tropfen Eisessig.

Man streicht immer, in einer Zugrichtung bleibend,
wechselweise von rechts nach links, von oben nach unten,
damit die Papierfaser nicht aufgerauht wird, wechselt den
Pinsel, ohne in die Farbe zu tauchen und strebt eine
möglichst dünne und gleichmäßige Vertheilung der Farbe
an. Der Bogen darf sich dem Auge nur grünlichgrau in
der Farbe präsentiren, doch vergesse man dabei nicht, daß
das unter der Farbe liegende Chrombild die Farbe erhöht
und ergänzt.

Nach dem zweiten oder sogenannten Staubverfahren
wird der vorgelatinirte Papierbogen überstrichen oder auch
schwimmen gelassen auf einer Lösung von

10 Gr. Gelatine,
10 » Gummi arabicum,
20 » weißem Zucker,
80 » destillirtem Wasser.

Zu diesem Zweck wird der Bogen zuerst in kaltem
Wasser gebadet, um die Gelatine zu schwellen, dann mit
der verkehrten Seite auf eine Spiegelglastafel gelegt, mit
dem Reiber vom Wasserüberschuß befreit, dann umgekehrt

und mit einer Lederwalze an die Glastafel angeschmiegt, worauf dann das Streichen mit der obigen Lösung, so wie früher, durchgeführt wird. Der Papierbogen wird nach dem Streichen oder Baden am besten über eine halbe Trommel gehängt, damit er auf beiden Seiten gleichmäßig ablaufe und kommt dann, in noch feuchtem Zustande, in den Staubkasten zu liegen.

Zum Stäuben verwendet man eine trockene Mischung von

    100 Gr. weißen Zucker mit
      5 » Lampenruß oder Rebenschwarz.

Die Stäuboperation wird in einem eigenen rotations= fähig hergerichteten Staubkasten durchgeführt. Zu diesem Zwecke wird der Staubkasten sechs= bis zehnmal mit mäßiger Geschwindigkeit gedreht, dann die an den Seiten= rändern und der oberen Deckwand massiger sitzen gebliebene Staubmasse durch Klopfen an die Außenwände des Kastens herabfallen gemacht und nach circa 1—2 Minuten rasch von unten der auf einer Spiegelglasplatte aufgezogene, vorgelatinirte Bogen in den Staubkasten eingeschoben; der Bogen bleibt nun 8—12 Minuten so im Kasten eingelegt, wodurch sich auf der noch feuchten Gelatineschicht des Bogens in regelmäßiger Weise der Staub ablagert und so eine Art Korntextur dem Ganzen verleiht. Nach dem Stäuben werden die Papiere getrocknet.

Zum Gebrauche werden dann die Papierbogen, so vor= bereitet, lichtempfindlich gemacht, indem man die Bogen mit einem weichen Leinenlappen überwischt und in fol= gender Lösung badet:

    50 Gr. doppeltchromsaures Kali,
    50 »   »   Ammoniak,
     6 Liter destillirtes Wasser, so lange Aetzammoniak zusetzt, bis die Lösung eine lichtgelbe Farbe angenommen hat, dann

    20 Gr. Chromsäure,
  1500 » Alkohol, um eine zu rasche Auflösung des Gummi arabicum zu verhüten.

Frisch präparirte Papiere nach beiden Methoden ver=
lieren sehr leicht beim Auswässern die gelbe Farbe in den
Lichtern; ältere Papiere bedürfen dagegen einer längeren
Auswässerung, meistens über Nacht; in sehr hartnäckigen
Fällen setzt man dem letzten Wasser Ammoniak zu.

Platinpapier.

Bei der Herstellung dieses Papieres handelt es sich
darum, ein chemisch reines Eisensalz zu verarbeiten und die
aufgestrichene Lösung schnell zu trocknen. Die Lösungen mit
denen das Papier behandelt wird, bestehen aus,

    A. 40 Gr. Natriumferridoxalat,
        100 » gesättigter Natriumoxalatlösung (3:100),
        0·1 » chlorsaurem Kali.

    B. 10 » Kaliumplatinchlorür,
        60 » destillirtem Wasser.

Während sich die letztgenannte Lösung unbegrenzt lange
hält, ist es zweckmäßig, die Eisensalzlösung wegen der leichten
Zersetzbarkeit frisch zu bereiten. Was die Quantität beim
Verbrauche anbelangt, so stellt sich der Verbrauch für ein
Blatt 13×21 Cm. auf 10 Tropfen der ersteren und
9 Tropfen der letzteren Lösung. Die Blätter werden vor
dem Streichen an zwei Seiten mit Messinggabeln auf zwei
Leisten, von denen die eine etwas länger als die Bogen=
seiten sind, geheftet und sodann die zusammengesetzte Mischung
der beiden Lösungen mittelst eines in Metall gefaßten
Borstenpinsels in raschen Zügen aufgestrichen. Die so auf=
gestrichene Lösung wird sodann mit einem runden, nicht zu
kleinen Vertreiber von Dachshaar egalisirt. Das Anstreichen
dieser Sensibilisirungsflüssigkeit kann bei Tageslicht in einem
mäßig hellen Zimmer stattfinden. Das gestrichene Blatt wird
daraufhin in den Trockenkasten gehängt und ist, wenn dieser
gut angeheizt ist (mindestens auf 45 Grad C.) in spätestens

2 Minuten trocken. Der Trockenkasten ist aus Eisenblech gefertigt, viereckig, unten geschlossen, oben offen und muß so hoch sein, daß bei dem größten anzuwendenden Format die untere Leiste, an welcher das Blatt befestigt war, 10 Cm. vom Boden entfernt hängen kann, um ein Anbrennen des Papiers zu verhüten. Damit das Bild beim Copiren direct in dem gewünschten schwarzen Ton erscheint, ist es noth= wendig, daß das Papier einen gewissen Feuchtigkeitsgrad hat, welcher ihm fehlt, wenn es aus dem Trockenschrank kommt. Um diesen zu erreichen, läßt man die Blätter nach dem Trocknen einige Zeit im Dunkeln liegen, wobei sie genügende und im Papier gleichmäßig vertheilte Feuchtigkeit aus der Luft aufnehmen.

Man copirt darauf, bis das Bild den gewünschten Ton erreicht hat, und fixirt bald nach dem Copiren wieder= holt in wässriger Salzsäurelösung (1:80) bis das Fixir= wasser nicht mehr gelb gefärbt erscheint und wäscht dann in mehrfach gewechseltem Wasser zwei Stunden aus. Auf frische Verarbeitung und möglichst schnelles Copiren ist zur Erzielung schöner Töne ein Hauptaugenmerk zu richten. Um daher bei trübem Wetter oder im Winter eine baldige Zersetzung während des Copirens zu vermeiden, ist hinter der Platinplatte im Copirrahmen eine die Feuchtigkeit ab= haltende Gummihaut oder ein Stück Gummituch zu legen. Auch wären noch Versuche anzustellen, ob bei trübem Wetter nicht schneller copirt wird, wenn man von der Platinlösung ein größeres Quantum zu der Eisenlösung hinzufügt. Das schnelle Copiren ist darum wünschenswerth, weil, wie es scheint, bei schnellem Copiren der Ton ein warmer ist. Ist das Bild so beschaffen, daß ein Copiren in der Sonne möglich ist, so erhält man bei diesem Verfahren die schönsten Töne. Nothwendig ist es, daß die Negative kräftig ent= wickelt sind.

Ein gutes Platindruckpapier liefert folgendes Ver=
fahren: Man beginnt mit der Zubereitung der Sensibili=
sirungsflüssigkeit und zu diesem Zwecke setzt man an:

1000 Cbcm. destillirtes Wasser,
125 Gr. trockenes Eisenchlorid.

Man filtrirt nach erfolgter Lösung und gießt dann
in kleinen Mengen Ammoniakflüssigkeit zu, bis sich kein
Niederschlag mehr bildet. Es entsteht dadurch Eisenoxyd=
hydrat in Gestalt eines braunrothen Breies, das man auf
ein Filter bringt und so lange auswäscht, bis das ab=
fließende Wasser nicht mehr im geringsten salzig schmeckt.
Anderseits setzt man die folgende Lösung an:

50 Gr. Oxalsäure,
150 Cbcm. Wasser.

Man bringt dieselbe zum Kochen und setzt ihr dann
langsam das wie früher erwähnt bereitete, noch nasse Eisen=
oxydhydrat zu, das sich darin löst. Die Lösung sollte eine
gesättigte werden und darf nicht sauer reagiren. Es empfiehlt
sich daher, um sie neutral zu erhalten, eine kleine Menge
des Eisenoxydhydrates ungelöst zu lassen. Man filtrirt, setzt
dann noch 2·5 Gr. Natriumplatinchlorür zu und bringt
dann das Volumen der Lösung mit destillirtem Wasser auf
250 Cbcm. Sollte sich in Folge des Mischens die Lösung
von neuem trüben, so muß man dieselbe nochmals filtriren.
In diesem Zustande ist die Lösung gebrauchsfertig; sie hält
sich, im Dunkeln aufbewahrt, unbegrenzt lange Zeit. Zum
Gebrauche trägt man die Lösung mittelst eines Pinsels auf
mattes, mit Arrowroot oder Gelatine geleimtes Papier
auf. Es ist von Wichtigkeit, daß die Lösung nicht in das
Papier eindringt, sondern auf der Oberfläche bleibt, da
man sonst keine brillanten Abdrücke erhält. Das Sensibili=
siren des Papieres findet natürlich im Dunkelzimmer statt.
Nachdem man die Lösung gleichmäßig auf das Papier auf=
getragen, hängt man letzteres an einer Ecke auf und läßt
es im Dunkeln trocknen. Die Belichtung findet in der ge=
wöhnlichen Weise unter einem Negativ statt.

Schellackpapier.

Gepulverter Schellack wird in einer 4procentigen Borax= lösung in der Wärme gelöst, zwei Stunden gekocht, die Lösung durch Absetzen geklärt, dann durch Schwamm und Papier filtrirt und auf dieselbe das Papier mit der glatten Schicht während 15 Secunden aufgelegt. Nachdem dasselbe durch Aufhängen getrocknet worden, legt man es auf ein 10—15procentiges Silberbad, trocknet es im Dunkeln und taucht es nochmals in ein Schellackbad derselben Stärke. Nachdem es unter einem Negativ copirt worden, legt man es in ein 8procentiges Ammoniumsulfocyanürbad und dann in ein 15procentiges Fixirnatronbad während 20—30 Minuten. Nach gutem Auswaschen sollen sich die Bilder unverändert halten und einen prachtvollen Copirton be= sitzen.

Räucherpapiere.

1. Brennbares.

Papier wird mit einer Lösung von 100—150 gräd. Salpeter in Wasser behandelt und nach dem Trocknen in eine starke Lösung von Benzoë oder Weihrauch getaucht und abermals getrocknet.

Ein vorzügliches Räucherpapier erhält man nach folgender Vorschrift:

150 Gr. Benzoë,
100 » Sandelholz,
 10 » Grasöl,
 50 » Vetiveressenz,
100 » Weihrauch,
 11 » Alkohol.

Beim Gebrauch wird das Papier mit einem glühenden, nichtbrennenden Körper berührt; es entzündet sich sofort und verbrennt ohne Flamme, aber unter lebhaftem Funkensprühen und Verbreitung eines angenehmen Duftes.

2. Nichtbrennbares.

Dieses Papier wird dadurch hergestellt, daß man Papier in eine heiße Lösung von 100 Gr. Alaun in 1 Liter Wasser taucht und mit folgender Mischung tränkt:

200 Gr. Benzoë,
200 » Tolubalsam,
200 » Vetiveressenz,
0·6 Liter Alkohol.

Dieses Papier verbreitet erwärmt sehr angenehmen Duft und kann oft gebraucht werden. Es läßt sich nicht entzünden und verkohlt nur bei starker Hitze. Manche Fabrikanten stellen minder feine Räucherpapiere auf die Weise her, daß sie das mit Alaun präparirte Papier einfach in geschmolzene Benzoë oder Weihrauch eintauchen. Die obengenannte Vetiveressenz wird bereitet aus

70 Gr. Vetiveröl (Oleum ivar anchusae) und
5 Liter Alkohol.

3. 30 Theile Benzoë,
8 » Storax,
150 » Alkohol,
10 » Balsam peruv.,
2 » Moschustinctur,
1 Theil Lavendelöl

werden zusammen gelöst und mit Hilfe eines Pinsels Bogen aus starkem Cartonpapier, die entsprechend bedruckt sind, 3—4 mal bepinselt.

4. 4 Theile Zimmtöl,
   4 » flüssiger Storax,
   4 » Bezoë,
   0·3 » Ambra,
   0·3 » Moschus

werden mit rectificirtem Alkohol zu einer dünnen Flüssigkeit gelöst, filtrirt und die Lösung mittelst eines Pinsels auf feines Papier aufgestrichen. Das Papier wird zwischen ein Licht oder eine Lampe gebracht, so daß es nur raucht, aber nicht zum Brennen kommt; es verbreitet einen angenehmen Geruch und kann zu öfterer Benützung aufbewahrt werden.

5. Papier d'Armenie.

Dieses in Frankreich sehr gebräuchliche Papier wird hergestellt, indem man ungeleimtes Papier zunächst mit Salpeterlösung tränkt und nach völligem Trocknen mit einer der nachbenannten Räucheressenzen sättigt:

a) 10 Theile Moschus,
     1 Theil Rosenöl,
   100 Theile Benzoë,
    12 » Myrrhen,
   250 » Veilchenwurzel,
   300 » Alkohol.

b) 80 » Benzoë,
    20 » Tolubalsam,
    20 » Storax,
    20 » Sandelholz,
    10 » Myrrhe,
    20 » Cascarillenrinde,
     1 Theil Moschus,
   200 Theile Alkohol.

Beide Tincturen werden durch einmonatliches Maceriren und hierauf folgendes Abfiltriren gewonnen.

13*

Reagenzpapiere.

1. Lackmuspapier.

Bei der Herstellung von Lackmuspapier handelt es sich in erster Linie immer darum, demselben die größtmögliche Empfindlichkeit zu sichern und giebt Uetscher eine An= leitung zur Herstellung eines sehr empfindlichen Papieres.

100 Gr. Lackmus in Würfeln werden mit
    40 » Wasser zu einem Brei fein zerrieben und dieser mit 960 Gr. Wasser in eine passende Flasche gespült. Die Mischung schüttelt man in den ersten sechs Stunden mehrmals um, läßt dann mehrere Tage absitzen, filtrirt, indem man mit wenig Wasser nachwäscht, so daß man etwa 100 Gr. Filtrat erhält. Letzteres versetzt man mit 5 Gr. Salzsäure, erwärmt auf dem Dampfbad in einer Porzellan= schale zur Vertreibung der Kohlensäure, fügt, falls die Flüssigkeit nach einiger Zeit am Rande wieder blau er= scheint, tropfenweise Salzsäure hinzu, so daß eine dauernd rothe Färbung erhalten wird; wenn etwa bis 900 Gr. verdampft sind, färbt man durch Zufügen von Kalkwasser einen Theil der Flüssigkeit weinroth und zieht Streifen neutralen, beziehungsweise durch Eintauchen in verdünnte Ammoniaklösung und Trocknen neutral gemachter Filtrir= papierstreifen durch die Flüssigkeit. Nach dem Trocknen resultirt ein Reagenzpapier von rothvioletter Farbe, das hinsichtlich seiner Empfindlichkeit auch hohen Anforderungen genügt.

Den anderen Theil der Flüssigkeit versetzt man zunächst vorsichtig mit einigen Tropfen Normalkalilauge und dann mit Kalkwasser, bis ein durch dasselbe gezogener und ge= trockneter Streifen Filtrirpapier nach dem Trocknen aber blau erscheint. Man trifft diesen Punkt sehr leicht und wird dann unter Benützung der erhaltenen Flüssigkeit ein sehr empfindliches blaues Lackmuspapier erhalten.

Nach einer anderen Vorschrift wird dieses Papier wie folgt hergestellt:

Blaues Lackmuspapier.

Man übergießt 1 Theil Lackmus mit
5—6 Theilen destillirtem Wasser, digerirt einen Tag und filtrirt die Flüssigkeit. Diese theilt man in zwei Theile, in deren einen man so lange Phosphorsäure hineinträufelt, bis die Flüssigkeit sich röthet. Darauf setzt man von dem anderen Theil so viel hinzu, daß die Flüssigkeit wieder blau erscheint. In diese Flüssigkeit taucht man einen Streifen von feinem weißem, schwach geleimtem Papier und läßt im Schatten trocknen.

Rothes Lackmuspapier.

Blaues Lackmuspapier wird in verdünnte Phosphorsäure (1 Theil zu 20 Theilen destillirtem Wasser) getaucht und getrocknet.

2. Curcumaepapier.

Die färbende Tinctur erhält man durch Digestion von
1 Theil Curcumaewurzel in Pulver in
6 Theilen Spiritus und Absitzenlassen und Filtriren des erhaltenen Auszuges. Die Filtrirpapierstreifen werden in die Lösung eingetaucht und getrocknet.

3. Tetramethyl=Paraphenyl=Diamin=Papier.

Ein Reagenzpapier zum Nachweise minimaler Mengen activen Sauerstoffes kann mittelst Tetramethyl=Paraphenyl= Diamin hergestellt werden. Diese Verbindung färbt sich

unter Einwirkung von Oxydationsmitteln mit außerordent=
licher Leichtigkeit intensiv violett, so daß damit die geringsten
Spuren activen Sauerstoffes in freiem Zustande oder in
seinen Verbindungen nachgewiesen werden können. Dabei
ist auch die Widerstandsfähigkeit desselben gegen alle anderen
Einflüsse eine große, so daß es wohl alle anderen, bis jetzt
in dieser Richtung verwendeten Reagentien verdrängen wird.

4. Verschiedene Reagenzpapiere.

Die Papiere werden mit den Auflösungen der bezüg=
lichen Salze getränkt und getrocknet:

a) Cyaneisen=Kaliumpapier mit gelbem Blut=
laugensalz, auf Eisen= und Kupfersalze, von denen erstere
das Papier blau, die letzteren braun färben;

b) Schwefel=Cyankaliumpapier auf Eisen=
oxydsalze, von welchen es blutroth gefärbt wird;

c) Stärkepapier. Beim Gebrauch wird es erst
mit verdünnter Salpetersäure befeuchtet und hierauf mit
der jodhaltigen Flüssigkeit, wodurch eine blaue Färbung
eintritt;

d) Tanningerbstoffpapier als Reagenz auf
Eisensalze;

e) schwefelsaures Brucinpapier;

f) salzsaures Morphinpapier; auch von
Salpetersäure oder salpeterfreien Salze werden diese blut=
roth gefärbt; es ist selbstverständlich, daß die Salpetersäure
in den Salzen erst durch Zusatz von Schwefelsäure und
Erwärmen frei gemacht werden muß.

5. Oenokrinepapier

dient zur Erkennung echten Rothweines und Nachweisung
von Kunstproducten. Um es herzustellen, zieht man reines
weißes Filtrirpapier durch eine Bleizuckerlösung und trocknet
es sodann.

Schleifpapiere.

Zu den Schleif= (Putz=) papieren gehören das Glas= papier, Feuersteinpapier (Flintpapier), Rostpapier, Schmirgel= papier und alle Arten dienen dazu, Materialien, wie Holz, Horn, Bein, Metalle durch Abreiben mit denselben zu glätten, kleine Unebenheiten zu entfernen; bei Eisen wird durch dieselben auch die gebildete Oxydschichte (Rost) be= seitigt und die blanke Metallfläche bloßgelegt.

Die Schleifpapiere bestehen aus starkem zähen Papier in gewissen Formaten oder in Rollen, auf welchen mittelst eines Klebemittels, zumeist Leim, die Schleifmittel, Glas= pulver, Bimssteinpulver, Feuersteinpulver, Schmirgelpulver in verschiedenen, untereinander aber vollkommen gleichen Feinheiten befestigt sind. Alle diese Schleifmittel wirken ver= möge der Scharfkantigkeit ihrer Theilchen und ihrer Härte; je scharfkantiger die kleinsten Theilchen sind und je größer ihre Härte ist, umso größer ist auch ihre Brauchbarkeit, wobei indessen nicht vergessen werden darf, daß es hierbei auch wesentlich auf die Größe dieser Theilchen ankommt. Je größer diese Theilchen sind, umso gröber ist das Schleif= mittel, umso tiefer gehen die beim Schleifen entstehenden Risse und umsomehr eignen sie sich zum Entfernen von bedeutenden Rauheiten, welche damit rasch beseitigt werden; je kleiner diese Theilchen jedoch sind, ganz unbeschadet ihrer Scharfkantigkeit, umso seichter werden die entstehenden Risse, umso glatter aber und ebener auch die geschliffene Fläche, umso weniger aber ist auch das Schleifmittel geeignet, große Unebenheiten zu beseitigen. Je kleiner also die einzelnen Theilchen des Schleifmittels sind, umso geringer ist die Möglichkeit, viel Material zu entfernen. Je nach den Zwecken die verfolgt werden, sind die auf das Papier aufzuleimenden Schleifmittel von verschiedener Feinheit; sehr feine Pulver,

bei welchen das Gefühl zwischen zwei Finger keine Körnchen
wahrnehmen läßt, weisen eine Größe der Theilchen von
0·005—0·01 Mm. auf: bei einer Korngröße von 0·02 Mm.
und kugeliger polyaedrischer Form vermag ein geübtes Gefühl
die Körnchen zwischen den Fingern bereits wahrzunehmen,
das Pulver beginnt scharf zu werden. Von einer Korngröße
von 0·1 Mm. an unterscheidet man schon ohne Isolirung
mit dem freien Auge die einzelnen Theilchen. Für die
Unterscheidung der Korngröße durch den Griff ist nicht
allein die Größe, sondern auch die Gestalt und Beschaffen=
heit maßgebend. So erscheinen im Griffe scharfkantige
Splitterchen gröber als gleichgroße, ja selbst größere Körn=
chen abgerundeter Form. Diese Momente sind wichtig für
den Fabrikanten von Schleifpapieren und es sei hier noch
hinzugefügt, daß die Papiere nach den Feinheiten der
Schleifmittel mit Nummern bezeichnet werden, und zwar
beginnt die feinste Sorte mit 000, welcher in aufsteigender
Größe der Theilchen die Nummern 00, 0, 1, 2, 3, 4, 5,
6 und 7 folgen, so daß diese letztere Sorte ein Papier ist,
mit einem sehr groben Schleifmittel ausgerüstet, welches bei
der Anwendung tiefgehende Risse verursacht.

Glaspapier

ist besonders bei der Holzverarbeitung häufig angewendet;
es wirkt vermöge des aufgestreuten Glaspulvers wie eine
außerordentlich feine Feile und das Glaspulver ist geeignet,
alle Materialien, welche weicher als Glas sind, zu schleifen.
In Ermangelung von Schmirgelpapier kann auch Metall
mit Glaspapier geschliffen werden, doch greift dieses einer=
seits nicht so gut an, andererseits nützen sich die Kanten
der kleinen Glassplitter so rasch ab, daß das Papier sehr
bald seine Schärfe verliert und unwirksam wird. Es lassen
sich also nur weichere Materialien als Glas, wie Holz,
Elfenbein, Schildpatt, Knochen, Perlmutter u. s. w., ferner

Anstriche mit Oel und Wasserfarben, Lackanstriche u. dgl. vortheilhaft damit schleifen, doch ist es für diese Zwecke das beste Schleifmittel, da es sich trocken anwenden läßt, farblos ist, so daß es beim Schleifen nicht schmutzt.

Je nachdem das Papier zum feineren oder gröberen Schleifen benützt werden soll, fertigt man solches in verschiedenen Feinheiten, und zwar gewöhnlich in 10 Abstufungen vom feinsten Mehl bis zu Körnchen von etwa ½ Mm. Durchmesser. Die Fabrikation des Glaspapieres wurde lange Zeit auf die denkbar primitivste Weise betrieben und auch heute sind wohl jene Etablissements leicht zu zählen, welche in rationeller Weise diesen Industriezweig betreiben, obwohl derselbe von ziemlicher Bedeutung ist.

Eines der wichtigsten Momente in der Fabrikation des Glaspapiers ist die Herstellung des erforderlichen Glaspulvers in den verschiedenen Feinheitsgraden. Gewöhnlich bedient man sich hierzu — bei kleinem Betrieb — eines eisernen Mörsers, in welchem mittelst eines schweren eisernen Stempels das Glas gestoßen wird. Es lassen sich Abfälle aller Art von Glas, so namentlich Fensterscheiben, Bruchglas u. s. w. verwenden, nur müssen diese Abfälle rein und frei von fettigen und öligen Substanzen, angetrockneten Farben, Lacken, Chemikalien u. s. w. sein, weshalb man am besten reines und unreines Glas strenge auseinander hält.

Die unreinen Glasabfälle werden zunächst gröblich zerkleinert und in einer scharfen Lauge so lange ausgekocht, bis sich alle anhaftenden Theile gelöst haben und hierauf mit reinem Wasser wiederholt und so lange ausgewaschen, bis das Waschwasser keine alkalische Reaction mehr zeigt. Auch könnte man mit unreinem Glas in der Weise verfahren, daß man solches in einem Flammenofen so lange erhitzt, bis alle organischen Theile verbrannt sind und die heiße Glasmasse hierauf rasch in kaltes Wasser wirft. Durch die rasche Abkühlung springt das Glas in viele Theile, setzt sich am Boden des Gefäßes ab, während die verkohlten organischen Substanzen sich auf der Oberfläche des Wassers

ansammeln und leicht entfernt werden können. Das Zer=
kleinern des Glases könnte auch zwischen Mühlsteinen vor=
genommen werden, doch sind Stampfwerke, seien sie nun
mittelst Dampf= oder Wasserkraft betrieben, stets am em=
pfehlenswerthesten für einen großen und umfangreichen
Betrieb.

Fig. 23.

Stampfwerk für Glas.

Ein solches Stampfwerk zeigt Fig. 23. Es besteht aus
einem festen Kasten H, dessen Seitenwände, aus Gußeisen
gefertigt, gleichzeitig die Träger des ganzen Werkes ab=
geben; der Boden ist ebenfalls aus Eisen. In dem Kasten,
welcher mittelst Holzthüren verschlossen werden kann, um
das Verstauben des Materials und jede dadurch herbei=
geführte Belästigung der Arbeiter zu verhindern, befinden
sich zwei eiserne Töpfe a a', welche cylindrisch und blank

ausgedreht sind und sich bei jedem Aufgange der beiden
Stempel b b' circa 3 Cm. um ihre Achse drehen. Die Zer=
kleinerung selbst erfolgt durch das Niedergehen der beiden
Stempel, welche sich ebenfalls um ihre eigene Achse während
der Arbeit drehen. Die Maschine ist sehr solid construirt,
1650 Mm. lang, 1000 Mm. breit, 2300 Mm. hoch, wiegt
circa 1350 Kgr. und bedarf zu ihrem Betrieb eine Pferde=
kraft.

Mittelst dieses Stampfwerkes lassen sich alle Nummern
des Glaspulvers herstellen; man bringt nämlich die zu
pulverisirenden Mengen in die eisernen Töpfe, verschließt
den Kasten und setzt nunmehr die Maschine in Bewegung.
Nach Ablauf einer bestimmten Zeit, wenn man annehmen
kann, daß das Pulver den geforderten Feinheitsgrad er=
reicht hat, bringt man das Werk zum Stehen, öffnet den
Kasten, nimmt das Mahlgut heraus, beschickt die Maschine
von Neuem und setzt dies so lange fort, bis man eine solche
Menge beisammen hat, daß sich das Absieben lohnt. Wird
das Glaspulver in gewöhnlichen eisernen Mörsern gestoßen,
so verfährt man gewöhnlich in der Weise, daß man das
Pulver nach und nach auf die verschiedenen, zum Absieben
bestimmten Siebe bringt und auf diese Weise jedesmal von
dem Inhalt des Mörsers verschieden feine Glaspulver er=
hält. Die Maschen der Siebe müssen selbstverständlich mit
der Feinheit, beziehungsweise dem Korne des Glaspulvers
übereinstimmen. Diese Manipulation ist nun einerseits eine
sehr umständliche und zeitraubende, andererseits bringt sie
die größten Gefahren für die Gesundheit der Arbeiter mit
sich; nicht allein für den Arbeiter, welcher direct mit dem
Sieben des Pulvers beschäftigt ist, sondern für alle Per=
sonen, welche sich in den benachbarten Räumlichkeiten, so=
ferne sie nicht luftdicht abgeschlossen sind, aufhalten; der
feine Glasstaub erhält sich längere Zeit schwebend in der
Luft, verbreitet sich überall, gelangt durch das Athmen in
die Lungen und kann hier Veranlassung zu gefährlichen
Uebeln werden. Es kann daher nicht genug warm empfohlen
werden, daß die Arbeiter sich Mund und Nase gut ver=

binden, um so wenig als möglich von dem Staube einzu=
athmen. Ist man jedoch in der Lage, sich zum Absieben
einer Maschine zu bedienen, welche alle diese Uebel beseitigt,
so kann die in Fig. 24 abgebildete Siebmaschine bestens
zur Anschaffung empfohlen werden. Die Vorrichtung besteht
aus einem festen verschließbaren Holzkasten, in welchem sich
mittelst des Riemenvorgeleges B ein mit Seidengaze über=
zogenes, aus Holz construirtes walzenförmiges Gestell c

Fig. 24.

Siebmaschine.

befindet. Am anderen Ende der Siebtrommel befindet sich
ebenfalls eine Riemenscheibe a, welche den selbstständigen
Zufluß des abzusiebenden Materials bei b vermittelt.
Innerhalb des Siebcylinders befindet sich ein Flügelwerk,
welches Luftdruck erzeugt und eine große Leistungsfähigkeit
bei leichtem Betrieb ermöglicht. Behufs Absiebens wird das
zu siebende Pulver bei b eingeführt, beziehungsweise ein=
geschüttet, gelangt aber vermöge der selbstthätigen Einlauf=
vorrichtung nur so weit in den Cylinder, als dieser Material

zu sieben vermag und fällt schließlich in den unter dem Siebcylinder befindlichen Kasten, während die gröberen An= theile in dem Cylinder zurückbleiben. Um nun aus dem Mahlgut die verschiedenen Feinheiten abzusieben, bedarf man mehrerer Cylinder, welche mit Gaze überspannt sind, deren Maschen oder Oeffnungen der gewünschten Feinheit entsprechen. Man beginnt mit dem Einsetzen des gröbsten Siebes, so daß die in dem Siebcylinder zurückbleibenden Antheile die gröbste Nummer des Glaspulvers darstellen, setzt dann die nächstfolgende Nummer ein, erhält auf diese Weise ein feineres Korn und verfährt auf diese Weise fort, bis man aus dem Vorrathe an vorgemahlenem Glas alle Korngrößen ausgesiebt hat. Diese werden gesammelt und in nach ihrer Feinheit mit Nummern bezeichneten Kästen aufbewahrt oder gleich der weiteren Verarbeitung zugeführt. Die Construction der Siebmaschine kann noch in der Weise eine Verbesserung erfahren, daß man anstatt nur eines ein= zigen Siebcylinders deren drei oder vier aneinander an= bringt, so daß das zu siebende Mahlgut aus einem Cylinder in den anderen gelangt und man mit einem Male mehrere Feinheitsgrade erhält. Diese Constructionen sind Sache des praktischen und erfahrenen Fabrikanten, welcher derlei für seine Zwecke besonders passende Abänderungen gewiß am besten anzugeben im Stande ist.

Das Papier, welches man zur Fabrikation verwendet, muß ein gutes starkes und möglichst langfaseriges Product sein; es soll so wenig als möglich geschliffenen Holzstoff enthalten, da es sonst beim Gebrauche leicht reißt und bricht; es muß ziemlich dick sein, um den aufzutragenden Leim nicht durchschlagen zu lassen, andererseits aber darf es doch nicht zu schwer sein, damit es nicht zu hoch zu stehen kommt und das fertige Product nicht unnöthig ver= theuert. Das Papier muß ferner frei von Knoten und Un= ebenheiten sein und wenn solche vorhanden sind, müssen sie mit Bimsstein entfernt, also abgeschliffen werden, damit eine glatte Fläche entsteht. Würde man diese Unebenheiten über= sehen, ihnen keine Bedeutung beilegen, so würde dies bei der Verarbeitung des Glaspapieres üble Folgen haben; die Knötchen treten durch den Leim, dann aber hauptsächlich durch das aufgesiebte Glaspulver derart hervor, daß sie förmliche Berge und Thäler bilden und es unmöglich wird, mit dem Papier eine glatte und ebene Fläche zu erzielen. Diese erhabenen Stellen greifen das zu schleifende Material mehr an als die übrigen, sie erzeugen förmliche Risse und Löcher und man erzielt mit solchem Papier das gerade Gegentheil von dem, was man eigentlich bezweckte.

Das Papier wird in entsprechend große Blätter ge= schnitten oder in solchen schon aus der Papierfabrik bezogen, auf großen Arbeitstischen ausgebreitet, an den vier Ecken mit kleinen Stiften oder Zwingen befestigt und nunmehr mittelst eines großen Pinsels mit einer heißen Leimlösung dünn und gleichmäßig überzogen. Das gleichmäßige Ueber= ziehen mit der heißen Leimlösung, welche sich, sobald sie auf dem Papier ausgebreitet ist, rasch verdickt, klebrig und fadenziehend wird, erfordert große Uebung und Geschicklich= keit; ebenso muß auch die Leimlösung im richtigen Ver= hältniß zusammengesetzt sein und dürfen nur beste Leim= sorten gebraucht werden, wenn anders man ein gutes und brauchbares Erzeugniß liefern will. Ist der Leim zu dünn und das Papier von schlechter Qualität, so saugt sich die Leimlösung ins Papier, die obenauf sitzende Schichte hat nicht Consistenz genug, um das Glaspulver zu befestigen und auf diese Weise entstehen dann Glaspapiere, welche entweder das Glas leicht abbröckeln lassen oder welche ganze Stellen aufweisen, an welchen überhaupt wenig oder gar kein Glaspulver sich befindet. Es gilt dies namentlich für die gröberen Glaspapiere, bei welchen die Leimschichte mit ganz besonderer Sorgfalt aufgetragen werden muß, damit die glatten Glaskörnchen, welche sich ja mit dem Binde= mittel in keiner Weise imprägniren können, im Gegentheile ihre Neigung bekunden, vermöge ihrer Glätte abzuspringen, in der Leimschichte festgehalten werden. Ist hingegen die Leimschichte zu dick, also der Leim zu consistent gewesen, so trocknet die Oberfläche rasch an, während die unteren

Theile noch feucht sind, allein das Glaspulver ist nicht mehr in der Lage, sich in der Leimschichte einzubetten. Bei ungleichmäßigem Streichen der Leimlösung bilden sich dünnere und dickere Stellen auf dem Papier, welche ganz besonders hervortreten, wenn das Glaspulver aufgesiebt ist und ein derartiges Papier unverwendbar machen.

Sofort nachdem der Leim auf das Papier aufgestrichen ist, muß mittelst eines entsprechenden Handsiebes das pulveri= sirte Glas aufgesiebt werden. Auch das Aufsieben erfordert einige Uebung und Geschicklichkeit, wenn es auch nicht von solcher Tragweite ist, als das Streichen von Leim. Die Arbeit läßt sich am besten in der Weise durchführen, daß man zu derselben drei Arbeiter verwendet. Der erste besorgt das Anstreichen der Papiere mit Leimlösung, der zweite das Aufsieben des gepulverten Glases und der dritte das Entfernen des überflüssigen Glases von dem Papiere. Es läßt sich nämlich das Pulver nicht so aufsieben, daß man eine bestimmte Menge für einen Bogen daraufbringt, sondern es wird eben so viel aufgesiebt, daß der Bogen gleichmäßig bedeckt erscheint. Nun haften aber nicht alle Theilchen, es liegen vielmehr Glassplitterchen aneinander, ohne mit dem Leim in Berührung gekommen zu sein und diese werden durch einfaches Umwenden des Bogens ent= fernt. Nachdem das überflüssige Glaspulver entfernt ist, wird mit einer hölzernen Walze leicht über das Papier ge= rollt um die Glastheilchen so fest als möglich in den Leim einzupressen und eine gleichmäßige und ebene Oberfläche herzustellen und das so gefertigte Papier endlich zum Trocknen aufgehängt oder auf eigenen Trockengeräthen auf= geschlichtet.

Die Fabriksmarken werden auf der Rückseite des Papieres selbstverständlich vor dem Leimen aufschablonirt oder gedruckt und auf gleiche Weise auch mit der Nummer der Feinheit versehen.

Es unterliegt keinem Zweifel, daß die oben geschilderte Fabrikationsweise noch mancher Verbesserung fähig ist, daß dieselbe, auch wenn Stampf= und Siebmaschine in Ver=

wendung genommen werden, noch immer eine primitive genannt werden muß, denn es ließe sich das Streichen des Papieres mit der Leimlösung mit einer Maschine bewerkstelligen und auch das Aufsieben des Glaspulvers wäre gewiß mit weit weniger Gefahren für die Gesundheit der damit beschäftigten Arbeiter auf maschinellem Wege in geschlossenen Kästen durchzuführen, jedoch muß hervorgehoben werden, daß die Erzeugung des Papieres noch vielfach in Händen ruht, die über große Capitalien nicht verfügen.

Bimssteinpapier

wird in gleicher Weise wie Glaspapier bereitet, indem man festes Papier mit Leim bestreicht und Bimssteinpulver in verschiedenen Feinheitsgraden aufsiebt.

Nach einer anderen Angabe stellt man dieses Papier wie folgt her:

Man glüht eine beliebige Menge Bimsstein zwischen glühenden Kohlen in einem Tiegel wohl aus, löscht denselben in Wasser ab und stößt ihn zu einem zarten Pulver. Hierauf wird dieses in einem passenden Gefäß mit gutem Leinölfirniß, wie zur Bildung eines dünnen, mit dem Pinsel aufzutragenden Breies erforderlich ist, angemacht. Wenn der Ueberzug gelb werden soll, so setzt man dem Gemenge etwas Ocker, soll er aber blauroth werden, Kienruß und Englischroth hinzu. Mit diesem Brei wird mittelst eines Pinsels gutes Packpapier nur dünn und so glatt wie möglich überzogen, so daß man keine unbedeckte Stelle des Papieres mehr bemerkt, worauf man den Ueberzug an der Luft abtrocknen läßt. Nachdem derselbe getrocknet ist, giebt man einen zweiten Anstrich und nach abermaligem Abtrocknen läßt man den Bogen durch eine Walze gehen, um der Oberfläche die möglichste Gleichmäßigkeit zu geben. Da das Bimssteinpulver sich gerne aus dem Firniß abzusetzen pflegt, so muß man während des Auftragens der Masse solche zuweilen umrühren, damit sie immer gleichförmig bleibt. Mit diesem Pulver können alle verrosteten eisernen und stählernen Gegenstände rein polirt werden.

Flint= oder Feuersteinpapier

dient zu gleichen Zwecken wie Glaspapier, greift jedoch die zu schleifenden Gegenstände der größeren Härte wegen weit energischer an als dieses, muß daher vorsichtiger benützt werden, nützt sich aber auch weniger leicht ab, weil die ein= zelnen Theilchen ihre scharfen Kanten und Spitzen nicht verändern.

Das Flintpulver wird in verschiedene Feinheitsgrade gebracht, welche man durch Absieben des gestoßenen Materiales gewinnt und dann auf das mit einer Leimschichte bestrichene Papier aufsiebt. Zur Herstellung kann man nur festes und von Holzstoff möglichst freies Papier, welches keine zu kurzen Fasern hat, verwenden, auch darf es keine Uneben= heiten zeigen und wenn solche doch vorhanden sind, muß man dieselben durch Schleifen entfernen. Nachdem das Papier in die erforderliche Blattgröße gebracht ist, wird es auf einem Tische ausgebreitet, befestigt und unter Zuhilfe= nahme eines Pinsels der Leim, welcher gerade die richtige Consistenz besitzen soll, aufgestrichen. Da der Leim, wenn er nicht allzu dünn ist, ziemlich rasch trocknet oder doch wenigstens seine ursprüngliche Klebrigkeit schnell verliert, so siebt man mittelst eines Handsiebes ohne Zögerung das Flintpulver in der gewünschten Feinheit auf. Dann entfernt man durch Umdrehen des Papieres das überschüssige Flint= pulver, bringt das Papier unter eine Walze, um das Pulver gehörig festzupressen und hängt das fertige Product zum Trocknen auf.

Schmirgelpapier.

Fremy verwendet zur Herstellung von Schmirgel= papier verschiedene Vorrichtungen und sein Verfahren zerfällt in fünf Hauptoperationen und zwar:

1. Ueberziehen des Papieres mit Leim,
2. Einstauben mit Schmirgel,
3. Entfernen des überschüssigen Pulvers,

Fig. 25.

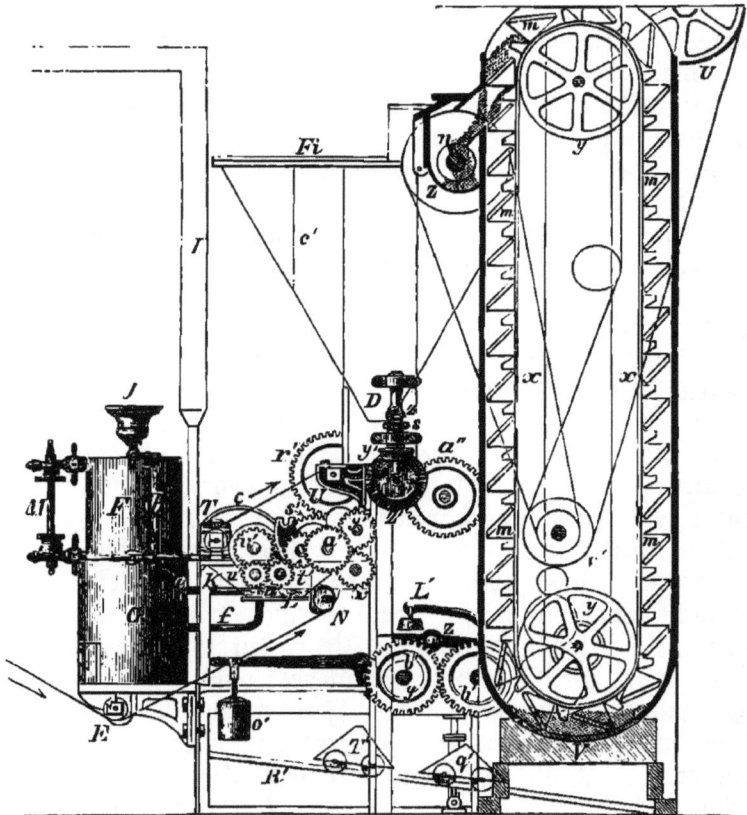

Maschine von Fremy. Längenansicht.

4. Abschneiden und
5. Aufschichten des Papieres.

Die Apparate, welche Fremy verwendet, sind in Fig. 25—35 abgebildet und zwar ist

Fig. 25 die Längenansicht,

» 26 der verticale Durchschnitt desselben durch die

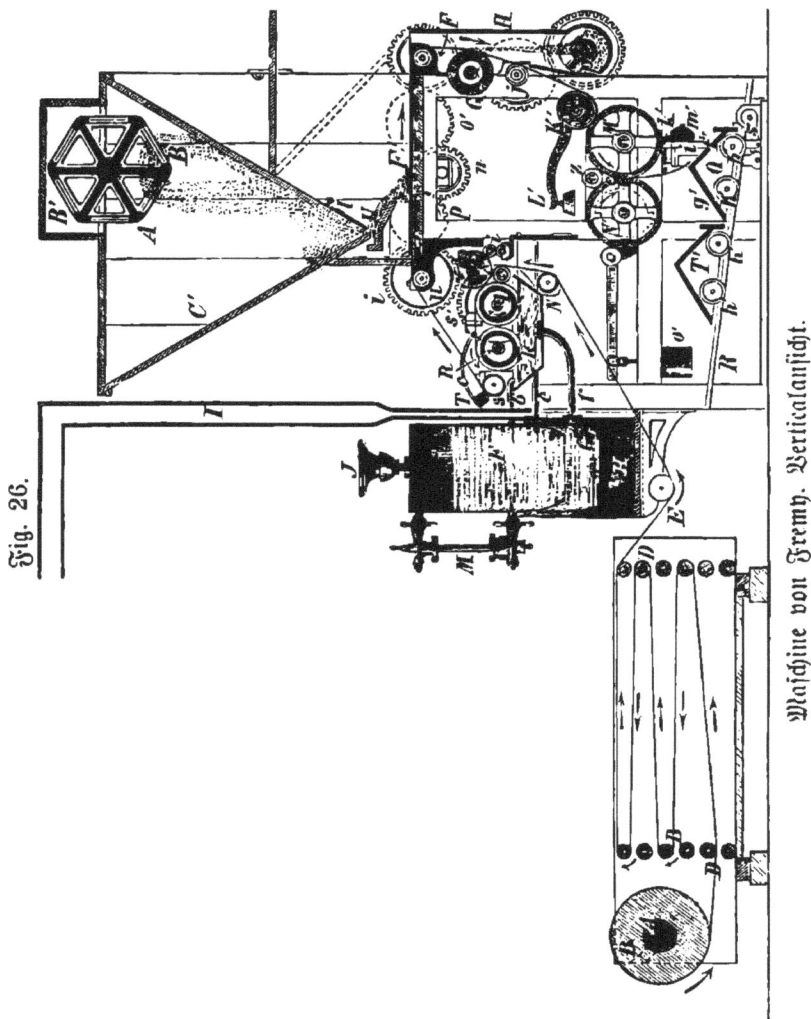

Fig. 26.

Maschine von Fremy. Verticalansicht.

Mitte des Cylinders und des Rumpfes oder
der Gosse,

14*

Fig. 27 der verticale Durchschnitt des Apparates zum
Schneiden des Papieres,
»   28 der Längendurchschnitt durch den Schneidecylinder auf seinem Gestell,
»   29 Querschnitt und
»   30 Längendurchschnitt des Cylinderendes, woraus

Fig. 27.

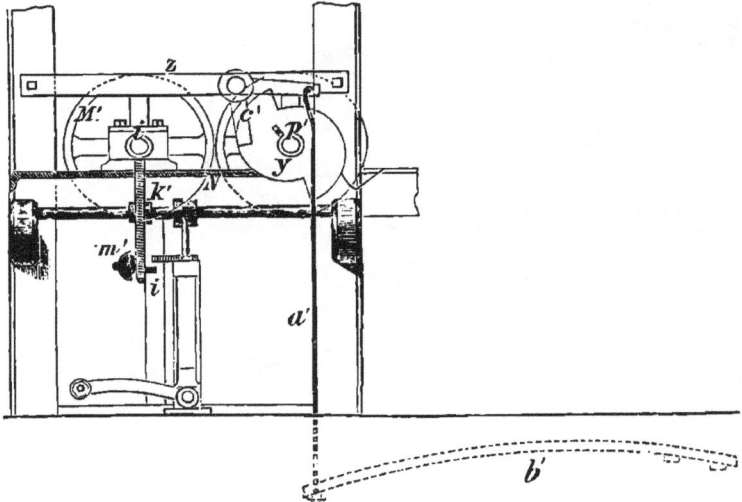

Maschine von Fremy.
Verticalschnitt des Apparates zum Schneiden des Papieres.

die Anordnung des Sägeblattes, zum Abschneiden
des Papieres dienend, ersichtlich ist,
Fig. 31 Längendurchschnitt und
»   32 Querschnitt eines Gossenschuhes, welcher den
Zweck hat, das Schmirgelpulver zu bewegen
und das Zusammenbacken desselben zu verhindern,
»   33 eine Seitenansicht und
»   34 Durchschnitt eines Troges, in welchem sich Farbe

befindet, um auf die Rückseite des Papieres die Fabrikszeichen aufzudrucken.

Fig. 35 sind Metallsiebe, womit der sechsseitige Haspel überzogen ist. Die Pfeile bezeichnen die Richtung, in welcher sich das Papier bewegt und die Richtung, in welcher sich die verschiedenen Cylinder drehen. A ist eine Walze, auf welche das Papier B aufgerollt wird; sie liegt in einem Kasten C, welcher vor der Maschine steht. Das Papier geht

Fig. 28.

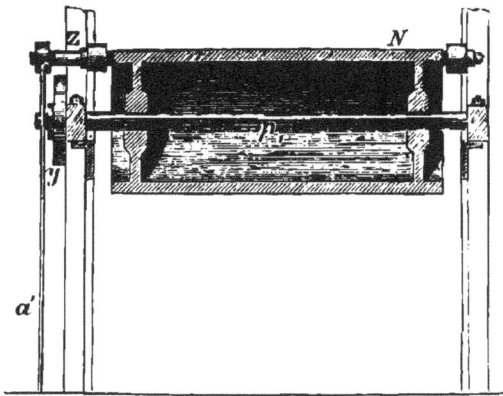

Maschine von Fremy.

Längsdurchschnitt durch den Schneidecylinder auf seinem Gestell.

nach dem Abrollen von der Walze A über die Stäbe D und unter einer Leitwalze E weg, welche unter dem Speise= apparat für den Leimtrog liegt. Dieser Apparat besteht aus einem kupfernen Gefäß F von cylindrischer Form, dessen Boden in ein Wasserbad G hineinreicht, das durch einen kleinen mit Kohlen gespeisten Herd H erwärmt wird. Die Verbrennungsproducte entweichen durch die Röhre T. Ueber dem Gefäß F befindet sich ein trichterförmiger Napf J, in welchen man den Leim eingießt. Die Röhre dieses Napfes ist mit einem Hahn a versehen, welcher durch die Stange b mit einem zweiten Hahn e verbunden ist, der sich zwischen der Röhre d befindet, die den Leim in den Leimtrog K führt. Dieser ist mit einem doppelten Boden L versehen und unten mit heißem Wasser gefüllt, welches aus dem Wasser= bad G kommt und durch die Röhre e zugeführt wird. Eine andere Röhre f leitet dasselbe wieder in den Kessel zurück, so daß es beständig in Circulation ist. Ein gläserner Wasser= standszeiger M giebt die Höhe des Leims in dem Reci= pienten F an. Der Kessel K wird durch eine Röhre mit Wasser gespeist, die mit einem Trichter versehen ist und die man in der Zeichnung nicht sehen kann.

Das Papier geht, wenn es die Rolle E verlassen hat, über eine zweite Leitrolle N und gelangt dann zwischen die Cylinder O und P. Der erste ist mit einem elastischen Körper, z. B. Leder, überzogen und erfaßt das Ende des Papieres, welches man zwischen die Cylinder einführt. Auf dem anderen befinden sich etwas erhaben die Ziffern, welche die Fein= heitsgrade bezeichnen und das Fabrikszeichen. Die Ziffern drucken sich auf das Papier, nachdem sie durch die Walze G geschwärzt wurden. Gegen die Walze G druckt eine zweite P und diese nimmt die Schwärze aus dem kleinen Trog i (Fig. 33) auf. Dieser Trog kann mit Hilfe eines Riegels j, dessen unterer Theil mit Sperrzähnen versehen ist, in welche eine Sperrklinke k einfällt, höher oder tiefer gestellt werden.

Q und R sind die zwei mit Filz überzogenen Leim= cylinder. Der eine derselben ist mit seinen Lagern verschieb= bar, um dem anderen nach Bedarf genähert oder von dem= selben entfernt werden können. Sie nehmen den heißen Leim aus dem Trog K auf und bringen ihn auf das Papier, welches sodann unter der Walze s weggeht, auf welche es noch durch den Drucker T aufgedruckt wird, der selbst an einer Feder l befestigt ist. Der Drucker ist elastisch und mit Tuch überzogen, welches den Zweck hat, den Leim auf dem Papier auszubreiten und was von den Cylindern zuviel geliefert wurde, wegzunehmen. Fremy hat den Drucker jetzt etwas anders angeordnet, so daß er während der Arbeit eine hin= und hergehende Bewegung macht; auch kann da= bei die Spannung der Feder, welche ihn andrückt, mit

Leichtigkeit regulirt werden. Der Drucker ist dabei auch statt wie in der Zeichnung convex etwas concav, um sich auf einen Theil des Walzenumfanges aufzulegen; seine beiden

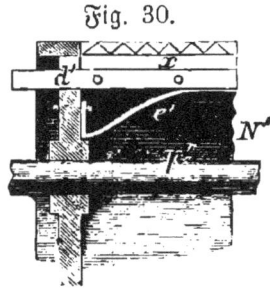

Fig. 29.

Fig. 30.

Maschine von Fremy.
Querschnitt des Cylinderendes.

Zapfen sind mit Tastern versehen, welche in eine schrauben= förmige Nuth eingreifen, die an beiden Enden in die Walze

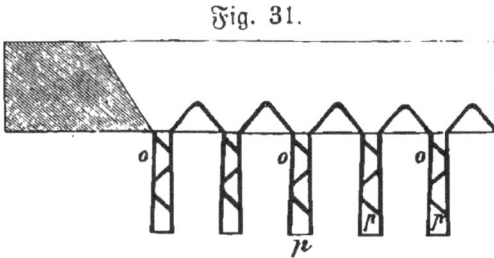

Fig. 31.

Maschine von Fremy.
Querschnitt eines Gossenschuhes.

eingeschnitten ist. Es ist nun leicht einzusehen, daß, wenn sich die Walze dreht, der Drucker hin= und hergeschoben wird. Derselbe ist an einem beweglichen eisernen Rahmen aufgehängt und dieser vorne an der Maschine angebracht, welche ihre Führung in Hülsen haben, die am Maschinen=

gestell angebracht sind. Die Enden der Stangen sind mit
Spiralfedern umgeben, von deren Spannung der Druck des
Druckers auf dem Papier abhängt. Nachdem das Papier
den Drucker verlassen hat, geht es über eine Leitwalze u
und unter einem System von langen Bürsten weg, von
denen die erste, welche aus rohen starken Schweinsborsten
besteht, den Leim ausbreitet und die zweite, welche längere
und weichere Haare hat, die Streifen wieder vertreibt, welche
die erste Bürste hervorgebracht hat. Sobald das Papier
unter den Bürsten weggegangen ist, ist es gehörig vorbereitet,
um das Schmirgelpulver aufzunehmen. Das Pulver wird
in den Trichter oder in die Gosse c' eingeschüttet, entweicht
am Grund der Gosse, wenn man eine kleine regulirbare
Schütze t öffnet und fällt hierauf auf eine schiefe Ebene u
und von da auf die Plattform b. Will man den Ausfluß
des Pulvers verhindern, so hebt man die schiefe Ebene u
in die Höhe und sie bedeckt dann die Oeffnung, welche von
der Schütze gelassen wurde. Wendet man Pulver von solcher
Feinheit an, daß es matt und wie Mehl aussieht und nicht
von selbst ausfließen würde, so nimmt man die Schütze t
weg und bringt den Wechselboden (Fig. 31 und 32) an ihre
Stelle. Dieser Boden besteht aus einer biegsamen Haut mit
kleinen Röhrchen o, deren Inneres mit Drahtstäbchen p, die
sich kreuzen, versehen ist.

Die Röhrchen liegen in einem Rechen, welcher durch
einen Excenter r, der auf der Achse D (Fig. 25) angebracht
ist, eine schüttelnde Bewegung erhält. Unterhalb der Röhrchen o befindet sich ein horizontales Metallsieb, welches den
Röhrchen entgegengesetzt bewegt wird und zwar durch einen
zweiten Excenter s, der ebenfalls auf der Achse D befestigt
ist. Aus dieser Anordnung geht hervor, daß in dem Maße,
als das Pulver durch den Wechselboden in die Gosse C'
fällt, es in die Röhrchen o gelangt, welche durch ihre
schüttelnde Bewegung, wozu auch noch die Drahtstäbchen
helfen, dasselbe auf das Sieb ausstreuen, das seinerseits
das Pulver in entgegengesetzter Richtung auf die Plattform b'
wirft und zwar in immer gleicher Menge.

Das auf der Plattform ausgebreitete und gespannte Papier nimmt das Pulver auf, welches daran hängen bleiben muß. Es geht hierauf über die Leitwalze F und begegnet einem Bürstencylinder E', welcher durch vibrirende Bewegung, die er dem Papier mittheilt, das überschüssige Pulver in den Kasten H abschüttelt, dessen Boden durch einen Trog T' gebildet wird. In diesem Trog dreht sich ein horizontaler, aus einem Schraubengang gebildeter Zubringer o, der das Pulver in den Trog V bringt, von wo dasselbe durch ein Schöpfwerk oder einen Elevator x mit Schöpfrinnen m,

Fig. 32.

Querschnitt eines Gossenschuhes.

Fig. 33.

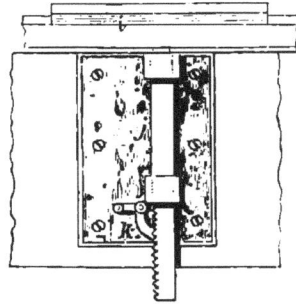

Maschine von Fremy.

Seitenansicht eines Troges.

der durch die Trommel y y in Bewegung gesetzt wird, in die Höhe gehoben und durch eine Rinne in den Trog Z geworfen wird. Ein dem Zubringer V ähnlicher Zubringer r, der sich in diesem Trog dreht, bringt dann das Pulver in den sechsseitigen Beutelcylinder A', welcher über der Gosse b' angebracht und mit dem Metallsieb B' überzogen ist, wie Fig. 35 angiebt. Das Abschneiden des feuchten Papieres bot Schwierigkeiten, welche jedoch durch folgenden Mechanis= mus überwunden wurden.

Nachdem das Papier die feuchte Leitwalze j' verlassen hat, wird es von dem Cylinder K', der durch ein Gewicht L' an dem Cylinder M' angedrückt wird, ergriffen und

stark gespannt, letzterer bringt es gegen einen zweiten
Cylinder N', auf welchen ein Gewicht o' wirkt und welches
an seinem Umfange in gleichen Entfernungen mit zwei Säge=
blättern X versehen ist, die das Papier der Breite nach in
zwei Blätter zerschneiden, welche so groß als der halbe Um=
fang des Cylinders sind. Die Sägeblätter sind beweglich,
damit sie einen raschen und kräftigen Schlag geben können,
der zum Abschneiden des Blattes nöthig ist.

Die Achse p' des Schneidecylinders N' ist deshalb an
einem Ende mit einem doppelten Hebedaumen J (Fig. 25 u. 26)
versehen, welcher, indem er sich mit der Achse dreht, den
Hebel z in die Höhe hebt. Dieser ist durch eine Stange a'
mit einer Feder b' in Verbindung und trägt außerdem
noch einen Arm c', welcher, wenn der Hebel über einen
Hebedaumen abfällt, dem Sägeblattträger d' einen raschen
Schlag ertheilt, wodurch das Sägeblatt X in dem Augen=
blicke vortritt, wo ihm gegenüber in dem Cylinder M' eine
Nuth liegt. Das Sägeblatt tritt in die Nuth ein, nachdem
das Papier durchschnitten ist, geht aber infolge der Ein=
wirkung der Feder c' sogleich wieder zurück. Diese Bewegung
wiederholt sich nach jedem halben Umgange des Cylinders
und ist vollkommen regelmäßig. Das feuchte und mit einer
schweren Substanz überzogene Papier würde sich zusammen=
biegen, wenn es nicht in einer Weise von der Maschine ab=
genommen würde, welche dies verhindert.

Ein abgegliederter Finger, der an jedem Ende des
Cylinders M' und zwar nahe bei der Nuth angebracht ist,
legt sich zwischen die beiden Cylinder und gerade in dem
Augenblicke, wo sie sich berühren. Er drückt leicht auf das
Papierblatt und hält es an dem Cylinder fest, bis das
Ende dieses Blattes unter dem Cylinder ankommt. Hierauf
hebt eine Taste, die am Maschinengestell befestigt ist, den
Finger, der auf das Papier drückt, auf. Das auf diese
Weise freigewordene Papier legt sich dann auf die schiefe
Ebene F' des Wagens Q' und wenn das andere Ende des
Blattes, nachdem es abgeschnitten ist und aus den Cylindern
M' und N' tritt, so legt es sich auf die zweite schiefe Ebene g'

des Wagens, der mit seinen Rädern h' h' auf einer ge=
neigten Bahn B' sich bewegen läßt und nur durch den
Anschlag S' an seiner Stelle erhalten wird. Haben sich auf
diese Weise 60 Papierblätter auf den Wagen gelegt, so
schlägt ein Hammer i auf eine Glocke m' und giebt das
Zeichen, daß es Zeit ist, den zweiten Wagen F' unter die
Cylinder zu bringen. Der Hammer i ist an einem gezahnten
Rad k befestigt, das durch eine endlose Schraube l', die
auf der Achse des Cylinders M angebracht ist, in drehende
Bewegung versetzt wird. Um den Wagen T' an die Stelle

Fig. 34.   Fig. 35.

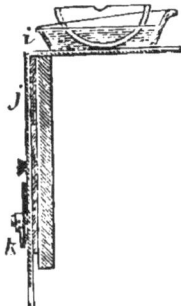 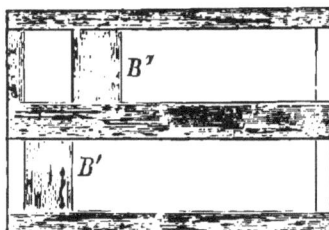

Maschine von Fremy.

Durchschnitt eines Farbentroges.   Metallsiebe.

des Wagens Q' zu bringen, macht der Arbeiter den An=
schlag S' los, worauf der Wagen Q auf der Bahn R' ab=
wärts gleitet und sogleich durch den leeren Wagen T' ersetzt
wird, der unter den Cylindern stehen bleibt, sobald der
Anschlag S' wieder in die Höhe gehoben ist.

Die Bewegung wird der Maschine durch einen be=
liebigen Motor ertheilt und sie geht von der großen Riemen=
scheibe U' aus und von dieser mittelst eines endlosen Riemens
auf die Scheibe V' über, deren Achse auch zugleich die des
Bürstencylinders G' ist. Dieser Cylinder setzt den übrigen
Theil der Maschine mittelst der Räder n' o' p' in Bewegung.
Das Rad n' treibt ein Rad s', das sich auf der Achse des

Cylinders Q befindet. Auf dem anderen Ende dieser Achse ist ein Rad t' fest, das durch die Räder u' u' das Rad V' des Cylinders R in Gang setzt. Die Räder X X', welche die Walze g und h in Bewegung setzen sollten, wurden von Fremy weggelassen, um den Mechanismus zu vereinfachen. Die Achse D' wird durch ein Getriebe J' bewegt, welches mit einem Winkelrad z' im Eingriff ist, das selbst durch das Rad a'' in Bewegung gesetzt wird. Die Schneidecylinder erhalten ihre Bewegung durch die Zahnräder C'' C'', die selbst wieder durch Räderwerk von der Riemenscheibe V aus getrieben werden.

Um die Operation zu vollenden, ist es dann nur nöthig, das Papier in eine geheizte Trockenkammer mit Ventilator zu bringen, worin es auf Schnüre gehängt wird und lang= sam trocknet.

Eine andere Maschine zur Herstellung von Schmirgel= (und Glas=) papier hat Brückner construirt.

Auf einer Walze ist das zum Verbrauche bestimmte Papier (oder auch die Leinwand) aufgerollt und läuft von dort über eine Gleitrolle zwischen zwei Walzen. Die eine Walze ist an beiden Enden mittelst Stahlschrauben verstell= bar, um sie nach Bedürfniß auf eine mit Filz überzogene Walze aufzudrücken, welche in einem Troge, der die zum Gebrauche besonders zubereitete Klebstofflösung enthält, läuft. Diese Klebstofflösung wird durch einen besonderen Trichter in den Trog gefüllt. Die eine der genannten Walzen dreht durch Reibung eine Rolle, welche die gleichmäßige Ver= theilung der Klebsubstanz vermittelt. Dann geht das Papier unter zwei Streuungsbehältern durch, an deren unterer Oeffnung sich stählerne Rollen befinden, welche von einer Wellenachse aus bewegt werden und dadurch das Auslaufen des Schmirgels bewirken. Die Menge des letzteren kann durch besondere Stellvorrichtungen bewirkt werden. Dicht hinter den Streuungsbehältern sind gerippte Walzen, welche den Zweck haben, das Papier in Vibration zu erhalten und dadurch die Streuung besser zu vertheilen. Aus letzterem Grunde sind auch die Streuungsapparate doppelt vorhanden und läuft das Papier nach dem Streuen über eine Rolle, wo das nicht haften gebliebene Schmirgelpulver in einen Kasten fällt, während das Papier zwischen, beziehungsweise über zwei Cylinder, die mit Dampf geheizt sind, läuft und nur so weit trocknet, daß die Farbe des Stempels noch haftet. Nach dem Verlassen der geheizten Cylinder geht das Papier zwischen zwei Hartgußwalzen hindurch, welche es glätten und den jetzt noch zähen Klebstoff einpressen. Im weiteren Laufe gelangt es zwischen zwei andere Walzen, von denen die eine den Fabriksstempel, der mittelst einer besonderen Walze eingefärbt wird, trägt. Das vollständige Trocknen des Papieres wird durch zwei weitere geheizte Trommeln bewirkt und gelangt dasselbe dann in eine Schneide= maschine, zwei Walzen, welche es in Streifen von beliebiger Breite schneiden, während andere Walzen das Schneiden dieser Streifen der Quere nach bewirken.

Da eine Weiterleitung nicht stattfindet, so fallen die Bogen auf eine schiefe Ebene bis zu den vorstehenden Haken eines Auslegers, welcher sie auf einen Tisch ablegt.

Die Vorzüge dieser Maschine sollen hauptsächlich darauf beruhen, daß die Bogen ohne Handarbeit vollständig fertig= gestellt werden können und daß eine bedeutend größere Menge als mit anderen derartigen Maschinen gefertigt werden kann, was sich jedoch nur bei Anwendung eines sehr schnell trocknenden, besonders zusammengesetzten Bindemittels er= zielen läßt.

Dumas hat in seiner Fabrik verschiedene Ver= besserungen eingeführt, welche Uebelstände, die die Schmirgel= papierfabrikation mit sich bringt, vermeiden und die Her= stellungskosten verringern sollen.

Die Dimensionen der in der Fabrik verarbeiteten Papierbogen wechselt von 32/22 bis zu 43/27 Cm., je nach Qualität; die Fabrik selbst hat eine große Ausdehnung und in allen Arbeitsräumen wird die Luft durch Ventilatoren gereinigt. Der Mechanismus sämmtlicher Ventilatoren wird durch ein Göpelwerk in Bewegung gesetzt. Das Schmieren der Getriebe für die Ventilationsflügel geschieht mit con=

sistentem Fett statt mit Oel, wodurch das Verspritzen und das dadurch bewirkte Verderben des Papieres vermieden wird.

Der Leim, womit man das Papier vor dem Bestauben bestreicht, wird aus zu feinen Fasern zerschnittenen Haut= abfällen bereitet. Von diesen kommen 230 Kgr. mit 100 Kgr. Kanninchenhäuten, 15 Kgr. Alaun, 930 Liter Wasser und 1—2 Procent Glycerin in einen Kessel, worin das Ganze etwa sieben Stunden lang gekocht wird. Hierauf wirft man das Product auf ein Sieb und preßt mittelst einer Revil= lon'schen, von Dumas verbesserten Percussionspresse aus. In der Mitte dieser Presse ist ein durchlöchertes Rohr an= gebracht, so daß die ganze Flüssigkeit ablaufen kann; die= selbe wird durch die Luft nach außen gepreßt. Nachdem in dieser Weise alles Brauchbare abgepreßt ist, erhält man einen als Dünger verkäuflichen Rückstand und einen Leim, welchem man beim Erkalten 24 Kgr. schweflige Säure zu= setzt, worauf er nach 12—15 Stunden die zum Gebrauch passende Consistenz annimmt. Er werden täglich 800 bis 1200 Kgr. Leim verbraucht, derselbe muß stets frisch sein.

Die Papiersorten werden in verschiedenen Stärken eigens aus altem Tau= und Netzwerk und ähnlichen Stoffen fabricirt.

Jeder der dreißig Arbeitsplätze enthält einen hölzernen Tisch mit Rand, nebst einem Kasten für den Schmirgel. Ueber dem Tische befindet sich ein eisernes Gitter, worauf die Arbeiterin das Papier legt, um es mit den verschiedenen Sorten von Schmirgelpulver zu bestreuen. Jede Arbeiterin hat einen irdenen Ofen, auf dem der Leim im Wasserbade durch ein Gemenge von Holzkohle und Torfkohle warm er= halten wird. Der Leim wird mit einer Bürste auf dem Papier ausgebreitet, dieses dann auf das Gitter gelegt, bestreut und auf Brettern zum Trocknen befördert. Schließ= lich wird jeder Bogen nachgesehen, daß er keine Fehlstellen enthält und eventuell ausgebessert oder beschnitten.

Die fertigen Bogen werden je nach der Nummer ihres Kornes in besondere Kästen gebracht, um in den Handel gesetzt zu werden; man gebraucht durchschnittlich auf je tausend Bogen 34 Kgr. Schmirgel, 30 Kgr. Eisenschlacken, 8 Kgr. Sandstein, 10 Kgr. Glas, 10 Kgr. Feuerstein.

Für Streupulver erster Qualität wird nur Schmirgel von Naxos verwendet; die Eisenschlacken liefern ein billiges, aber wenig aushaltendes Product. Natürlicher Schmirgel reibt die Metalle ab und polirt sie, ohne sie zu ritzen, während die Eisenschlacken (künstlicher Schmirgel) dieselben ritzen, ohne sie zu poliren. Der Schmirgel hat eine graulich=braune, die Eisenschlacken haben eine schwarzbraune Farbe. In der Dumas'schen Fabrik passiren die Materialien Beutelsiebe, wo sie in verschiedene Sorten getrennt werden. Der Schmirgel wird zur vollständigen Entfernung des Staubes gebeutelt und dann erst mit der Hand ausgesiebt, um das Korn zu erhalten. Dumas verwendet fast nur weibliche Arbeitskräfte und erzeugt jährlich zwischen $4\frac{1}{2}$ und 5 Millionen Bogen. Die Arbeitskräfte wechseln täglich mit der Arbeit, so daß sie nur etwa alle 18 Tage die feinsten Pulver anwenden; da nur diese stauben, so wird durch die Abwechslung jede schädliche Wirkung auf ihre Gesundheit vermieden. Die Lüftung der Fabriksräume trägt viel zum leichten Trocknen bei, da die Luft fortwährend er=neuert wird. Außerdem wird die Gesundheit der Arbeiterinnen durch folgende Anordnungen erheblich geschützt.

1. Der Aufenthalt in den Trockenräumen dauert nur kurze Zeit und das Einathmen der beim Trocknen sich ent=wickelnden Gase wird also vermieden; 2. die Arbeit wird regelmäßig gewechselt; 3. der Arbeitsraum mit Asphalt=boden ist leicht und schnell zu reinigen und endlich 4. werden nur geschlossene Beutelvorrichtungen benützt.

Eine andere Art der Fabrikation von Schmirgelpapier, bei welcher man auch allerfeinste, zum Poliren verwendbare Sorten erhalten soll, wird wie folgt ausgeübt:

In einem verschließbaren Raum werden die mit Leim=wasser bestrichenen Papierbogen aufgehängt und zwar auf Bindfaden, welche in verschiedenen Höhen gespannt sind, in der Art, wie die Buchbinder Papierbogen zum Trocknen aufhängen. Ist so der Raum von unten bis oben angefüllt und darauf geschlossen, so wird das Schmirgelpulver ungesiebt, also in verschiedenen Körnungen mittelst eines Ventilators in den Raum hineingeblasen. Der Staub verbreitet sich nun im ganzen Raum, die schwereren, also gröberen Theile steigen aber nicht so hoch wie die feineren und die nahe an der Decke aufgehängten Bogen werden nur mit allerfeinstem Schmirgel bedeckt. Nach dem Trocknen nimmt man die Bogen ab und erhält so viele Sorten Schmirgelpapier, als die Bogen in verschiedenen Höhen aufgehängt waren.

Dah ließ sich ein Verfahren patentiren, um das Feuchtwerden des Papieres und Leimes zu verhüten, also ein wasserdichtes Schmirgelpapier zu erzeugen, und besteht die von ihm eingeführte Verbesserung darin, daß er das Papier auf beiden Seiten mit Schmirgelpulver überzieht und dasselbe mit einem wasserdichten Kitt befestigt, so daß die Feuchtigkeit auf das Papier nicht mehr nachtheilig einwirken kann. Um den biegsamen und wasserdichten Kitt zu bereiten, nimmt man

3 Kgr. gekochtes Leinöl,
2 » harten afrikanischen Copal;

letzterer wird geschmolzen, dann das Leinöl in heißem Zustande hinzugegossen und

1 Kgr. Lack,
1 » venetianischer Terpentin,
25 Gr. Berlinerblau,
25 » Bleiglätte und
1 Kgr. aufgelöster Kautschuk

hinzugefügt. Diese Substanzen werden gut miteinander gemischt und wenn die Composition zu dick sein sollte, verdünnt man sie mit Leinölfirniß; sie wird dann auf dem Papier möglichst gleichmäßig ausgebreitet und endlich das Schmirgelpulver aufgesiebt.

Putzpapier.

Ein weiches Papier soll ein vorzüglicher Putzstoff sein, der die Putzlappen in den verschiedensten Betrieben vortrefflich ersetzen kann und sich aus den gebrauchten Putzlappen herstellen läßt. Das aus dem Stoff erzeugte Papier ist in der Beschaffenheit ähnlich wie das graue Lösch= oder Pflanzenpreßpapier, auf einer Cylindermaschine einseitig maschinenglatt hergestellt und besitzt bei einem Gewichte von etwa 45 Gr. per Qm. neben großer Saugfähigkeit auch genügende Weichheit und Festigkeit, so daß es Schmieröle aufnimmt, ohne zu zerreißen. Dasselbe ist sandfrei gearbeitet und da es in Format geschnitten, auf Stößen steht, ist eine Verunreinigung vor dem Gebrauche nicht zu befürchten. Es läßt sich ebensogut und sicher zum Aufnehmen der Schmiere wie die bisher verwendeten Putzstoffe verwenden.

Hergestellt wird dieses Papier aus den in den Schrenzlumpen befindlichen halbwollenen und wollenen Lumpen. Um das Papier möglichst knotenfrei herzustellen, werden Nähte u. s. w., die immer Unreinigkeiten enthalten, abgetrennt. Damit der Stoff auf der Maschine besser zu verarbeiten ist und das Wasser abgeht, werden diese Lumpen bei 1—1½ Atmosphäre nur mit Wasser ohne Zusatz von Lauge oder Aetzkalk gekocht. Da dieser Stoff nicht genügende Festigkeit hat, um, für sich verarbeitet, Papier in der angegebenen Stärke zu liefern, erhält derselbe einen Zusatz von Jute, welcher ebenfalls nur bei 1—1½ Atmosphären ohne Chemikalienzusatz gekocht ist. Je nach der Festigkeit muß der Zusatz von Jute größer oder kleiner sein. An Stelle von Jute kann auch Zellstoff genommen werden, jedoch nur Sulfat= oder Natronstoff, da diese neben Festigkeit dem Papier auch Saugfähigkeit geben, was bei Sulfitstoff weniger der Fall ist. Ein solches Papier zur Untersuchung vorgelegt, war aus ⅓ Wollfaser und ⅔ festem Stoff gearbeitet.

Die Herstellung des Putzpapieres dürfte für kleinere Fabriken, die mit Cylindermaschinen arbeiten, einen lohnen= den Verdienst geben. Da die zu verarbeitenden Rohstoffe keine große Kraft erfordern, giebt dieses Papier außerdem Veranlassung, die volle Leistungsfähigkeit der Anlage aus= zunützen.

— —

Umdruck- und Ueberdruckpapier.

Die Umdruck= und Ueberdruckpapiere werden ähnlich wie die Abziehpapiere hergestellt, indem man dieselben mit einer solchen Schichte versieht, daß die zum Druck ver- wendete Farbe nicht in die Fasern des Papieres eindringen kann, sondern sich auf der Schichte befindet und die Farbe voll und ganz auf Stein, Zink u. s. w. übertragen wird. Es sind also bei der Herstellung desselben auch die gleichen Umstände wie bei den Abziehpapieren zu berücksichtigen.

1. Man löst 250 Gr. reine Stärke in einer kleinen Menge kalten Wassers und setzt 1 Liter kochendes Wasser unter beständigem Umrühren langsam zu. Dieses Stärke- wasser versetzt man mit einer Mischung von 10 Gr. säure- freiem Chromgelb und 4 Gr. Gummiarabicum, welche zu= sammen in Wasser gelöst werden. Dem Ganzen wird noch 0·5 Liter gut gereinigtes Glycerin beigegeben und die Masse zur Vermeidung einer Krustenbildung bis zum vollständigen Erkalten in Bewegung erhalten.

Um sie von noch ungelösten oder anderen festen Theilen zu reinigen, wird sie mit Sorgfalt durch ein Beuteltuch gepreßt und ist dann zur Auftragung auf das Papier fertig. Letzteres erfolgt mittelst weicher Bürsten, wobei auf eine sehr gleichmäßige Vertheilung zu achten ist. Die fertigen Bogen werden durch Aufhängen an der Luft getrocknet.

Dieses Umbruckpapier besitzt die Eigenschaft, sich feucht zu erhalten und kann deshalb in ungerolltem Zustande auf= bewahrt werden. Es wird dadurch die Befeuchtung des Steines oder der Platte entbehrlich und der Abzug behält dieselbe Größe wie das Negativ.

2. Schottisches Umbruckpapier.

Ein halbes Kilo Weizenmehl, ein halbes Kilo Gyps und 180 Gr. Glanzstärke sind die einzigen Ingredenzien. Nur der beste Gyps ist verwendbar, gewöhnlicher ist für diesen Zweck ganz unverwendbar. Mehlkleister und Stärke werden in derselben Weise behandelt, wie bei amerikanischem Umbruckpapier, nur die Beifügung der Gelatine entfällt. Ist dieser Kleister fertig, so wird in einem anderen großen Gefäße der Gyps mit kaltem Wasser zu einem rahmähnlichen Brei eingerührt. In dieser Consistenz hat er die Eigenschaft zu erhärten verloren und setzt sich nicht mehr zu Boden. Gypsbrei und Kleister werden nun innig mit einander ge= mengt und sehr wenig Safran eingerührt. Dieser giebt dem Anstriche ein gelbliches Aussehen, so daß sich beim Gebrauche die Kleisterseite leicht von der Rückseite unterscheiden läßt. Unbedingt nöthig ist dieser Zusatz nicht, denn der geübte Umbrucker erkennt auf den ersten Blick die richtige Seite. Vor dem Anstreichen ist der Kleister durch Mousselin zu pressen, in welchem die sich noch darin findenden festen Partikelchen zurückbleiben. Das Anstreichen geschieht in be= kannter Weise; durch Beimischen von Glycerin wird das Zusammenrollen der Papierränder vermieden. Das Umbruck= papier muß vor dem Gebrauche im Feuchtbuche gefeuchtet werden. Umbrucker, welche mit Glycerinpapier umzugehen verstehen, setzen dem Kleister so viel Glycerin zu, daß das Feuchten unnöthig wird. Schließlich ist noch zu bemerken, daß das Gypspapier beim Durchziehen durch die Presse, beziehungsweise beim Ueberdruck sehr fest auf dem Stein haftet. Ist der Umbruck auf den Stein gelegt, so muß die

15*

Rückseite desselben mehrere Male mit dem nassen Schwamme benetzt werden. Beim Durchziehen durchdringt das Wasser das Papier und löst sich leichter vom Steine los, bisweilen genügt es nicht, dann muß es mit heißem Wasser abgerieben werden.

3. Nichtdehnbares Umbruckpapier.

Das gewöhnliche Umbruckpapier in der Photolitho-graphie erleidet in der Presse durch den Reiber eine gewisse Dehnung, die für manche Reproductionen von Nachtheil ist. Otto läßt Steinbachpapier auf einer Lösung von

     1000 Gr. Schellack,
      250 » Borax in
     5000 » Wasser
schwimmen, trocknet und überzieht dasselbe mit einer Gelatine-lösung aus

      140 Gr. Gelatine,
     2000 » Wasser,
vermischt mit einer Lösung von

       60 Gr. Schellack in
     1000 » Alkohol.
Diese Ueberzüge bilden nur die Grundlage für die eigentliche Gelatineschicht oder Gelatineeiweißschichte, welche dem Chrombade unterworfen, copirt und mit Ueberdruck-farben eingerieben wird. Das beschriebene Verfahren liefert sehr gute Resultate. Das rohe Papier soll man sich selbst aus dem endlosen Rollenpapier der Länge nach ausschneiden.

4. Nicht dehnbares lichtempfindliches Umbruck-papier.

Um geförntes, lichtempfindliches oder Umbruckpapier vor Ausdehnung durch Feuchtigkeit zu schützen, überzieht man eine Metallplatte mit einer erwärmten stark klebrigen Lösung von Harz, Wachs und Talg in sehr wenig Terpentinöl mit Hilfe einer Schablone nur stellenweise, bestreicht das gekörnte lichtempfindliche oder Umdruckpapier an den Rändern mit derselben Lösung und klebt es durch Anpressen auf die Metallplatte. Beim erforderlichen späteren Anfeuchten zum Zwecke des Umdruckes ist so das Ausdehnen des Papieres in seiner ganzen Breite ausgeschlossen, da es an vielen Stellen fest mit der Metallplatte verbunden ist. Letztere läßt sich durch Erwärmen leicht wieder entfernen und das Umdruckpapier bleibt, da es noch an vielen Stellen frei von dem harzigen Klebematerial ist, für die späteren Behandlungen mit dem feuchten Schwamm tauglich. Das Verfahren ist besonders für Kohlenpapier zur Chromolithographie berechnet.

5. Ueberdruckpapier.

1 Theil Stärke,
$^1/_8$ » Weizen= oder sogenanntes Kleistermehl,
$^1/_2$ » Bleiweiß und
$^1/_2$ » Gelatine.

Man rührt zuerst das Mehl mit kaltem Wasser vermengt zu einem Brei bis keine Klumpen mehr vorhanden sind, fügt dann die Stärke und nicht mehr Wasser als nöthig ist, um die Masse gerade umrühren zu können, hinzu. Nachher gießt man das Wasser, welches mit der Gelatine aufgekocht, unter beständigem Umrühren hinzu und achtet besonders darauf, daß das Wasser noch im Kochen ist, andernfalls wird die ganze Mischung verdorben. Alsdann fügt man der fertigen Stärke das Bleiweiß, welches im Sommer mit $1^1/_4$ Theil im Winter mit 2 Theilen Glycerin gerieben ist, unter tüchtigem Umrühren hinzu und streicht mit der Masse chinesisches Papier zweimal, das zweite Mal aber erst dann, wenn der erste Anstrich trocken ist.

6. Paus=, Umbruck= und Ueberdruckpapier.

Es wird feines ungeleimtes Fließ= oder Seidenpapier angewendet. Das Verfahren besteht darin, daß man ab= wechselnd beide Seiten des Papieres auf einen mit gekochtem Leinöl eingewalzten Stein legt und durch die Presse zieht und das Papier hierauf in halbtrockenem Zustande auf beiden Seiten mit einem Gemisch von zwei Theilen einer Lösung von Copalharz oder Bernstein in Leinölfirniß (sogenanntem englischen Siccatif=Kutschenlack) und einem Theil reinem geruchlosen Terpentinöl bestreicht und trocken werden läßt, wonach das so präparirte Papier mit Seifen= wasser und dann mit reinem kalten Wasser abgeschwemmt, auf einem reinen Stein durch die Presse gezogen und end= lich durch die Satinirmaschine genommen wird.

7. Autographiepapier.

Bei Befolgung der nachstehenden Anleitung erhält man ein Papier, welches in der lithographischen Presse auf dem Stein den feinsten Punkt, die zarteste Linie mit vollkommener Treue wieder giebt, so daß die Platte, ohne daß sie im mindesten nachgearbeitet zu werden braucht, sofort geätzt werden kann und viele Tausende von tadellosen Abdrücken zu geben vermag.

Man nimmt ein starkes und ungeleimtes Druckpapier welches mit folgender Mischung behandelt wird.

10 Gewichtstheile Gelatine,
100   »   Wasser,
5   »   Tannin,
100   »   Wasser.

Das Papier wird flach auf eine Tafel ausgebreitet, mit der gekochten Gelatinelösung übergossen und die Tafel schief gestellt, so daß der Ueberschuß an Flüssigkeit abtropft.

Ist dies geschehen, so übergießt man das Papier mit der Tanninlösung; nach dem Abtrocknen wird der gleiche Vorgang — zuerst Gelatinelösung, später Tanninlösung — noch zwei- bis dreimal wiederholt, schließlich das Papier scharf ausgetrocknet und zwischen Satinirwalzen einer starken Pressung ausgesetzt. Derart zubereitetes Papier giebt die feinsten Linien der auf demselben angefertigten Schrift oder Zeichnung getreulich an den Stein ab. Wenn man mit derartigem Papier arbeitet, lassen sich selbst die feinsten Kupfer- oder Stahlstiche auf den lithographischen Stein übertragen, und zwar in der Weise, daß man die Metallplatte mit autographischer Tinte einschwärzt, mittelst des präparirten Papieres einen Abdruck von derselben macht und letzteren auf den Stein überträgt.

Verschiedene Papiere.

1. Atlaspapier.

Ein für Luxuspapierwaaren, feine Schachtelaufmachungen sehr geeignetes Papier kann man herstellen, wenn man Metallpapier, insbesondere Silberpapier mit jenem feinen gewebeartigen, höchst gleichmäßigen, durchscheinenden Papier bezieht, welches als »Japan-Copirseide« im Handel ist. Zum Aufkleben benützt man eine Lösung von wasserheller Gelatine und richtet dabei sein Augenmerk hauptsächlich darauf, daß das zarte Deckblatt überall glatt auf dem Metallgrunde aufliegt und keine Falten wirft. Wenn diese Verbindung von Metallpapier und Copirseide getrocknet ist, erscheint sie wie feiner, mit Silberfäden durchwirkter Atlas. Durch die Faserschichte schimmert das Metall

hindurch und sein milder Glanz bringt eine eigenartige vor=
nehme Wirkung hervor. Solches Papier läßt sich bekannt=
lich gut bedrucken, was bei Metallpapier nicht der Fall ist
und wenn man es mit Lasurfarben bemalt, dann ölt oder
lackirt, lassen sich damit sehr schöne, auf andere Art nicht
herstellbare Effecte erzielen,

2. Elfenbeinpapier statt Elfenbeinplatten zur Miniaturmalerei.

Man klebt drei Bogen Velinzeichenpapier mit Pergament=
leim aufeinander, breitet sie noch feucht auf einem glatten
Tische aus, legt eine Schieferschreibtafel von etwas geringerer
Größe darauf, leimt die herumgebogenen Ränder des
Papieres auf die Rückseite der Tafel an und läßt das
Ganze sehr langsam trocknen. Drei andere Bogen Zeichen=
papier werden ferner nacheinander über die ersten geleimt,
nach dem Umfang der Schiefertafel beschnitten und nach
vollständigem Trocknen wird die Oberfläche mittelst feinen
Glaspapieres glatt geschliffen. Zuletzt giebt man einen
möglichst gleichförmigen Anstrich von fein gemahlenem, ge=
stäubtem Gyps in dünnem Pergamentleim angerührt, schleift
denselben nach dem Erhärten mit dem allerfeinsten Glas=
papier, trägt dreimal nacheinander schwach Leimwasser auf
und schneidet das Ganze von der Schiefertafel los.

3. Emaillepapier.

Man benützt dazu das bei den Lithographen ge=
bräuchliche Glacépapier. Dasselbe hat einen glänzend weißen
Ueberzug, dessen Pigment aus schwefelsaurem Baryt besteht.
Dieser Ueberzug ist gegen Flüssigkeiten sehr empfindlich,
indem er darin sofort aufweicht, welcher Fehler zum Ge=
brauche für Photographen, wo man bekanntlich sehr viel

mit Flüssigkeiten zu thun hat, zuerst beseitigt werden muß. Man läßt daher das Papier auf einer Mischung von 2 Theilen Albumin und 1 Theil Wasser schwimmen und sodann eintrocknen. Jetzt nimmt man ein flaches eisernes Gefäß, füllt dasselbe 2 Cm. hoch mit Wasser und über= spannt es zuerst mit grober Leinwand und dann mit Flanell.

Darauf legt man die Papiere eines nach dem anderen, deckt das ganze mit Flanell zu und läßt das Wasser kochen. Nach ein paar Minuten ist das Eiweiß coagulirt, die Papiere werden heruntergenommen und wiederum getrocknet. Jetzt ist der Ueberzug vollständig unempfindlich gegen Wasser, Säuren, Alkalien, Alkohol und Aether. Zuletzt werden die Papiere wie Albuminpapier mit Albumin und Salz be= handelt und sind zum Gebrauche fertig.

4. Korkpapier

wird nach dem englischen Patent von J. Rivière her= gestellt. Das Packmaterial, welches sich besonders für Glas oder Porzellanartikel eignet, besteht aus Strohpappe, anderer geleimter Pappe oder Papier, gewebten oder anderen faserigen Stoffen, auf deren Oberfläche Korkmehl von gröberer oder feinerer Beschaffenheit mittelst Leim oder anderem klebenden Material aufgepappt wird. Das Klebematerial wird über die Oberfläche des zu überziehenden Papieres (oder Stoffes) aufgespritzt und das Korkmehl mittelst eines Siebes aufgesiebt, um dann getrocknet zu werden und zum Gebrauch fertig zu sein. Das Korkpapier ist eine wirksame und billige Packung für eine Flasche, um sie vor Bruch zu schützen und kann aus einem Blatte des auf die verlangte Größe geschnittenen Materials gebildet werden; das Blatt wird um die Flasche mit der Korkseite einwärts gerollt und durch ein elastisches Band oder auf andere geeignete Weise um die Flasche herum festgehalten.

5. Metalliquepapier.

Um aus beliebigem Schreibpapier ein sogenanntes Metalliquepapier herstellen zu können, ist es nur erforderlich, dasselbe mit Kreidepulver zu bestreichen; auf ein so zubereitetes Papier kann besonders mit Stiften geschrieben werden, welche aus einer Legirung von 2 Theilen Blei und 5 Theilen Wismuth bestehen.

6. Telegraphenpapier.

Das für den Morse'schen Apparat brauchbare elektrochemische Schreibpapier wird auf folgende Weise hergestellt:
Das hinreichend geleimte Papier wird mit einer Lösung behandelt aus
100 Theilen Wasser,
150   »   krystallisirtem kohlensauren Ammoniak,
5   »   gelbem Blutlaugensalz.
Durch Benützung dieses Papieres soll die Anwendung des Hebels mit trockener Druckspitze, sowie die Spule mit ihrem Anker nicht erforderlich sein; ferner soll die Uebertragung durch Elektricität viel rascher als durch Hebelschläge gehen; Telegraphirungen mittelst dieses Papieres und des Morse'schen Apparates von Paris direct nach Saarbrücken, Berlin, Hamburg sollen sehr günstig ausgefallen sein.

7. Schießpapiere.

a) Düppelpapier. Ein nitrirtes, geleimtes Papier, welches durch etwa 2 Minuten während Einwirkung eines Gemenges von gleichen Raumtheilen concentrirter Salpetersäure und concentrirter Schwefelsäure auf dünnes Papier, sofortiges sorgfältiges Auswaschen mit reinem zum Schluß mit ammoniakhaltigem Wasser und vorsichtiges Trocknen erhalten werden kann.

b) Diese Papiersorte hinterläßt beim Schießen keinen Rückstand und explodirt ohne Knall.

79	Theile	Wasser,
9	»	chlorsaures Kali,
$4^1/_2$	»	Kalisalpeter,
$3^1/_4$	»	gelbes Blutlaugensalz,
$3^1/_2$	»	Holzkohlenpulver,
$1/_{21}$	Theil	Stärkemehl,
$1/_{10}$	»	chromsaures Kali

werden zusammen eine Stunde lang gekocht und durch=gerührt. Mit dieser Flüssigkeit werden Papierschnitzel ge=tränkt und getrocknet.

Um Patronen zu verfertigen, werden Papierbogen ge=tränkt, welche nach dem Durchziehen derselben zu Walzen von beliebiger Länge von dem Durchmesser der verlangten Patronen aufgerollt und dann bei einer Temperatur bis zu 60 Grad C. getrocknet. Vor Feuchtigkeit schützt man die Patronen mit einer Lösung von Schießbaumwolle in Essig=säure.

8. Schildpattpapier.

Die Herstellung des Schildpattpapieres geschieht nach dem amerikanischen Patent von W. Ferguson auf folgende Art: Gutes, sogenanntes Goldpapier wird auf der metal=lisirten Seite mit sehr wenig gekochtem Stärkekleister leicht aber anhaltend abgerieben, sodann abgewischt und in noch feuchtem Zustande aus freier Hand mit verschiedenen mehr oder weniger dunklen Lasurfarben (Braun) in der so=genannten Verwaschungsmanier derart bemalt, daß hier=durch die gefleckte Aderung das Schildplatt nachgeahmt erscheint. Nach dem Trocknen wird dann die metallisirte Oberfläche gelatinirt und schließlich satinirt, worauf das Decorationspapier fertig ist.

Zum Behufe der Herſtellung von ſteifen und waſſerbeſtän=
digen Fourniren wird die vergoldete Oberfläche des Papieres auf
dieſelbe Weiſe bemalt, wie oben beſchrieben, nur erhält dieſelbe
ſodann einen zweifachen Ueberzug von Chromleim und einen
dritten Ueberzug von Chromgelatine, worauf das Papier
mit der noch feuchten gelatinirten Seite auf eine ſchwach
geölte Spiegelplatte gelegt und gleichmäßig beſchwert wird.
Nach dem vollſtändigen Trocknen der Gelatineſchicht wird
dann das Papier von dem Spiegelglas abgehoben und hierauf
entweder durch zwei Stunden, mit der präparirten Seite
nach oben, dem directen Sonnenlicht oder durch 10 Stunden
dem zerſtreuten Tageslicht ausgeſetzt, wodurch der 5%/₀ Kalium=
chromat enthaltende Leim vollſtändig unlöslich wird, ohne
den Spiegelglanz der Oberfläche einzubüßen. Die Rückſeite
der Fournire kann mit Oelfarbe grundirt werden.

9. Schneeimitationspapier.

Ein ſehr beliebtes Mittel, die Wirkung farbiger Karten
zu erhöhen, iſt die Nachahmung glitzernden, friſchgefallenen
Schnees durch kleine ſtaubförmige Glimmerblättchen.

Bei den erſten Verſuchen dieſer Art wurden die Stellen
welche Glimmerglanz erhalten ſollten, mittelſt des Pinſels
mit einer Miſchung von Gummi, Zucker und Glycerin be=
ſtrichen, ſo daß der ſpäter aufgeſtaubte Glimmer feſt haftete. Gegen=
wärtig wird die klebende Schichte mittelſt Steindruck, Hand=
oder Schnellpreſſe in ähnlicher Weiſe wie Vordrucke zum
Bronziren hergeſtellt. Man fertigt zu dieſem Zwecke eine
beſondere Druckplatte und deckt auch mit kräftigen, zuſammen=
hängenden Pinſelſtrichen diejenigen Stellen, auf welchen der
Glimmer haften ſoll. Zum Druck wird ein beſonderer Firniß
benützt, den man auf folgende Weiſe herſtellt. Etwa 15 Gr.
Colophonium werden in ſchwachem Firniß zu einem Brei
gerieben, den man erhitzt, bis das Colophonium vollſtändig
gelöſt iſt, dann kommt etwas Goldfirniß hinzu und je

nach Beschaffenheit des zu bedruckenden Papieres einige
Tropfen Siccatif oder Dammarlack. Mit dieser Mischung
wird das sonst in allen Farben fertiggestellte Bild bedruckt.
Sind die Stellen, welche Schnee und Eis darstellen, bereits
in einigen Farbentönen gedruckt, so genügt einmaliger Aufdruck
des Firnisses. Trifft aber die Schneeplatte auf weißes, aus=
gespartes Papier, so ist meistens ein zweimaliger Aufdruck
erforderlich. Vor dem zweiten Druck muß der erste ziemlich
trocken sein. Nach dem zweiten Aufdruck wird der Bogen
mit der Bildseite auf die in einem flachen Kasten auf=
geschüttete Glimmermasse gelegt und nach erfolgtem Ab=
heben mit einem weichen Wattabausch überstrichen. Dabei
wird der Glimmerstaub dort, wo er haften soll, fest gedrückt
und wo er nicht haften soll, weggewischt. Die eingestaubten
Bogen müssen einige Tage trocknen. Dann übergeht man
sie nochmals mit weichem Pinsel und staubt allen nicht
haftenden Glimmer ab. Da der in der Luft vertheilte
Glimmerstaub den Lungen gefährlich werden kann, sollten
alle Personen, welche solche Arbeiten verrichten, Athmungs=
masken tragen.

11. Seifenblätter.

10 Gewichtstheile Glycerin,
30 „ Spiritus,
60 » trockene Glycerinseife und
50 » gewöhnliche neutrale Seife
bilden das Material, mit welchem dünnes Seidenpapier
imprägnirt wird. Es geschieht dies in einem Troge, der die
Masse enthält, welche auf einer Temperatur von 75—82 Grad C.
erhalten wird. In dem Troge befinden sich drei durch
Dampf oder andere Kraft betriebene Walzen, die in der=
selben Richtung rotiren und über deren untere Seite das
Papier geführt wird. Das Papier wird während der Be=
handlung mit geringen Mengen Terpentinöl bestäubt, wo=
durch es leichter trocknet und außerdem ein schönes glänzendes
Aussehen erhält.

12. Wetterbilder.

Blau   1 Gewichtstheil Chlorkobalt,
     10 Gewichtstheile Gelatine,
   100   »   Wasser.

Gelb   1 Gewichtstheil Chlorkupfer,
     10 Gewichtstheile Gelatine,
   100   »   Wasser.

Grün   1 Gewichtstheil Chlorkobalt,
    $^3/_4$ »   salpetersaures Nickeloxydul,
    $^1/_4$ »   Chlorkupfer,
   20 Gewichtstheile Gelatine,
  200   »   Wasser.

Man weicht die Gelatine in Wasser, giebt die Präparate hinzu und schmilzt über gelindem Feuer. Die praktische Anwendung dieser Masse ist mannigfaltig; wenn man Tapeten und Fensterscheiben damit überzieht, so erlangen sie die Eigenschaft luftregulirend zu wirken, indem sie, bei trübem Wetter farblos, bei hellem lichtdämpfende Farben hervorbringen. Tapeten lassen sich dadurch leicht herstellen, daß man das Papier endlos über zwei drehbare Walzen legt und alsdann über eine erwärmte Blechschale, welche die Masse enthält, zieht.

13. Widerstandsfähiges Filtrirpapier.

Durch einmaliges Eintauchen in Salpetersäure von 1·42 spec. Gewicht, oder besser Befeuchten damit und Auswaschen mit Wasser wird gewöhnliches Filtrirpapier außerordentlich zäh, ohne wesentlich an Durchlässigkeit zu verlieren. Es läßt sich waschen, reiben wie ein Stück Leinen und zeigt eine mehr als zehnfache Widerstandsfähigkeit gegen das Zerreißen. Es eignet sich daher auch besonders zur Herstellung von Saugfiltern, die man am besten in der Weise herstellt, daß man nur die Spitze in Salpersäure taucht und dann auswäscht.

Das Papier nimmt bei der angegebenen Behandlung mit Salpetersäure keinen Stickstoff auf; es wird durch Abgabe von Aschenbestandtheilen etwas leichter und zieht sich so zusammen, daß der Durchmesser einer kreisrunden Scheibe von 11·5 auf 10·4 Cm. reducirt wird.

14. Papier für Zauberlaternenbilder.

Für Zauberlaternen fanden bisher nur auf Glas gemalte oder Abziehbilder Verwendung, während die für andere Zwecke bekannten durchscheinenden Papierbilder zum Gebrauch bei Zauberlaternen nicht geeignet sind. Das Verfahren bezweckt, die Glasbilder zu ersetzen durch Bilder, welche auf durchscheinendes Papier gedruckt werden. Hierbei gelangt ein Papier zur Verwendung welches, ohne selbst unter dem Einflusse der starken Lichtquelle die faserige Beschaffenheit erkennen zu lassen, durchscheinend ist und die gleiche Wirkung erzielt, wie die Glasbilder. Das Verfahren zur Herstellung solcher Bilder ist folgendes: Dünnes Papier, beispielsweise Postpapier, wird in ein Kreosotölbad gelegt oder mit dieser Flüssigkeit bestrichen und der Einwirkung derselben so lange ausgesetzt, bis die Papierfasern nicht mehr erkennbar sind. Zwischen zwei Bogen Löschpapier wird alsdann das überschüssige Kreosotöl entfernt und das so behandelte Papier in eine Auflösung von Colophonium oder einem ähnlichen Körper in Alkohol getaucht oder damit bestrichen. Hierauf wird das Papier zum Trocknen aufgehängt und nach dem Trocknen mit einer dünnen Gelatineauflösung überstrichen. Wenn auch dieser Anstrich vollständig trocken ist, wird das Papier nach einer der bekannten Methoden mit dem Druck versehen und zum Schluß mit einem dünnen Spirituslack überzogen. Diese Papierbilder

wirken in den Zauberlaternen genau wie die bisher ge=
bräuchlichen Glasbilder. Die Bilder können auch auf sehr
lange Streifen gedruckt, von einer Rolle ab und auf eine
andere Rolle aufgewickelt werden, wodurch ein ununter=
brochenes gleichmäßiges Wechseln der Bilder in der Zauber=
laterne möglich ist.

15. Gespaltenes Papier.

Die Spaltbarkeit des Papieres hat in neuester Zeit
mehrfach die allgemeine Aufmerksamkeit erregt. Vor Kurzem
hat der Vorsteher der heliographischen Abtheilung der
russischen Expedition zur Anfertigung der Staatspapiere in
St. Petersburg, Georg Scamoni die Spaltbarkeit des
Papieres vielfach mit Erfolg zur Loslösung von Holzschnitt=
bildern benützt, deren Wirkung durch die von der Rückseite
her durchscheinende Schicht beeinträchtigt wurde und hat
das Verfahren mit Bezug auf solche heikle Arbeiten ver=
vollkommnet. Er beschreibt dasselbe in folgender Weise:
Aus feiner, sehr glatter und starker Halbleinwand schneidet
man zwei gleich große Stücke, die das zu spaltende Papier
ringsum etwa um 9 Cm. überragen. Man kocht dieselben
in reinem Wasser bis zur vollständigen Entfernung der
Appretur, spült sie dann in mehrmals erneuertem Wasser
ab und drückt sie schließlich kräftig aus (nicht auswinden).
Beide Stücke Leinwand breitet man auf ein vollkommen
glatt gehobeltes Brett und bestreicht sie, wie auch eine
Seite des zu spaltenden Druckes, recht gleichmäßig mit frisch
gekochtem, ziemlich dünnem Stärkekleister bester Sorte. So=
dann legt man den Holzschnitt mit der bestrichenen Seite
auf das Leinwandstückchen und reibt ihn, unter Ver=
drängung der darunter befindlichen Luftblasen behutsam an,
wonach man auch die Rückseite des Bildes mit Kleister be=
streicht und das zweite Leinwandstück darüber klebt. Das
Ganze wird nunmehr mit einem glatten Brett bedeckt, für
etwa 12 Stunden in eine Buchbinderpresse gespannt oder

so lange mittelst einer Steinplatte stark beschwert, bis man den Kleister vollkommen ausgetrocknet findet. Die fest an=einander haftenden Leinwandstücke schiebt man dann um etwa Handbreite unter dem sie beschwerenden Gegenstand, respective den beiden Brettern hervor und beginnt sie sorg=fältig auseinander zu ziehen, wobei das dazwischen geklebte Papier in zwei gleichdünne Hälften zerlegt wird. Ist der Anfang gut gelungen, so setzt man die Operation fort, bis die gänzliche Spaltung erzielt ist. Jetzt handelt es sich noch darum, das von dem vorher durchschimmernden Letterndruck befreite Bild von der daran klebenden Leinwand zu lösen. Zu diesem Zwecke preßt man aus einem großen Schwamm so lange warmes Wasser darauf, bis der darunter befindliche Kleister vollkommen erweicht ist. Dann legt man eine reine Glas=platte darüber, dreht dieselbe um und hebt die Leinwand ab. Der auf der Glasplatte ruhende Holzschnitt wird nun mittelst eines weichen Dachshaarpinsels und warmen Wassers von der noch darauf befindlichen Kleisterschichte gereinigt und an einem warmen Orte getrocknet. Wird der Holz=schnitt später in einer Satinirpresse oder auf ebener Unter=lage mittelst eines mäßig heißen Bügeleisens gut geglättet, so ist er, wenn er lediglich zu Reproductionszwecken dienen soll, genügend vorbereitet.

16. Glimmbilder.

Bilder auf Papier gedruckt, mit Jagd= oder Kriegs=scenen werden an jenen Stellen, welche brennen sollen mit einer Mischung von heiß concentrirter Lösung von salpeter=saurem Blei und Stärkekleister überstrichen und an einzelnen Stellen, welche explodiren sollen, mit Knallquecksilber ver=sehen, welches mit Seidenpapier überklebt wird.

17. Biegsame Spiegel.

Auf ein Blatt Papier oder mit Eiweiß überzogenes Zeug trägt man einen durchsichtigen Lack ein oder zwei

Male auf und belegt denſelben, ehe er vollkommen trocken geworden iſt, mit einem Blatt Zinnfolie. Wenn dieſe ge= nügend feſt angeklebt iſt, gießt man Queckſilber darauf, wie dies bei der Spiegelfabrikation geſchieht, befeuchtet das oben aufliegende Papier und nimmt es ab, worauf man einen Farbenanſtrich auf der Rückſeite macht und mit Papier beklebt.

18. Eispapier.

Auf ein glattes, gut geleimtes Papier oder auf Carton wird eine concentrirte Löſung von eſſigſaurem Bleioxyd aufgetragen, ſo daß ſolche zur Kryſtalliſation kommt und die Salzſchichte nach dem Trocknen mit einem farbloſen Lack fixirt.

19. Schwefelschnitten. Schwefeleinschlag.

Die zum Schwefeln der Weinfäſſer hergeſtellten Schwefel= ſchnitten beſtehen aus etwa 3 Cm. breiten und 30 Cm. langen Streifen von weißem Papier, welche in geſchmolzenen Schwefel eingetaucht wurden.

Bei manchen Kellerwirthen war es üblich, in den zur Herſtellung der Schwefelſchnitten benützten Schwefel ver= kleinerte Gewürze, wie Muscatnuß, Gewürznelken, Zimmt u. dgl. einzurühren und glaubte man hierdurch dem Wein beim Schwefeln einen angenehmen Geruch zu ertheilen. Gegenwärtig werden ſolche Schwefelſchnitten wohl kaum mehr verwendet.

20. Blumenpapier nach Bianchi.

Chineſiſches Reispapier (Papyrifera) wird etwa 1½ bis 2 Stunden lang in eine Löſung eingelegt aus

125 Gr. Salpeter,
125 » Alaun,
125 » kohlensaurem Kali in
3·75 Liter destillirtem oder Regenwasser,

die man auf warmem Wege hergestellt, dann bis auf Blut=
wärme hat abkühlen lassen und der man noch

100 Gr. Holzalkohol und
30 » Glycerin hinzufügt.

Nach der genannten Zeit wird das Papier heraus=
genommen, abtropfen gelassen und die Flüssigkeit leicht aus
demselben herausgedrückt. Die Bogen werden dann ausge=
breitet in einem warmen Raum, etwa 2 Stunden liegen ge=
lassen und dann gefärbt. Die Farben setzt man zweck=
mäßig auf

3·75 Liter Flüssigkeit,
375 Gr. Holzalkohol und
375 » Glycerin zu.

Nach dem Färben wird die Farbe leicht aus dem
Papier ausgedrückt, dieses in einzelnen Bogen ausgebreitet
und im Schatten getrocknet.

21. Unverwischbare Bilder

werden hergestellt, indem man ein auf einer oder auf
beiden Seiten bedrucktes Papier mit einem dünnen, durch=
scheinenden Blatt aus Pyralin, Celluloid oder anderen
Massen bedeckt, welche Pyroxylin als Hauptbestandtheil ent=
halten.

Das Bild kann nun auf einer Seite, der vorderen,
oder auf beiden Seiten mit einer solchen durchsichtigen Sub=
stanz bedeckt werden; im letzteren Falle braucht diese nur
auf der Vorderseite durchsichtig zu sein, während die Rück=
seite beliebig gefärbt sein kann. Die fertigen Celluloid=
blätter werden mit Alkohol oder einem anderen Lösungs=

mittel für Pyroxylin befeuchtet, das Bild, aufgelegt und
entsprechend angepreßt oder durch eine Presse gezogen.
Man kann auch einen durchscheinenden Kitt anwenden
oder man kann auch gar keine Lösungs= oder Klebemittel,
sondern nur Wärme und Druck anwenden. Das Bild kann
auch eine Rückseite aus Carton oder Holz erhalten; als=
dann wird das Celluloidblatt nur auf der Vorderseite des
Bildes befestigt. Nachdem das Bild sicher zwischen den
Celluloidblättern befestigt ist, werden dieselben polirt.

22. Barometerbilder (Wetterbilder).

Eine wässerige Lösung von schwefelsaurem Kobaltoxydul
wird so lange mit einer alkoholischen Lösung von Rhodan=
kalium versetzt, als sich schwefelsaures Kali abscheidet.
Dieses letztere läßt man absitzen, bringt die Flüssigkeit auf
ein Filter, wäscht mit Alkohol aus und dampft das Filtrat
im Wasserbad eventuell noch ein. Das Papier wird mit
der Lösung getränkt und dann mit verschiedenen Farben
bedruckt, so z. B.

Braun:

1 Theil Bromkalium,
1   »   schwefelsaures Kupferoxyd in
20 Theilen Wasser gelöst.

Gelbgrün:

0·5 Theil chromsaures Kobaltoxyd,
1   »   Salpetersäure,
1   »   Kochsalz, schwach erwärmt.

Gelb:

1 Theil Kochsalz,
1   »   Chlorkobalt in
20 Theilen Wasser gelöst.

Bilder mit dieſen Farben bedruckt, ändern ihre Farben je nach dem größerer oder geringeren Feuchtigkeitsgehalt der Luft.

23. Albuminklärpapier.

Man taucht in gequirltes und wieder zerfloſſenes Ei=
weiß Bogen von ungeleimtem Papier und hängt ſie an der
Sonne zum Trocknen auf; das Eintauchen und Trocknen
wird mehrere Male wiederholt. Um mit dieſem Papier
Wein, Liqueur oder andere Flüſſigkeiten zu klären, zerreißt
man eine entſprechende Menge des Papieres in kleine
Stücke und zerrührt dieſe in einem Theil der zu klärenden
Flüſſigkeit. Das Papier wirkt dann in Folge ſeines Ge=
haltes an Eiweiß klärend.

24. Wattenpapier

dient zur Umhüllung von Dampf= und Waſſerröhren um
ſolche vor Abkühlung zu ſchützen. Seine Herſtellung ge=
ſchieht in der Weiſe, daß man zwiſchen zwei Lagern ſtarken
Papieres vermittelſt eines Klebemittels Watte von Baum=
wolle, Wolle, Haaren u. ſ. w. derartig lagert, daß die beiden
Papierlagen mit der dazwiſchenliegenden Watte ein Stück
bilden. Dieſes wird ſchraubenförmig ein oder mehrere
Male um das zu ſchützende Rohr gelegt und mit Bind=
faden befeſtigt.

25. Elektriſches Papier.

Seiden= oder Filtrirpapier wird in eine Miſchung ein=
geweicht, welche aus gleichen Theilen Salpeterſäure und
Schwefelſäure beſteht. Es wird dann zum Trocknen ge=
legt, wenn ſich Pyroxylin (eine Subſtanz, welche der Schieß=

baumwolle ähnelt) bildet. Dieses Papier ist im höchsten
Grade elektrisch. Gewöhnliches Schreibpapier, wenn erhitzt
und rasch gebürstet, entwickelt Elektricität, aber durch kein
Mittel in derselben Ausdehnung wie Papier, welches in
der oben erwähnten Weise präparirt wird. Dieses Papier
bewahrt für lange Zeit seine elektrischen Eigenschaften und
sollten sie sich schwächen, so werden sie durch schwaches Erwärmen des Papieres leicht wieder hergestellt.

26. Papier-Fußbodenbekleidung.

Papierteppiche stellt man auf dem Fußboden selbst in
folgender Weise her: Man reinigt erst den Fußboden
sorgfältig und füllt dann alle Löcher und Spalten mit
einer Masse aus, die durch Tränken von Zeitungspapier
mit einem Kleister bereitet ist, welchen man aus

> 0·5 Kgr. Weizenmehl,
> 3 Liter Wasser und
> 20 Gr. Alaun

gründlich zusammen mischt.

Der Fußboden wird dann mit diesem Kleister bestrichen und mit einer Lage Manilla- oder anderem kräftigen
Hanfpapier bedeckt. Will man etwas recht Dauerhaftes
schaffen, so bestreicht man die Papierlage wieder mit demselben Kleister, legt eine zweite Lage Papier darauf und
läßt es gründlich trocknen. Dann kommt wieder eine Lage
Kleister und auf diese als oberste Schichte Tapetenpapier
beliebiger Art. Um diese Tapete noch gegen Abnützung zu
schützen, giebt man ihr zwei oder mehrere Anstriche mit
einer Auflösung von

> 250 Gr. weißem Leim in
> 2 Liter heißem Wasser,

läßt sie trocknen und beendet die Arbeit mit einem Anstrich
von heißem Leinölfirniß.

27. Zündstreifen.

Blätter von Papier, dünner Pappe werden mit einer Auflösung von Salpeter getränkt, welcher man eine Substanz, die beim Verbrennen einen angenehmen Geruch verbreitet, zusetzen kann. Nachdem sie wieder vollkommen getrocknet sind, bringt man zwischen je zwei solcher Blätter eine dünne Lage einer phosphorhaltigen Gummimischung, wie man sie gewöhnlich für Reibzünder anwendet. Dieser Mischung wird vorher eine unverbrennliche Substanz, wie Glaspulver, feiner Sand, Bimssteinpulver oder gebrannter Alaun zugesetzt, was die Wirkung hat, die zu schnelle Fortpflanzung der Verbrennung in der phosphorhaltigen Masse zu verhüten. Ein Theil der beiden Blätter, den Stellen entsprechend, an denen man die fertigen Zündstreifen bei der Benützung erfaßt, wird nicht mit der Phosphormischung versehen. Nach dem Trocknen sind die beiden Blätter zu einem einzigen Blatt zusammengeklebt, welches dann in Streifen von der geeigneten Gestalt zerschnitten wird. Diese Streifen werden, soweit die Phosphormischung reicht, mit einem Firniß überzogen, um sowohl sie vor Feuchtigkeit zu schützen, als auch um ihre Entzündung durch Reibung beim Transport zu verhüten.

Man kann einen farbigen Firniß verwenden, um den Theil, welcher die Phosphormischung enthält, von dem Theile, an welchem man die Zündstreifen anfaßt, leicht unterscheiden zu können. Nöthigenfalls können die Enden der Zündstreifen mit einer Phosphormischung von größerer Entzündlichkeit als die zwischen den beiden Flächen befindliche versehen werden, indem man sie in eine solche eintaucht.

28. Krokodilsthränen.
(Physikalische Spielerei).

Man tränkt schwachen, weißen Carton mit einer Lösung von Fluorresceïn in gesättigtem Zustande, trocknet denselben

und perforirt den Carton in kleine Täfelchen von etwa
einem Quadratcentimeter, ſo daß ſich 40—60 Täfelchen
auf einem Carton befinden.

    Bei der Demonſtration trennt man ein ſolches Täfelchen
ab und giebt es in ein mit Waſſer gefülltes Gefäß; man

Fig. 36.

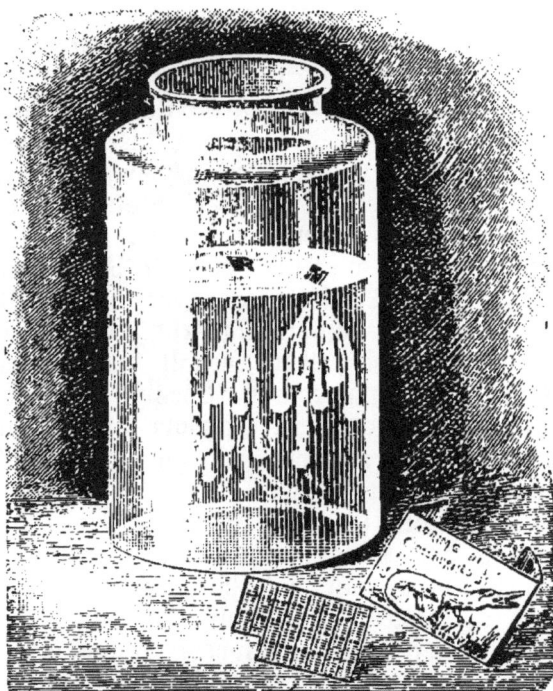

Krokodilsthränen.

hat ſorgſam darauf zu achten, daß das Glas feſt ſteht, da
bei etwaigen Erſchütterungen durch Stoß u. dgl. der Ver=
ſuch mißlingen würde. Auf der Oberfläche des Waſſers
wird ſich das Fluorescein bald durch deſſen Einwirkung
löſen und unter Bildung von ſonderbaren, pilz= und nagel=

förmigen Streifenbüscheln, die in einem schönen Smaragd=
oder Spangrün prangen und einen phosphorescirenden Licht=
schimmer verbreiten, gegen den Boden des Gefäßes sinken.
Nach Verlauf von einigen Minuten erscheint sodann die ganze
Flüssigkeit in einer intensiv grünen Färbung.

29. Zaubermalerei-Bilder.

Die Zaubermalerei-Bilder bestehen aus zwei aufein=
andergeklebten Papieren, von denen das eine farbendurch=
lässig ist, während die Farben selbst dazwischen angeordnet
werden, somit von außen kaum sichtbar sind. Das vordere
(durchlässige Papier) zeigt nun die Umrisse des Bildes oder
Textes innerhalb welcher die Farben beim Uebermalen mit
Pinsel und Wasser durch Lösung zum Vorschein kommen;
das rückseitige Papier dient zur Maskirung der Farben und
zur Versteifung für den Fall, daß die Bilder ausgeschnitten
werden sollen.

Das Verfahren der Herstellung dieser Bilder besteht
darin, daß man ein wenig geleimtes (durchlässiges) Papier
(z. B. Seidenpapier) einseitig mit der Zeichnung des Bildes
versieht und jenseitig die entsprechenden Farben so auf=
bringt oder druckt, daß sie beim vorderseitigen Uebermalen
mit Wasser sich lösen und überraschend zum Vorschein
kommen. Damit diese Farben nicht gesehen werden können
und zur Versteifung wird, wie erwähnt, eine zweite Papier=
schichte darüber geklebt oder aber die Farbenseite mit
einer Deckfarbe überzogen. Um bei zu nassem Pinsel ein
Verschwimmen oder Uebergreifen der Farben über die dazu
gehörigen Umrisse zu verhüten, empfiehlt es sich, das vordere
Papier auf der Farbenseite mit einer mit wenig Binde=
mittel angemachten Glacéfarbe zu überziehen. Das Auf=
bringen der Umrisse einerseits und der Farben andererseits,
geschieht am besten auf lithographischem Wege; durch die
Wahl einer saftigen Schwarzdruckfarbe werden die gelösten
Farben sehr vortheilhaft eingeengt. Zur Herrichtung der

Farbensteine macht man vom Contourenstein mittelst Um=
druckpapier einen Gegendruck und deckt hierfür die einzelnen
Farben aus. Als Farben eignen sich alle leicht in Wasser
löslichen, giftfreien Farben; man reibt sie mit Leinölfirniß
(zwei Drittel zu einem Drittel) gut an und druckt ziemlich
mager von nicht zu nassem Stein, damit die Farben nicht
durchschlagen. Sind vorne am Blatte die Umrisse und an
demselben Blatte rückwärts die Farben angebracht, so deckt
man diese am besten mit dem Blatte, dessen den Farben
zugekehrte Seite eine dunkle Farbe (Ultramarin oder Indigo)
besitzt, da dann die Farben weniger durchschimmern. Zum
Zusammenkleben dient vortheilhaft eine dicke Leimlösung
oder auch zäher Firniß, dem etwas Siccatif, gegebenenfalls
auch schon Farbe beim Einkochen zugesetzt wurde. Es ist
selbstverständlich, daß auch die Umrisse in Farben auf der
Rückseite hergestellt werden können, so daß beim Uebermalen
mit Wasser die Farben sammt den Umrissen zum Vorschein
kommen.

Waschblaupapiere.

Die Waschblaupapiere bestehen aus leichtsaugendem
Fließpapier, welches mit verschiedenen Farben, Indigo,
Indigo=Carmin, Pariserblau und in jüngster Zeit auch mit
blauen Theerfarbstoffen getränkt ist und beim Einlegen in
Wasser seine blaue Farbe an dieses abgibt. Das Wasch=
blaupapier hat vor dem gewöhnlich gebrauchten Waschblau
in Form von Pulver, Pasta, Zeltchen den Vorzug, daß
es in Wasser gebracht (weil der in dem Saugpapier auf=
genommene Farbstoff in Wasser löslich ist), dieses wirklich
blau färbt und nicht wie bei den aus Ultramarin bestehen=

den Waschblausorten, einem in Wasser ganz unlöslichen Präparat, in Wasser nur mehr oder weniger fein vertheilt ist. In letzterem Falle kann es passiren, daß, wenn die Vertheilung des Pulvers nicht sehr vorsichtig vorgenommen wurde und in dem Wasser Klümpchen des unlöslichen Farbstoffes umherschwimmen, diese in der Wäsche als intensiv blau gefärbte Flecke erscheinen. Dieser einzige, doch schwerwiegende Vorzug sichert diesem Papiere die Beliebtheit bei einer jeden Hausfrau, welche auf dasselbe aufmerksam gemacht wurde und ein Versuch mit demselben im Vergleiche mit der bisher gebrauchten Bläuung anstellte.

Daß der zur Herstellung dieses Papieres benützte Indigo-Carmin, das Anilinblau oder Pariserblau intensiv blau und leicht in Wasser löslich sein muß, braucht kaum erwähnt zu werden, da von der Güte des einen oder des anderen Präparates die Brauchbarkeit des Papieres abhängt.

1. 200 Theile Indigo,
   750 »   englische Schwefelsäure,
    65 »   doppeltkohlensaures Natron,
   900 »   Wasser.

Man erwärmt die vorgeschriebene Schwefelsäure in einer Porzellanschale auf 50 Grad C., worauf man ihr nach und nach unter Umrühren den gepulverten, unmittelbar zuvor in einer geräumigen Porzellanschale im Wasserbade scharf ausgetrockneten Indigo in ganz kleinen Partien zusetzt und in dieser unter Umrühren löst.

Man deckt nun zu und läßt 12 Stunden ruhig stehen; den anderen Tag wird die Lösung mit dem vorgeschriebenen Wasser versetzt und unter öfterem Umrühren 4 Tage stehen gelassen. Nach dieser Zeit löst man sich in etwas Wasser das doppeltkohlensaure Natron auf und setzt von dieser Lösung der ersteren unter beständigem Umrühren nach und nach so viel zu, daß dieselbe genau neutral reagirt. Man läßt einen Tag stehen, rührt dann die Mischung auf und seiht sie über ein reines ungefärbtes wollenes Tuch ab.

Nach dem vollständigen Abtropfen der Flüssigkeit gießt man zu der am Tuche befindlichen Masse ein wenig Wasser, rührt diese auf und läßt das Wasser abtropfen. Der Ablauf wird gesammelt und im Wasserbad zur Trockne verdampft. Man hat sich nach diesem Verfahren den sogenannten blauen Carmin oder löslichen Indigo hergestellt.

10 Theile desselben werden in
1500 Theilen Wasser

warm gelöst, die Lösung einige Tage an einem kühlen Orte (im Keller) absetzen gelassen und dann in eine flache Schale mit der Vorsicht abgegossen, daß der etwa gebildete Satz nicht aufgerührt wird.

In diese Lösung wird dann ein möglichst starkes und gut saugendes Papier einige Male nach einander getaucht und ist es mit der Lösung vollgesogen, auf Schnüren in einem erwärmten Raume zum Trocknen aufgehängt.

Um die oben beschriebene, ziemlich umständliche und für einen in solchen Operationen minder Geübten nicht sehr angenehme Selbstdarstellung des Indigocarmins zu umgehen, kauft man solchen fertig und löst ihn dann nur in warmem Wasser, wie vorgeschrieben, auf.

2. Bedeutend billiger und einfacher dagegen ist die Anwendung eines Theerfarbstoffes, vielleicht Echtblau, welchen man unter den im Handel angebotenen Sorten am besten nach einigen Versuchen mit vom Fabrikanten für diesen Zweck empfohlenen Nuancen selbst wählt; doch ist der Farbstoff dieses so hergestellten Papieres weniger echt.

Bläupapier für Bleichereien.

1 Kgr. bester Indigo wird ganz fein verrieben und gebeutelt und hierauf zu demselben 3 Kgr. Schwefelsäure unter stetem Umrühren zugesetzt. Zu starke Erhitzung wird durch Einsetzen des Indigo-Gefäßes in kaltes Wasser vermieden. Nach Verlauf von drei Tagen gießt man auf die

Indigo-Schwefelsäurelösung 60 Kgr. Wasser und bringt in die Flotte 5 Kgr. Kuhhaare. Unter gutem Umrühren werden sie zum Sieden gebracht und bei dieser Temperatur drei Stunden erhalten, bis die Haare eine satte blaugrüne Färbung zeigen. Nach erfolgter Abkühlung läßt man die Haare noch 24 Stunden in der Flotte liegen. Hierauf werden sie in einem kalten Bade milde ausgewaschen und zuletzt die blaue Farbe wieder von ihnen abgezogen, indem man sie in einem Bade kocht, das auf 1 Kgr. Indigo aus 10 Kgr. Wasser und 10 Kgr. Soda besteht. Man seiht durch und kocht die durchgelaufene Flüssigkeit auf die Hälfte ihres Volumens ein. Nach der Abkühlung läßt man sie noch 24 Stunden stehen, während welcher Zeit sich auf dem Boden des Gefäßes eine consistente Flüssigkeit bildet, welche den blauen Farbstoff enthält. Man gießt diesen zuletzt in ein weites und seichtes Gefäß über und vermischt ihn daselbst mit einer angemessenen Glycerinlösung. In diese concentrirte Lösung wird das ungeleimte Papier 5 Minuten lang eingelegt und nachdem es sich tiefblau gefärbt hat, herausgenommen, gepreßt und getrocknet.

Wasserfeste Papiere.

Abwaschbares Zeichenpapier.

Eine beliebige Sorte Papier wird mit Leim oder einem anderen hierfür geeigneten Bindemittel, dem ein fein pulverisirter, anorganischer Körper, wie Zinkweiß, Kreide, Kalk, Schwerspath u. s. w., so wie die für das Papier gewünschte Farbe beigegeben wird, leicht grundirt. Sodann wird das so behandelte Papier mit Wasserglas (kieselsaures

Kali oder Natron), dem kleine Mengen Magnesia beige=
mengt sind, überzogen oder in die Mischung getaucht und
durch circa 10 Tage bei einer Temperatur von 25 Grad C.
getrocknet.

Auf derart hergestelltes Papier kann mit Bleistift,
Kreide, Farbstift, Kohle, Tusche und lithographischer Kreide
geschrieben oder gezeichnet und das Geschriebene oder Ge=
zeichnete zwanzig= und mehr Male ganz oder theilweise
wieder abgewaschen werden, ohne daß das Papier sich da=
durch wesentlich ändert. Nach dieser Vorschrift präparirtes
Papier bietet mithin den Vortheil großer Papierersparniß
in Schulen, besonders in Zeichenschulen. Beim Componiren
von Dessins und beim Entwerfen von Plätten u. s. w. hat es
den Vortheil, daß Unrichtiges mit feuchtem Schwamme ganz
leicht und rasch weggenommen und durch Richtiges ersetzt
werden kann, da auf den abgewaschenen Stellen unmittel=
bar wieder gezeichnet werden kann. Dieses Papier ersetzt
vortheilhaft die schweren Schultafeln beim Schreib= und
Zeichenunterricht und ist für diesen Zweck schon deshalb zu
empfehlen, weil demselben jede beliebige Farbe, die das
Auge nicht ermüdet, gegeben werden kann.

Wasserdichtes Seidenpapier.

Ein wasserdichtes, dem Perpamentpapier äußerst ähn=
liches Papier, welches angefeuchtet werden kann, ohne daß
der Ueberzug leidet und welches sich auch als Pauspapier
eignet, erhält man durch Schwimmenlassen von Seiden=
papier auf einer wässerigen Lösung von Schellack in Borax.
Das Papier wird durch diese Behandlung durchsichtig und
für Wasser sowohl, als auch für Fett undurchlässig. Nach
dem Trocknen des Papieres durch Aufhängen in der freien
Luft kann man es mittelst eines heißen Bügeleisens glätten.

Wird braunes Seidenpapier in dieser Weise getränkt
und daraus Wursthüllen geklebt, so machen solche Hüllen

den täuschenden Eindruck geräucherter, in Därme gefüllter Würste. Die mit Anilinfarben gefärbte Schellacklösung giebt, zum Tränken von Seidenpapier u. s. w. verwendet, schöne, färbige, wasserdichte Papiere die vielleicht in der Fabrikation künstlicher Blumen u. s. w. passende Verwendung finden können.

Undurchlässiges Papier.

Nach Miran wird ungeleimtes Papier durch ein Bad gezogen aus

1000 Theilen Gastheer,
100 » Mineralöl und
100 » Natriumcarbonat

und dann zum Trocknen aufgehängt oder über erhitzte Walzen laufen gelassen.

Undurchlässiges Papier für Verpackung von Chlorkalk, Alkalien, überhaupt wasseranziehenden Substanzen.

Das zum Verpacken solcher Substanzen bestimmte Papier wird wasserdicht gemacht, indem man es durch Leinölfirniß durchzieht und zum Trocknen aufhängt. Die übereinander gelegten Ecken werden mit Schellack u. s. w. verkittet, um die Emballagen luftdicht zu machen.

Wasserdichte Imprägnirung für Holzstoffgefäße.

Man schmilzt zusammen:
1000 Liter Petroleum,
250 Kgr. Harz,

360 Kgr. Leinöl,
25 » Paraffinöl

und trägt die Flüssigkeit in heißem Zustande auf die Holz-
stoffgefäße auf.

Wasserdichte Imprägnirung für Patronen-(Lade-) schachteln.

Die Composition besteht aus
100 Theilen Paraffin,
15 » Colophonium.

Beide Substanzen werden zusammengeschmolzen, die
aus Carton gefertigten Schachteln so lange in die heiße
Flüssigkeit eingelegt, bis sich in der Flüssigkeit keine Luftblasen mehr zeigen — ein Zeichen, daß alle Luft aus
dem Carton verdrängt ist — herausgenommen und gut
ablaufen gelassen.

Waschbare Cartonpapiere für photo- und lithographische Zwecke.

Schon vielfach wurden Versuche angestellt, die Auf-
strichfläche der Glacépapiere waschbar zu machen, doch gelang
es weder durch Anwendung von wässeriger Schellacklösung
noch durch gelöstes Paraffin. Der aus Blanc fix, Kreide
u. s. w. unter Zusatz einer genügenden Menge Schellack-
oder Paraffinlösung hergestellte Farbebrei bildet sofort bei
Zugabe dieser beiden Präparate eine käsige, klumpige und
vollständig unbrauchbare Masse, welche auf keine Weise
mehr die zum Anstreichen nöthige Beschaffenheit erhält.

Bei dem neuen Verfahren wird eine besonders hergestellte Schellacklösung mit geeigneten indifferenten schleimigen
Körpern in Verbindung gebracht, welche das Käsigwerden

des Farbebreies verhindern, wodurch dieser die erforderliche Geschmeidigkeit und Streichfähigkeit behält.

Man bereitet eine Schellacklösung mit Borax oder Salmiak und versetzt diese mit einem Eibischwurzelabsud, hergestellt aus ungefähr ½ Liter Wasser und 100 Gr. Eibischwurzeln. Ungefähr 2 Liter der Schellacklösung mischt man mit dem dünnflüssigen Brei, welcher hergestellt wird, indem man ungefähr 1 Kgr. schwach alkalisch reagirendes Aluminiumhydroxyd, 10 Gr. in 150 Cbcm. Wasser gelöstes Kaliumchromat, ½ Liter Leimlösung von 1·05 specifischem Gewicht und 200 Cbcm. Wasser in einem Behälter tüchtig durcheinander rührt.

Den Farbebrei kann man nun in folgender Weise herstellen:

8—10 Kgr. Blanc fix werden mit 10—20 Liter Leimlösung von 1·05 specifischem Gewicht versetzt und dieser Mischung unter Umrühren ungefähr ½ Liter Schellacklösung beigegeben.

Der zunächst angefertigte Aluminiumhydroxydbrei wird nun gleich dem zuletzt hergestellten Blanc fix-Brei durch ein feines Sieb gerührt, beide zusammen gegossen und mit ungefähr ¼ Liter Glycerin versetzt. Es entsteht dadurch ein schöner, geschmeidiger, streichfähiger Brei, der mit Farblacken beliebig nuancirt werden kann und auf Carton- oder Glacépapierflächen gestrichen, getrocknet, gebürstet und zwischen Zinkwalzen satinirt, eine hochglänzende, waschbare Druck- und prägefähige Glacéfarbenschichte bildet.

Schweißfeste Einlegesohlen.

Dieselben werden aus zwei, drei oder mehr Bahnen Papier, von denen die eine Chromleim, die mittlere auf der Oberseite Stärkekleister und die obere auf der Oberseite Stearin enthält, hergestellt, indem diese drei Bahnen unter Walzen vereinigt, auf der mit Chromleim versehenen

Seite belichtet, durch warme Walzen genommen und in
Bogen zertheilt werden. Diese Bogen werden in einer
hydraulischen Presse gepreßt (5—600.000 Kgr. Druck) und
dann bei 35 Grad C. getrocknet.

Abwaschbares Buntpapier.

Bei der Herstellung von waschbarem Buntpapier empfiehlt
sich die Anwendung von Paraffin, womit, wenn richtig
verfahren, thatsächlich befriedigende Resultate erzielt werden.

Selbstverständlich läßt sich das Paraffin nur da mit
Vortheil verwenden, wo das fertige Product keiner heißen
Satinage unterworfen ist, sondern lediglich für Glanz- und
Glacépapier. Durch Satinage kann bei mit Paraffin versetzten Farben von einer Förderung des Glanzes keine Rede
sein, wohl aber durch Steinglätte und Friction, die dem
Papier einen wunderschönen Hochglanz verleihen. Um
das Paraffin nun mit dem Farbenton zur Buntpapier-
Fabrikation innig gemengt in Verbindung zu bringen,
stehen zwei Wege offen und zwar: man bringt das Paraffin
vor dem Zusatze zum Farbenteig in Lösung, oder man bringt
es mit dem Farbenbrei zusammen zur Schmelze. Die andere
Art unterscheidet wieder zwei Lösungsmethoden:

1. Das Paraffin wird in einem geräumigen Metall-
kessel auf mäßigem Feuer oder Dampf unter stetem Umrühren geschmolzen, alsdann der Kessel vom Feuer oder
Dampfbade heruntergenommen und so lange gerührt, bis
die Masse eben anfängt am Rande zu erstarren. Hierauf
werden ungefähr 6 Theile Petroleum-Aether oder auch
Schwefelkohlenstoff beigegeben und bis zur vollständigen
Lösung gerührt. Diese Lösung bringt man nun in gut
schließbare Gefäße zur Aufbewahrung oder verwendet sie
unmittelbar nach ihrer Fertigstellung. Bei dieser und der
nachfolgenden Methode der Herstellung von Paraffinlösung
empfiehlt es sich, sich gegen Feuer zu schützen.

2. Man schneidet mittelst Messer das Paraffin in sehr dünne Scheibchen und bringt diese in ein hermetisch ver= schlossenes Gesäß, übergießt mit dem fünffachen Theile Schwefelkohlenstoff, und läßt 2—3 Tage bis zur völligen Auflösung stehen. In dieser Zeit hat sich das Paraffin mit dem Schwefelkohlenstoff innigst verbunden und ist zu einer dicken, milchigen Masse gelöst. Von dem unter 1 und 2 gelösten Paraffin setzt man der Streichfarbe zu wie folgt: 100 Theile Blanc fix mit der zu nuancirenden Farbe ge= mischt, werden mit 11—15 Theilen durch Einweichen in Wasser erhaltener Leimgelatine versetzt und tüchtig ver= arbeitet. Dann giebt man 12—17 Theile des gelösten Paraffins dem vorher hergestellten Farbenteig bei und etwa noch 12 Theile erweichtes Wachs, wie solches in der Bunt= papierfabrikation gewöhnlich verwendet wird. Ist die Farbe zum Streichen noch zu dick, so hilft man sich mit einem entsprechenden Zusatz von lauwarmem Wasser, giebt das Ganze durch ein feines Haarsieb und verarbeitet es.

3. Der zum Streichen fertigen Farbe kann man das Paraffin ohne vorheriges Lösungsmittel anzuwenden, bei= geben und zwar: Man schneidet das Paraffin in dünne Scheiben, bringt dieselben mit dem Farbenbrei zusammen und wärmt bis auf 40 Grad C. unter fortwährendem Umrühren so lange, bis alles Paraffin mit der Farbe ver= bunden ist. Die beiden ersten Methoden verdienen jedoch dieser dritten vorgezogen zu werden, da die Löslichkeit bei der letzteren Methode etwas unvollkommen ist. Das auf diese Weise waschbar gemachte Buntpapier erhält bei Steinglätte und Friction einen bei weitem höheren Glanz als die gewöhnlichen Glacépapiere. Das Paraffin hat an und für sich auf die Farbstoffe absolut keinen Einfluß, wohl aber Schwefelkohlenstoff und dieser auch nur dann, wenn die Farbe einige Zeit steht und durch den frei werdenden Schwefelwasserstoff des Leimes und des Schwefel= kohlenstoffes beeinflußt wird. Aus diesem Grunde empfiehlt es sich, die Farben möglichst rasch zu verarbeiten, denn sobald die Farbe auf dem Papierbogen aufgetragen und

17*

trocken ist, ist der die Farben zerstörende Einfluß des
Schwefelwasserstoffes vollkommen ausgeschlossen.

Weitere Angaben über diese Farbenmischungen sind die
folgenden:

Auf 1 Theil Paraffin kommen 5 Theile Schwefelkohlen=
stoff, nach Verlauf von 2—3 Tagen ist das Paraffin voll=
ständig gelöst; diese milchige Paraffinlösung wird mit dem
Farbenbrei innigst gemischt und zwar:

100 Theile Blanc fix mit der Farbe gemischt, werden
mit 12 Theilen Leim versetzt. Alsdann giebt man diesem
Farbenteige 16 Theile des gelösten Paraffins unter tüchtigem
Verarbeiten zu und wenn alles verarbeitet ist, noch
11 Theile geschmolzenes Wachs. Mit dieser Mischung ge=
strichenes Papier erhält bei Steinglätte schönen Hochglanz
und die Farbe ist äußerst widerstandsfähig gegen Feuchtig=
keit. Schwefelkohlenstoff ist sehr leicht entzündlich und
darf deshalb nicht mit Licht oder Feuer in Berührung ge=
bracht werden.

Zum Waschbarmachen solcher Papiere, die nur satinirt
werden, eignet sich am besten eine Mischung von Terpentin
und wässeriger Schellacklösung nach folgender Vorschrift.

1 Kgr. Blanc fix wird mit folgender Mischung ver=
arbeitet. 550 Gr. Terpentin werden mit 600 Gr. Wasser
zusammen in einem Kupferkessel gekocht und während des
Kochens wird so lange gerührt, bis keine Klumpen mehr zu
bemerken sind und ein wässeriger Brei entstanden ist. Diesem
Terpentinbrei werden 4—6 Liter wässeriger Schellacklösung
beigegeben und die ganze Menge nach Zusatz von 1 Kgr.
Blanc fix tüchtig geknetet. Bei diesem Verfahren ist ein
Leim= oder Stärkezusatz nicht erforderlich.

Nach einer anderen Angabe wird Paraffin=Buntpapier
wie folgt hergestellt:

1. Mischung für wasserdichtes Buntpapier, welches mit
Steinglätte oder Friction behandelt wird:

50 Kgr. Farbe,
10 » Waffer,
4 » Leim, welcher vorher in
4 » Waffer gelöst wurde, fodann
5 » Paraffin und
5 » Glättwachsfeife.

2. Mifchung für wafferdichte Photographiecartons:

20 Kgr. Farbe,
3 » Leim, welcher vorher in
6 » Waffer gelöst wurde, fodann
2 » Paraffin.

Der Farbe welche gut gemifcht und gut geleimt fein muß, fetzt man zunächft das Paraffin zu; die Mifchung läßt fich mit der Hand, wie mit der Mafchine gut ftreichen, ift gefchmeidig und bricht nicht, wie es bei anderen Buntpapierforten vorkommt, wenn man etwas viel Farbe aufgeftrichen hat. Wenn man den matten, ftumpfen Farbenanftrich mit einem Tuche überwifcht, bekommt er fchönen Glanz; überhaupt bekommt diefes Papier mehr Glanz als andere Buntpapiere. Zieht man das Paraffin-Buntpapier durch Waffer, fo bekommt es nach dem Trocknen feinen Glanz wieder, ein Umftand der auch für Photographiecartons von Werth ift. Wenn eine Karte mit Kleifter u. dgl. befleckt ift, braucht man fie nur abzuwafchen, um ihr ihre frühere Befchaffenheit wieder zu geben. Das Paraffin kann man ohne Schaden mit allen Farben mifchen. Je länger das Papier liegt, defto haltbarer wird auf demfelben die Farbe.

Wafferdichte Papiere.

Man mifcht Wafferglas mit Oel, fetzt der Mifchung gefchmolzenes Wachs zu und rührt um, bis alles miteinander verbunden ift. Das Natron des Wafferglafes foll hierbei eine innige Verbindung von Oel und Wachs herbeiführen.

Pflanzenöl, wie das aus Baumwollsamen gewonnene, wird empfohlen, mineralische eignen sich aber auch. Zur Beseitigung etwaigen schlechten Geruches fügt man entsprechende wohlriechende Stoffe zu. Die Masse wird im geschmolzenen Zustande auf eine oder beide Seiten des Papiers aufgetragen, macht es wasserdicht, abstoßend und mottensicher. Es soll dabei auch fester und so durchscheinend werden, daß man es zum Pausen von Zeichnungen brauchen kann. Ehe man das Papier mit der Masse behandelt, tränkt man es durch Bespritzen oder Durchziehen durch ein Bad mit Oel, damit es nicht zu viel von dem theuren Wachs einsaugt.

Nach Blackburn.

Eine Mischung von Leim, Seife, Mehl, Salz und Wasser wird in folgender Weise hergestellt: Man nimmt 9 Liter weiches (kalkfreies) Wasser und erhitzt es bis zum Sieden, fügt dann $^3/_4$ Pfd. Leim und wenn derselbe zergangen, $^1/_2$ Pfd. gute Schmierseife zu, sowie 1 Pfd. Mehl und $^1/_4$ Pfd. Salz und läßt das Ganze lange genug kochen, um eine innige Mischung der Bestandtheile zu ermöglichen. Nach gutem Umrühren füllt man die Mischung warm auf Flaschen. Zum Gebrauche erwärmt man die Mischung bis sie dünnflüssig ist und trägt sie mit einem Pinsel auf beide Seiten des Papiers auf. Ein vorheriges Waschen des Papiers mit Alaunlösung ist zu empfehlen.

Nach Mitschele.

Man verseife eine Oleïn=Margarin= oder Margarin= säure durch ein Alkali unter genügendem Wasserzusatz. Der Zusatz erfolgt so lange, bis keine überschüssige Säure mehr vorhanden ist. Der Verseifung folgt ein Zusatz von schwefel= saurer Thonerde oder einem anderen Aluminiumsalz. Die Mischung wird hierauf so lange erhitzt, bis die entstehende Verbindung des Alaunes mit der Fettseife sich vom Wasser trennt, welches abgegossen wird. Nach mehrmaligem Waschen

der unlöslichen Verbindung wird dieselbe durch eine noch=
malige Verseifung mit Wasser und Alkalien soweit löslich
gemacht, daß das Papier vollständig damit getränkt werden
kann. Nach dem Trocknen bringt man das Papier in ein
Bad von Metallsalzen, am besten auch Alaun, das die
Verbindung wieder unlöslich macht. Durch dieses Verfahren
wird das Papier nicht allein an der Oberfläche, sondern
auch in der Faser wasserdicht gemacht und verliert weder seine
Biegsamkeit, noch wird es hart und zerbrechlich.

Nach Carmichael.

Das Verfahren besteht darin, daß Papier auf eine
neuartige Weise mit Oel imprägnirt wird. Bisher geschah
dies derart, daß das Oel auf der Oberfläche oxydirte und
das Innere des Papiers freiblieb, so daß dasselbe eine
lederartige Beschaffenheit annahm. Nach dem Patente ver=
fährt man wie folgt: Leinöl wird unter Luftzutritt bis zur
Syrupdicke eingedampft und dann nach dem Erkalten wieder
auf 140 Grad C. erhitzt. Läßt man das Papier nun dieses
Oelbad passiren, und führt es dann durch Walzen oder
Kratzen, die das Oel wieder wegnehmen, so soll nur in
der inneren Faserschicht ein Oelrückstand bleiben. Geht das
Papier nun zwischen Walzen durch, die etwa nur 100 Grad C.
heiß sind, so oxydirt und erhärtet das Oel nach Ansicht des
Erfinders nur im Innern des Papiers, läßt demselben also
sein äußeres Ansehen und die gewöhnliche Biegsamkeit.
Das so imprägnirte Papier soll kaltem und heißem Wasser,
sowie atmosphärischen Einflüssen Widerstand leisten.

Nach Dorlan.

Wasserdichtes, besonders für Tapeten geeignetes Papier
wird in der Weise hergestellt, daß man die im Holländer
zugegebene Chlorkalklösung nicht wie sonst, nach dem Bleichen
auswäscht, sondern im Stoff beläßt; dem mit diesem Chlor=
kalk versetzten Papierzeug wird nachher die übliche Harz=

feife, d. h. der Leim zugesetzt. Das Aufeinanderwirken der Chlorkalklösung und des Leims, soll das Papier durch Bildung von harzsaurem Kalk wasserdicht machen.

Nach Bird.

Zur Herstellung von wasserdichtem Papier oder Pappe für Tapeten oder Dachbekleidung wird folgende Vorschrift gegeben:

50 Procent Colophonium,
45　　》　　Paraffin,
5　　》　　Wasserglas

werden auf dem Feuer in einem Kessel gut gemischt und dann in einen heißgehaltenen Trog gefüllt, durch den man das Papier oder die Pappe zieht. Je nach der Verwendung des Stoffes kann man das Verhältniß von Paraffin und Colophonium ändern, behält aber die 5 Procent Wasserglas bei. Das getränkte Papier wird zwischen Walzen getrocknet und geglättet.

Wasserdichte Holzpappe.

Nach dem Patente von Ed. Nolan wird Holz unter einem Drucke von 5—6 Atmosphären, während 10—15 Stunden gekocht unter Zusatz von Petroleum, Kochsalz und Salpeter. Es soll sich auf diese Weise ein zäherer Stoff erhalten lassen, als wenn mit Wasser allein gekocht wird; auch wird durch das Petroleum die Verbindung des Harzes mit den Fasern gelockert. Das gekochte Holz wird in üblicher Weise geschliffen und der erhaltene Stoff zu Pappe in Bogen verarbeitet. Die getrockneten Bogen werden in eine heiße Mischung von folgender Zusammensetzung getaucht: Harz in Terpentin gelöst 20 Procent, Asphalt 30 Procent, Leim in Leinöl gelöst 50 Procent.

Erst löst man das Harz in Terpentin und den Leim in Leinöl unter Anwendung von Wärme, mischt und fügt

den Asphalt zu. Die mit der heißen Mischung getränkte
Pappe wird vor dem Trocknen zwischen Walzen gepreßt.
Hiedurch werden sämmtliche Zwischenräume der Pappe aus=
gefüllt, so daß sie vollkommen wasserdicht ist. Wenn man
eine Farbe zusetzen will, so wird dieselbe nebst Bleiweiß
oder Bleioxyd dem erwähnten Gemisch zugegeben.

Zuckerpapier.

Das Papier wird in Bogen geschnitten und von der
Hand mittelst Bürsten mit einer Farbe bestrichen, die aus
Blauholzabsud, Eisenvitriol und Kartoffelstärke besteht. Dann
wird es in einem auf 20 Grad R. erwärmten Saal auf=
gehängt, wo das Papier auf der bestrichenen Seite ein
mattes Dunkelgrau zeigt. Hierauf nimmt man die trockenen
Bogen wieder ab, bestreicht sie zum zweiten Male mittelst
Bürsten mit einer Leimlösung und hängt sie wieder zum
Trocknen auf. Das Schwarz ist jetzt fertig und hat einen
lebhaften Glanz.

Aber offenbar vertheuern die doppelten Manipulationen
die an und für sich einfachen Artikel, so daß es angezeigt
ist, eine andere zusammengesetzte Farbe zu suchen, welche,
ohne auf der Rückseite des Papieres durchzuschlagen, nur
einmal angestrichen zu werden braucht, um in einer Operation
dem Schwarz den gewünschten Ton und Glanz zu geben.

Folgende Vorschrift soll diese Bedingung erfüllen und
nach geringer Abänderung in der Verdickung die Benützung
einer Anstrichmaschine zulassen, welche einerseits mit der
Papiermaschine, anderseits mit dem Trockencylinder ver=
bunden, die Handarbeit auf ein Minimum reduciren dürfte.

8	Gewichtsth.	ordinärer Leim,
16	»	Wasser,
1	»	Kartoffelstärke,
5½	»	Wasser,
5¼	»	Campêche-Blauholzextract von 6 Bé.,
1¼	»	Eisenvitriol,
4	»	Wasser und
8	»	dunkles Glycerin.

Alles zusammengekocht und die frische Farbe ein Mal aufgestrichen, zuletzt getrocknet, wie oben, giebt dem Papier sogar noch ein schöneres Schwarz und lebhafteren Glanz, als beides nach dem vorgenannten Verfahren zu erreichen war. Zugleich erhält das Papier einen auffallend milderen Griff. Ist die Farbe einen Tag alt, so stockt sie, wie alle Leim enthaltenden Flüssigkeiten. Durch gelindes Erwärmen bekommt sie die ursprüngliche Consistenz wieder. Das Glycerin hindert beim Trocknen nicht, auch wird das Papier bei längerem Aufbewahren in einem Keller nicht feucht. Will man die Farbe dicker oder dünner haben, so muß Kartoffel=stärke und Leim in immer gleichen Verhältnissen vermehrt oder vermindert werden, um nichts an Glanz einzubüßen. Läßt man das Glycerin aus der Masse weg, so resultirt immer nur ein mattes, fahles Schwarz; der im Blauholz enthaltene Farbstoff giebt mit dem Leim in der Farbe die bekannte unlösliche Verbindung und scheint der Bildung einer zusammenhängenden glänzenden Oberfläche beim Trocknen auf dem Papier entgegen zu wirken. Das zugesetzte Glycerin aber scheint diese Uebelstände aufzuheben, indem es die un=lösliche Leimstoffverbindung in Lösung erhält. In der That, bringt man eine verdünnte Tanninlösung und eine ver=dünnte Leimlösung zusammen, so entsteht der zu erwartende weiße flockige Niederschlag nicht, wenn man die eine oder die andere wässerige Lösung zuvor mit einer genügenden Menge Glycerin vermischt hat.

Charakteristik und Prüfung von Papier.

Hadern oder Lumpen, das einstmalige allgemeine Material für Papiere, reichten bei dem enormen Papierverbrauch der Neuzeit nicht mehr aus, denselben zu decken und so hat man seit längerer Zeit schon zahlreiche Faserstoffe als Surrogate in Vorschlag gebracht, von denen aber, der hohen Gestehungs= kosten halber, nur wenige eine praktische Bedeutung gewonnen haben. Weitaus am wichtigsten sind als Hadernsurrogate die Holz=, Getreidestroh= und Espartofaser (Alfa). Nach Einführung der Chlorbleiche und der Papiermaschine gewöhnte sich das Publicum sehr bald an die große Weiße und Glätte des Papiers, so daß die Fabrikanten, um diese Eigenschaften zu steigern, anfingen, der Papiermasse zur Füllung der Poren, feine, weiße, mehlige Mineralstoffe (Kaolin, China=Clay, Gyps, Schwerspath, Thonerde u. s. w.) zuzusetzen und zwar nach einiger Zeit in solchen Mengen, daß Güte und Werth des Papiers sich immer mehr verminderten. Von dem Augen= blicke an, in welchem die Abnahme der Dauerhaftigkeit und Güte des Papiers festgestellt war, wurde ganz der Zeit= strömung angemessen, die Ursache dieser Abnahme lediglich in der Maschinenarbeit gesucht, und das Maschinenpapier in so nachhaltiger Weise verurtheilt, daß noch jetzt dieses Vor= urtheil anzutreffen ist. Es mag daher hervorgehoben werden, daß Maschinenpapier aus denselben Materialien erzeugt, durchaus nicht schlechter ist, als Handpapier. Die allgemeine mit Recht beklagte Verschlechterung findet vielmehr fast ausschließlich ihren Grund in der Wahl der Rohmaterialien und in deren Zubereitung. In letzterer Hinsicht ist zu bemerken, daß man zur Beschleunigung der Arbeit vielfach die Hol= länder zu stark angreifen und die Fasern zu fein mahlen läßt, daß man oft die Chlorbleiche ohne gehörige Schonung der Fasern ausführt, die letzteren nicht sorgfältig auswäscht

u. s. w. Bezüglich der Rohmaterialien ist zu bedenken, daß jeder erdige Zusatz die Faserverfilzung hindert, also die Festigkeit beeinträchtigt. Endlich ist es Thatsache, daß die Leimung und die Trocknung des Papiers nach alter Weise mit Thierleim und in freier Luft die Festigkeit des Papiers

Fig. 37.   Fig. 38.

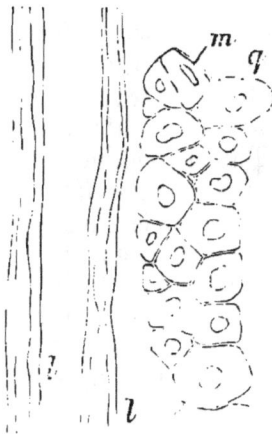

Jute (Gespinnstfaser).

1 Bastzellenstücke. q Querschnitt einer Jutefaser. m Mittellamelle.

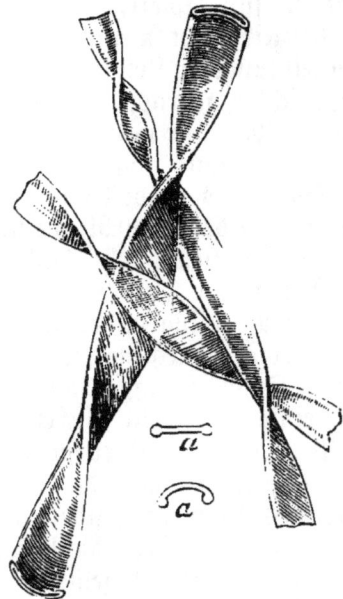

Baumwolle (Gespinnstfaser).

300 mal vergrößert. a Querschnittsformen im Wasser.

wesentlich erhöht und daß daher insofern die Papiermaschine eine gewisse Schuld trifft, als es bis jetzt nicht üblich ist, auf derselben die thierische Leimung auszuführen und die Trocknung unter geringerer Spannung des Papiers zu vollziehen. Uebrigens ist bei gut construirten Maschinen der durch das Trocknen veranlaßte Unterschied der Festigkeit

doch viel geringer, als man gewöhnlich annimmt; der
Unterschied in der Elasticität dagegen ist sehr wesentlich,
denn die dem Zerreißen vorhergehende Dehnung ist bei
luftgetrocknetem Papier wohl viermal so groß, als bei Papier,
welches auf der Maschine getrocknet wurde.

Die Güte des Papiers und sein Werth für bestimmte
Gebrauchszwecke ist an und für sich und im Hinblick auf

Fig. 39.

Baumwolle.

letztere sehr verschieden, dieselben sind jedoch immer abhängig
von denselben Eigenschaften, so daß, um den Werth eines Papiers
zu bestimmen, diese Eigenschaften quantitativ und qualitativ
bekannt sein müssen. Unter diesen Eigenschaften sind die
wichtigsten: die Festigkeit, Dehnbarkeit und Dauerhaftigkeit
und in zweiter Linie die Glätte, Gleichmäßigkeit in der
Structur, Farbe, Dicke, Leimung u. dgl. Als Festigkeit
bezeichnet man den Widerstand, den das Papier dem Zer=
reißen oder einem gegen die Fläche gerichteten Druck entgegen=
setzt, hervorgebracht durch den Stoß einer Fingerspitze gegen
ein ausgespanntes Stück oder dem Einschneiden einer Schnur

in die Ränder beim Einpacken oder endlich beim Zerknüllen oder Falten. Dauerhaftigkeit hingegen ist diejenige Eigen= schaft des Papiers, im Laufe der Zeit wenig oder gar keine Veränderung in Bezug auf seine Festigkeit zu erleiden.

Da beim Zerreißen der Zusammenhang entweder durch Abreißen der Fasern oder dadurch aufgehoben werden kann, daß sich die Fasern auseinanderziehen, so hängt die Dauer= haftigkeit sowohl von dem Fasernmateriale als von der Art

Fig. 40.

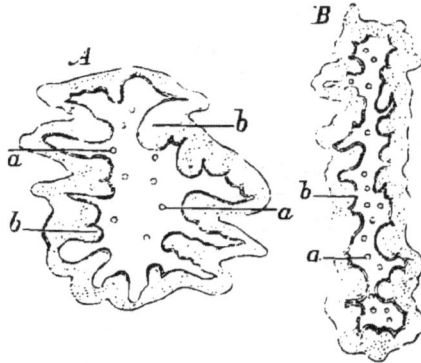

A und B Oberhautzellen der Maislische. a Poren. b Schichten der Zellwand.

der Verschlingung und hier wieder von der Länge und Ge= schmeidigkeit der Fasern ab, da lange, kräftige Fasern sich leichter verschlingen als kurze, starre und außerdem wird sie bei geleimtem Papiere noch durch die Leimung bedingt. Die Dauerhaftigkeit oder Haltbarkeit steht in einer gewissen Beziehung zur Festigkeit, indem die Abnahme der Dauer= haftigkeit durch die Abnahme der Festigkeit bis zum Zer= fallen der ganzen Masse erkannt wird. Diese Abnahme aber ist in chemischen Einwirkungen zu suchen, welche sich in einer Art langsamer Zersetzung der Papiermasse äußern und um so geringer sind, je geringer die Menge der zersetzungs= fähigen Substanzen ist. Es ist daher jenes Papier am dauer=

haftesten, welches aus Fasern hergestellt ist, die eine große Festigkeit, gehörige Länge und Geschmeidigkeit besitzen und aus möglichst reiner Cellulose bestehen. Die thierische Leimung trägt erfahrungsgemäß zur Festigkeit mehr bei, als jede andere Leimung.

Hoyer, dem diese Daten entnommen sind, ordnet alles Papier unter Berücksichtigung dieser Umstände in folgende Classen:

Fig. 41.   Fig. 42.

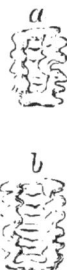

Oberhautzellen von Roggenstroh.   Oberhautzellen von Alfa.

1. Classe: Papier aus Flachs oder Hanf;
2.   »   »   »   Baumwolle, Alfa, Jute, Nessel;
3.   »   »   »   Holzcellulose und Stroh;
4.   »   »   »   Holzschliff;
5.   »   »   »   Wolle, Haare, Seide.

Jede dieser Classen zerfällt noch in Unterabtheilungen je nach der Art der Leimung und sind außerdem noch zahlreiche Zwischenstufen durch die Vermischung der verschiedenen Fasern unter sich sowohl als auch mit anderen Stoffen, namentlich Füllmaterialien, vorhanden. Das Papier wird um so schlechter, je mehr es sich in seiner Zusammensetzung von der des thierisch geleimten Leinenpapieres entfernt. Die Zahl der einzelnen Papiersorten wird bei der wechselnden

Zusammensetzung außerordentlich groß, die Unterschiede ver=
ringern sich immer mehr und es wird die Untersuchung
immer schwieriger, die Feststellung der Qualität ebenfalls
und Verwirrungen sind unausbleiblich. Aus diesem Grunde
erscheint es nothwendig, wenigstens für die besseren Papier=
sorten gewisse Normen aufzustellen, nach welchen die Papiere
für den jedesmaligen Zweck ausgewählt und verwendet

Fig. 43.

Stroh.

werden sollen. Bei Aufstellung solcher Normen ist ganz
natürlich in erster Linie die Festigkeit und Dehnung maß=
gebend, so daß man auf Grund vieler Untersuchungen die
nachstehenden Ziffern und Bezeichnungen als Norm an=
nehmen kann. Als Maßstab dient die Reißlänge, das heißt,
die Länge, die ein Körper von überall gleichem Durchschnitte
haben muß, damit er durch sein eigenes Gewicht zerreißt.

Zerreißt z. B. ein Streifen Papier von 15 Mm. Breite
bei einem Gewichte von 5000 Gr. und hat das Papier ein
Gewicht von 75 Gr. pro Quadratmeter, so ist die Reißlänge
gleich $\dfrac{5000}{75 \cdot 15} \cdot 1000 = 4444$ Meter.

Papier unter   2000 Meter Reißlänge ist schlecht,
   »   mit 2000—2500   »   »   » mittelmäßig,
   »   » 2500—3000   » ziemlich gut,
   »   » 3000—4000   »   gut,
   »   » 4000—5000   »   »   » sehr gut,
   »   » 5000—6000   »   »   · vorzüglich.

Unter Berücksichtigung des ferneren Umstandes, daß die besten Papiersorten ein bestimmtes Gewicht, ohne einen anderen Zusatz von Materialstoffen als zum Leimen und Bläuen, also einen geringen Aschengehalt, dann aber ferner eine entsprechende Bruchausdehnung besitzen sollen, gewinnt man sichere Anhaltspunkte für die Forderungen, welche an Papier für vorgeschriebene Gebrauchszwecke erfüllt sein müssen (Papiernormalien), also für die Beurtheilung ihrer Anwendungsfähigkeit, wie die nachstehende Zusammen= stellung zeigt.

Tabellarische Uebersicht der Papiernormalien.

Papiersorte	Aschengehalt in Procenten	Bruchdehnung in Procenten	Gewicht pro Quadratmeter in Gramm	Reißlänge in Meter
1. Urkunden= und Buchpapier, thierisch geleimt	1·0	4·0	100	5000
2. Dasselbe mit Harzleimung	2·0	3·5	100	4000
3. Kanzlei=, Brief=, Mundir= papier	2·0	3·0	90	4000
4. Conceptpapier	2·0	2·5	70	3000
5. Druckpapier, geleimt . . .	2·0	2·5	70	3000
6. Fließpapier	0·4	1·5	60	1000

Hiezu ist zu bemerken, daß die besten Papiersorten jedenfalls frei von Holzschliff, Stroh und ähnlichen Fasern sein sollen, weil diese sich nicht so gut verfilzen und wegen ihres chemischen Verhaltens die Dauerhaftigkeit sehr in Frage stellen.

Um nun mit vorgenannten Normalien eine vorliegende Papiersorte zu vergleichen, ist es nothwendig, sie auf die in Betracht kommenden Eigenschaften zu untersuchen, eine Arbeit, die der Consument von Papier nicht selbst vornimmt, sondern wohl in allen Fällen einer Papierprüfungsanstalt

Fig. 44.

Espenholz (Schliff).

überläßt, weil er weder über die nöthigen Apparate, die da sind: Festigkeitsmaschine, Dickemesser, Wage für Gewichtsbestimmung u. s. w., noch auch über die erforderliche Uebung verfügt.

Die faserigen Bestandtheile des Papiers sind zuverlässig und deutlich nur mittelst des Mikroskopes zu bestimmen, unter welchem die gebräuchlichsten und gewöhnlich vorkommenden Fasern so erscheinen, wie sie in Fig. 37 bis Fig. 42 dargestellt sind. Der auffallende Unterschied zwischen diesen Abbildungen der Leinenfaser (Fig. 47) und der Jute faser (Fig. 43) und solchen aus Geweben (Fig. 47 und Fig. 38) erklärt sich sofort, wenn man bedenkt, daß die Faser im Papier stark demolirt ist und oft nur an beson= deren Merkmalen sich erkennen läßt; beim Holz, Stroh, Mais, Alfa, u. s. w. z. B. durch die Gefäßfragmente, Ober= hautzellen u. s. w. Bei Gegenwart von Mais erscheinen nach kurzer Zeit der Einwirkung von Chromsäurelösung Oberhautzellen in 250facher Vergrößerung mit Poren a

Fig. 45.

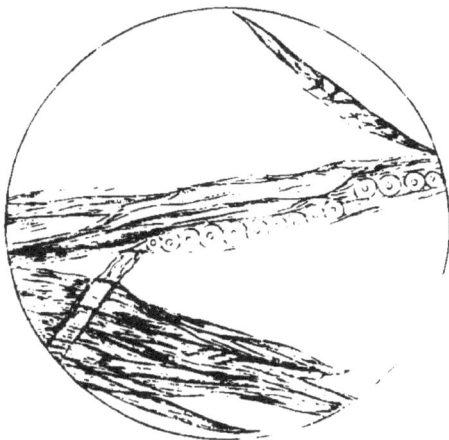

Fichtenholz (Schliff).

und Zellwandschichten b, wie Fig. 40 A und B; bei Alfa nach gleicher Behandlung wie Fig. 42 a und b; bei Roggen= stroh desgleichen (Fig. 41 und Fig. 42); bei Nadelholz (Fichte) die mit großen Tüpfeln versehenen Holzzellen (Fig. 45), bei Laubholz (Espe) die verdickten Gefäße. Man präparirt das Papier für das Mikroskop in der Weise, daß man es erst mit Aether in einem Reagenzglase über Nacht stehen läßt, dann einige Minuten in salzsäurehältigem (5 Procent) Wasser und endlich in reinem Wasser kocht, ein Stückchen von etwa 1 □cm. auf einer Glasplatte mit

18*

einem Tropfen Glycerin und einem Paar feiner Beinnadeln zerzupft, von dieser zerzupften Masse etwas auf das Object= glas bringt und mit dem Deckglas bedeckt. Bei Anwendung von Reagentien bleibt das Glycerin fort.

Da die erfolgreiche Anwendung des Mikroskopes ziemlich viel Uebung voraussetzt, so hat man nach chemischen Rea= gentien gesucht und mehrere gefunden, welche mit Sicherheit die verholzten Zellen des Holzes, der Jute u. s. w. angeben.

Fig. 46.

Jute.

Folgende Reagentien kommen hier in Betracht. Phloro= glucin in ½procentiger wässeriger Lösung ertheilt einem mit Holzschliff versehenen Papiere eine purpurrothe Farbe, wenn man dieses erst mit Salzsäure, dann mit der Lösung betupft. Schwefelsaures Anilin in einprocentiger wässeriger Lösung färbt solches Papier gelb; salzsaures Naphthylamin orange; ein Gemisch von 1 Theil Schwefel= säure und 3 Theilen Salpetersäure braungelb. Am empfind= lichsten auf Holzschliff ist Phloroglucin und daher auch allein ausreichend. Bei Holzfaser, welche auf chemischem Wege ge=

wonnen (Cellulose genannt, speciell Natroncellulose) oder
stark gebleicht und dadurch von den Incrustationen befreit
ist, versagen diese Reagentien.

Bei der Untersuchung des Papiers auf Leim giebt ein
Tropfen Jodtinctur auf das angefeuchtete Papier gebracht
durch die intensiv blaue Farbe die Anwesenheit von Stärke
und somit die Harzleimung an, da dem Harzleim fast
immer Stärke zugesetzt wird. Den thierischen Leim kann

Fig. 47.

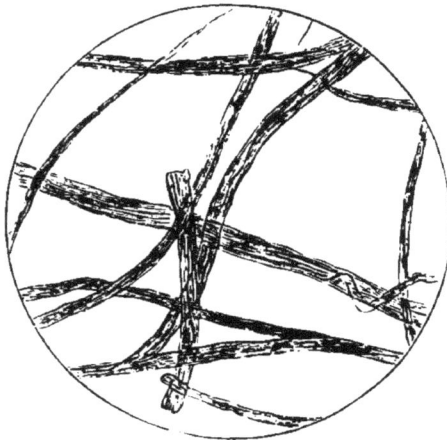

Leinen.

man mit großer Schärfe erkennen, wenn man wie folgt verfährt: Man kocht etwa 5—10 Gr. klein geschnittenes Papier
mit 120 Gr. Wasser so lange, bis etwa 25 Gr. Flüssigkeit
übrig geblieben sind. Diese gießt man in eine Kochflasche
und fügt hinzu 5 Ccm. einer 5procentigen Aetznatronlösung
nebst 5 Ccm. einer 1procentigen Lösung von Quecksilberchlorid (Sublimat). Darauf kocht man diese Mischung 3 bis
5 Minuten. Bei Anwesenheit von thierischem Leim färbt
sich das ausgeschiedene rothgelbe Quecksilberoxyd infolge
theilweiser Reduction schwarzgrau, während bei Anwesenheit

von Harzleim kaum eine ins Grünliche gehende Veränderung
wahrnehmbar ist. Zur quantitativen Bestimmung des aus
Harz und Stärke zusammengesetzten Leimes, kocht man etwa
2—5 Gr. des bei 100 Grad getrockneten kleingeschnittenen
Papiers, das man vor dem Zerschneiden über Nacht in
Schwefeläther gelegt hat, in einem Kolben mit Alkohol,
dem ein paar Tropfen Salzsäure zugesetzt sind. Dann gießt
man die Lösung ab, kocht zwei bis dreimal mit reinem

Fig. 48.

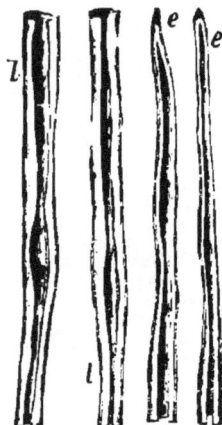

Jute (Gespinnstfaser).
l mit Lumenverengerungen. e Endstücke.

Alkohol, trocknet bei 100 Grad C. und wägt; der Verlust
ist Harz. Dann kocht man das Papier mit einem Gemisch
von gleichen Volumen Alkohol und Wasser mit einigen
Tropfen Salzsäure, wiederholt solange (eine Stunde), bis
die ablaufende Flüssigkeit durch Jodlösung nicht mehr gefärbt
wird. Das abgespülte und bei 100 Grad C. getrocknete
Papier wird abermals gewogen; die Gewichtsdifferenz giebt
den Stärkegehalt an. Für die in Lösung gegangenen Mineral=
substanzen genügt es, bei Papier ohne Füllstoff $1/_{10}$ als
Harz in Abzug zu bringen.

Manche Papiere sind sauer oder enthalten freies Chlor und werden in beiden Fällen leicht brüchig und zerstört. Da Lackmustinctur sich auf dem Papier oder in einer wie oben bereiteten wässerigen Abkochung nicht nur durch freie Säure, sondern auch durch das zur Leimung verwendete saure schwefelsaure Thonerdesalz röthet, so muß die Prüfung mit freier Säure durch Methylorange (0·25 Theile in 100 Theilen Spiritus oder Wasser) vorgenommen werden, welches noch bei Anwesenheit von 0·01 Gr. freier Säure im Liter intensiv rosa gefärbt wird. Chlor wird in der Abkochung durch eine milchige Trübung auf Zusatz von einer einprocentigen Höllensteinlösung erkannt. Zur Auf= suchung von freiem Chlor bereitet man sich einen Jodstärke= kleister indem man 1 Theil Stärke mit 3 Theilen Wasser gelinde kocht, in dem 1 Theil Jodkalium gelöst ist. Bei Zusatz einiger Tropfen dieser Stärke zu der Abkochung tritt bei freiem Chlor eine blaue bis violette Färbung ein.

Eine wichtige Eigenschaft des Papiers ist noch die Leimfähigkeit, welche das Durchschlagen der Tinte verhindert und welche nach Leonhardi auf folgende Weise geprüft wird. Man zieht auf der einen Seite des Papiers mittelst einer aus Horn angefertigten stumpfen Reißfeder unter ge= lindem Druck eine 1 Mm. breite Linie aus einer neutralen Eisenchloridlösung, welche 1·531 Procent Eisen enthält. Nach dem Trocknen begießt man die andere Stelle des Papiers unter Schräghalten desselben an der Stelle, wo die Striche sind, mit etwas Schwefeläther von 0·726 spe= zifischem Gewicht, welcher mit reinem Tannin gesättigt ist. Durchlässiges Papier zeigt in Folge der Reaction von Tannin auf Eisen, je nach der Dicke und dem Grade der Durch= lässigkeit, eine mehr oder weniger grünlichschwarze Farbe.

Zur Prüfung der Festigkeit und Elasticität von Papieren sind an Papierprüfungsanstalten nicht weniger als fünf Bogen, mindestens von der Größe des Kanzleipapiers (33 × 21 Cm.) einzusenden, welche unbeschrieben und frei von schadhaften Stellen, Rissen und Knissen sein müssen. Es wird von Hoyer empfohlen, diese Proben zwischen zwei

Pappendeckeln zu versenden, damit sie beim Transport durch Poststempel u. s. w. nicht Schaden leiden. Nur bei Papieren, deren Verwendung in kleinerem Formate üblich ist (Brief=bogen, Formularpapiere) wird eine von den erwähnten Maßen abweichende Größe zur Prüfung zugelassen.

Für die übrigen Untersuchungen, wie Bestimmung des Aschengehaltes, der fremden (mineralischen) Beimengungen, Leimung, Art der Fasern, sind mindestens 5 Gr. Papier erforderlich, welche die Herstellung von mindesten 5 Blättchen zu je 4 Qcm. gestatten müssen. Für vollständige Analysen ist mindestens soviel Papier einzusenden, daß nach der Ver=brennung wenigstens 2 Gr. Asche gewonnen werden.

Sach=Register.

www.ingramcontent.com/pod-product-compliance
Lightning Source LLC
Chambersburg PA
CBHW021508210326
41599CB00012B/1173